Zhousui Baobao 👣 Meiri Yiye

周岁宝宝

每日一页

中国中医科学院
望京医院妇产专家 | 邱宇清 编著

U0278336

中国人口出版社
China Population Publishing House
全国百佳出版单位

图书在版编目（CIP）数据

周岁宝宝每日一页/邱宇清编著．—北京：中国人口出版社，2015.5

ISBN 978－7－5101－3348－0

Ⅰ.①周…　Ⅱ.①邱…　Ⅲ.①婴幼儿—哺育—基本知识　Ⅳ.①TS976.31

中国版本图书馆 CIP 数据核字（2015）第 102910 号

周岁宝宝每日一页

邱宇清　编著

出 版 发 行	：	中国人口出版社
印　　　刷	：	北京建泰印刷有限公司
开　　　本	：	710 毫米×1000 毫米　　1/16
印　　　张	：	23.75
字　　　数	：	300 千字
版　　　次	：	2015 年 5 月第 1 版
印　　　次	：	2015 年 5 月第 1 次印刷
书　　　号	：	ISBN 978－7－5101－3348－0
定　　　价	：	29.80 元

社　　　长	：	张晓林
网　　　址	：	www.rkcbs.net
电 子 信 箱	：	rkcbs@126.com
总编室电话	：	（010）83519392
发行部电话	：	（010）83514662
传　　　真	：	（010）83515922
地　　　址	：	北京市西城区广安门南街 80 号中加大厦
邮　　　编	：	100054

前 言
FOREWORD

十月怀胎，一朝分娩。当企盼已久的小宝宝来到人间时，是否会给充满无限欢乐和希望的爸爸妈妈带来一些忙乱和无措呢？当小宝宝不停地哭闹，而又找不出原因和有效方法时，父母是否又会焦虑不安呢？

其实，不仅仅是新手爸妈，就算是年长的老人，如果没有科学的养育知识作指导，同样会对很多事情感到无所适从。研究表明，实施科学的育儿方法能促使宝宝健康、聪明、活泼地成长。反之，就会对宝宝的成长带来不利的影响，甚至对宝宝的身体和智力产生负面效应。

父母是宝宝的第一任老师，父母的一举一动将对宝宝产生终生的影响。因此，科学育儿是培养聪明、健康宝宝的法宝。为了帮助年轻的爸爸妈妈们解除育儿方面的种种困惑，培育出健康可爱的宝宝，我们组织了育儿专家，综合国内外最新的育儿研究成果，编写了这本《周岁宝宝每日一页》。

《周岁宝宝每日一页》以"每日一页"的形式，帮助爸爸妈妈们科学、轻松养育宝宝，陪伴一家人度过宝宝降临的第一年。本书详细地介绍了宝宝的生长发育特点、营养需求特点、饮食习惯、喂养技巧、辅食制作方法、常见病防治与护理、智能训练方法等内容，包含了丰富权威的育儿观点，提供了宝贵科学的育儿经验。

在编写的过程中，我们避免枯燥的理论，偏重于实际参与和指导，突出了知识性、系统性和实用性。本书信息量大，内容连贯统一，结构科学严谨，语言风格亲切温和，版式设计精美大方，是您科学育儿的必备手册，也是家庭教育不可或缺的贴身顾问。

编 者

目 录
CONTENTS

第1个月
在吃和睡中静静度过新生宝宝期

第2个月

宝宝的生活渐渐有规律了

第 3 个月

宝宝也有自己的性格了

第4个月

辅食让宝宝更好地成长

第 5 个月

在惊喜的世界里探寻

第 6 个月

长出漂亮可爱的 "小白牙"

第7个月

开始认生，对爸妈更依恋了

周岁宝宝 每日一页

第8个月

在滚与爬的世界里游戏

第 9 个月

牵牵小手，宝宝也能扶站了

第 10 个月

宝宝学会叫爸爸妈妈了

第11个月

做好断母乳的准备

第 12 个月

让宝宝迈出人生第一步

周岁宝宝 每日一页

第1个月

在吃和睡中
静静度过新生宝宝期

第001天
第一次与新生宝宝的零距离接触

经过10个月的辛苦等待，一个小生命终于降生了，母亲顿时忘却一切痛苦，第一时间想见见自己孕育了十月的宝宝。这时，助产人员会及时将新生儿放在母亲的怀里……

关于妈妈第一次与新生宝宝的接触、吸吮，不少研究认为：在出生后1小时左右的时间，是母子间重要的情感交流与体验期。所以，妈妈要抓住第1次哺喂的时机，抱宝宝入怀，与自己进行肌肤接触。

需要注意的是，接触、吸吮时要在妈妈和新生儿都得到保暖的情况下进行。

▶ 早接触、早吸吮对宝宝好

早接触、早吸吮是指宝宝出生后即可趴在妈妈的怀抱里，皮肤贴皮肤，并让婴儿吸吮母亲的乳头。因为趴在妈妈怀里能听到与在子宫里一样的呼吸声与心脏的跳动声，可使宝宝感到安全。这样既增强了母子感情，又安抚了刚刚离开母体的婴儿来到这个大千世界时的惊恐心情；同时还能建立起婴儿的条件反射，只要有饥饿感就会自动寻觅奶头；亲密的相贴还可以让妈妈温暖孩子，避免着凉，这在室内保温条件差的地区显得尤为重要。

▶ 早接触、早吸吮对妈妈好

早接触、早吸吮对妈妈也有一定好处，一是婴儿的吸吮动作刺激乳房，可加速妈妈脑垂体促进催乳素的分泌，便于及早开奶；二是由于乳头的刺激可促进子宫收缩，减少产后出血，有利于产后恢复。

研究资料表明：早接触、早吸吮的妈妈奶量充足，坚持纯母乳喂奶的时间也长。特别需提及的是，这些对剖宫产的妈妈也同样适用。

第 **002** 天

初乳，宝宝的珍贵食物

▶ 什么是初乳

初乳，是新生儿来到人世间的第一口食物，也是妈妈给宝宝的最好、最珍贵的礼物。产后，母亲的体内激素水平发生变化，乳房开始分泌乳汁，乳汁呈淡黄色，质地黏稠，这就是"初乳"。但泌乳有一个质与量的变化，一般在分娩后 7 天内的乳汁称作初乳，之后第 8～14 天的乳汁称为过渡乳，两周后为成熟乳。

▶ 初乳对宝宝有着怎样的影响

宝宝在妈妈腹中时是通过脐带吸收营养成分的，出生后就会迫切需要补充营养。而此时，初乳对于宝宝来说就变得特别重要了。调查发现：如果新降生的婴儿及时得到母亲的初乳，那么他们的智商水平及健康程度会超过只吃常乳的同龄儿童。

▶ 初乳的功效是什么

初乳所含的免疫球蛋白、乳铁蛋白、溶菌酶和其他免疫活性物质，可以覆盖在新生儿未成熟的肠道表面，阻止细菌、病毒的附着，有助于胎便的排出，防止新生儿发生严重的下痢，还可以提高新生儿的抵抗力。

含有可保护肠道黏膜的抗体，能防止肠道疾病。

蛋白质的含量高，热量高，容易消化和吸收。

能刺激胃肠蠕动，加速胎便排出，加快肝肠循环，减轻新生儿生理性黄疸。

第003天

母乳喂养，宝宝的最佳选择

▶ 母乳喂养对宝宝的好处

❶ 营养丰富均衡。母乳中含有 400 多种营养元素，是任何配方奶粉所无法企及的。比如，母乳中含有的促进大脑发育的牛磺酸、促进组织发育的核苷酸、增强视力的 DHA 等。

❷ 容易消化吸收。母乳中的脂肪球小，且含有多种消化酶。母乳非常容易消化吸收，能使宝宝的大便通畅无阻。

❸ 增强免疫力。母乳中有丰富的活性免疫因子，为宝宝提供"抗体"。

❹ 有利身心健康。在母乳喂养的过程中，妈妈与宝宝的身体接触与感情交流，非常有利于宝宝的身心健康。

❺ 益智作用明显。母乳中富含益智脂肪 DHA，是宝宝脑细胞生长、发育及稳固的关键营养物。母乳中乳糖含量高且含多种低聚糖，有利于婴儿肠道正常菌群的建立。

▶ 母乳喂养对妈妈的好处

❶ 方便、卫生。母乳中几乎没有细菌，直接喂哺不易污染，温度合适，吸吮速度及食量可随宝宝需要增减，在宝宝需要时可迅速喂给他，不受时间、地点的限制。

❷ 有助于妈妈体形恢复。孕期妈妈身体积蓄的脂肪，就是大自然为产后哺乳而储存的"燃料"。哺乳消耗妈妈体内额外的热量，喂奶妈妈的新陈代谢会改变，不用节食就能达到减肥恢复体形的目的；哺乳可以增加催乳素的分泌，有助于防止乳房下垂，保持乳房的外形美。

第 **004** 天

喂奶姿势，你学会了吗

▶ 侧卧式

妈妈侧躺在床上，妈妈的背部、头部后面都可以垫几个大抱枕。以支撑妈妈的身体；妈妈同侧的手可以撑在头下，另一只手则扶住宝宝的头部及背部；让宝宝的头部贴近妈妈的乳房，调整自己的身体，让乳房尽量靠近宝宝；将乳头放入宝宝的口中，并用手扶住宝宝的颈部。

▶ 摇篮式抱法

妈妈坐在床上或椅子上，让宝宝的头部靠在手肘的凹陷处；让宝宝的手放在妈妈的身后，才不会压到宝宝；妈妈若想更省力，支撑宝宝头部的手肘下方还可以垫个大抱枕。

▶ 橄榄球式抱法

妈妈用一只手托住宝宝的头部，用另一只手托住宝宝的颈部和背部，将宝宝的身体固定在腋下；若妈妈想更省力，可以在宝宝的身体下方、自己的背部放几个靠垫，不仅可以增加支撑力，还能帮助妈妈缓解因长时间喂奶所造成的腰酸背痛。

▶ 修正式橄榄球式抱法

同样是一只手扶住宝宝的头部，另一只手绕过宝宝的身后托住宝宝的背部。但是这个姿势是要让宝宝吮吸另一侧的乳房，还可以帮助妈妈清楚地看到宝宝吮吸的情形。

▶ 专家提醒

妈妈在喂奶前应先让婴儿的嘴唇接触乳头，诱发他产生觅食反射，从而使宝宝的嘴张到足够大，以能含住乳头和大部分乳晕为宜。

第005天

母乳喂养也要按需给予

按需哺乳是一种顺乎自然，最省力、最符合人体生理需要的哺乳方法。按照这种方法，只要宝宝想吃，就可以随时哺喂。经常性的吮吸可刺激母体内催乳素的分泌，使乳汁分泌得更多更快。而且按需哺乳还可预防妈妈奶胀，并使宝宝身高和体重的增长明显优于定时哺乳的宝宝。

▶ 正确辨别宝宝饿了

宝宝有吃奶需求最常见的表现是觅食。即宝宝在清醒时，觉得饿了，就张开小嘴左右寻觅，或吸吮能接触到嘴边的物品，如被角、衣角、衣袖或小手；而在熟睡中的宝宝会出现吸吮动作。妈妈要仔细观察宝宝饥饿的信号，随时满足宝宝的需求。

▶ 讲究喂奶持续和间隔的时间

给宝宝喂奶持续和间隔时间也有讲究。给宝宝喂奶要少量多餐，一般每天不少于 8 次（包括夜间哺乳），这样宝宝不容易因为一次吃得过饱而腹泻。母乳喂养应按需喂哺，即喂奶时不要限定间隔时间，当宝宝哭闹、妈妈感到奶胀或妈妈认为宝宝需要时均可喂哺。对于嗜睡或比较安静的宝宝，应在白天给予频繁哺乳，以满足其生长发育所需的营养。

▶ 要保证足够的吸吮时间

每次哺乳时，要保证足够的吸吮时间，而且两侧乳房都要吸吮。每侧一般至少吸吮 10 分钟以上，以充分排空乳房。吸空一侧，如果宝宝仍然想吃，再吃另一侧，这样才能保证宝宝吸到最后一部分乳汁（后奶）。后奶脂肪含量较高，所含热能较前奶高，有利于宝宝生长发育。

第006天

判断宝宝吃饱的信号

▶ 从各种表现判断

由于宝宝无法直接用言语和爸爸妈妈沟通，爸爸妈妈就要通过观察来判断宝宝是否已经吃饱。宝宝吃完奶后，如果有以下表现中的任何一条，就表明宝宝已经吃饱了。

喂奶前乳房丰满，喂奶后乳房较柔软。

喂奶时可听见吞咽声（连续几次到十几次）。

妈妈有下乳的感觉。

尿布 24 小时湿 6 次及 6 次以上。

宝宝大便软，呈金黄色、糊状，每天 2 ~ 4 次。

在两次喂奶之间，宝宝很满足、安静。

宝宝体重平均每天增长 10 ~ 30 克或每周增加约 210 克。

▶ 一般情况下判断

一般来说，宝宝在出生后的头两天只吸 2 分钟左右的乳汁就会饱，3 ~ 4 天后可慢慢增加到 20 分钟左右，每侧乳房吸约 10 分钟。

若实在不放心宝宝吃饱了没有，还可以用手指点宝宝的下巴，如果他很快将手指含住吸吮则说明没吃饱，应稍加奶量。

▶ 特别提醒

宝宝一出生，就有了各种各样的需求，但表达各种需求的唯一方式就是哭。有些妈妈认为宝宝一哭就是饿了，赶紧喂奶。其实，很多时候，宝宝是因为尿布湿了、需要爱抚、困了或不舒服而哭的。要先搞清楚宝宝究竟为什么哭，不能一哭就喂，否则很容易造成喂养过度。

第 007 天

给黄疸宝宝特殊的爱

▶ **出黄疸是正常的**

吃上母乳的新生儿，脸上才褪去黑红的颜色，开始显出粉白的本色，又突然发黄了，从鼻尖开始，到下巴、眼皮，继而是整个脸，这可怎么办？

大部分新生儿在出生后 1 周内会出现皮肤黄染，即黄疸，这主要是由新生儿胆红素代谢的特点决定的。一般出现在面、颈部，还可能出现在躯干和四肢，如果仅仅是轻度发黄，但全身情况良好，那就属于程度较轻的生理性黄疸。生理性黄疸一般在出生后 2 ~ 3 天开始出现，4 ~ 6 天最黄，7 ~ 10 天以后逐渐消退，不需要进行任何治疗。

▶ **如何判断黄疸的程度**

要判断黄疸的程度，可在自然光下观察新生儿的皮肤，如果仅仅是面部皮肤黄染，则为轻度黄疸；如果躯干皮肤出现黄染，则为中度黄疸；如果四肢和手足心皮肤也出现黄染，到出生后 14 天仍不消退，即为重度黄疸，可怀疑为病理性黄疸，应该做进一步的检查和治疗。

▶ **新生儿黄疸病因解析**

❶ 生理性黄疸：生理性黄疸是指一些新生儿出生 2 ~ 3 天后，全身皮肤、眼睛、小便等会出现发黄，到出生第 5 ~ 6 天时，发

黄最为明显。这是因为胎儿在子宫内发育时，靠胎盘供应血和氧气，体内为低氧环境，需要更多的红细胞携带氧气，才能满足正常的生理需要。出生后，新生儿建立了自己的呼吸系统，体内的低氧环境得到改变，对红细胞的需求减少，于是大量的红细胞被破坏，分解产生胆红素，但是这时新生儿的肝功能还没有发育完善，酶系统发育不成熟，不能把过多的胆红素处理后排出体外，使得血液中的胆红素增多。随着血液的流动，胆红素像黄色的染料一样，把新生儿的皮肤和巩膜染成黄色，就出现了生理性黄疸。生理性黄疸一般很轻微，一般 7 天后开始逐渐消退，混合喂养或人工喂养的新生儿 10~14 天完全消退，纯母乳喂养的新生儿需要的时间更长。如果宝宝的精神很好，吃奶也正常，就属于正常的生理现象，不需要治疗。

❷ 病理性黄疸：新生儿的黄疸出现的时间过早，黄疸的程度过重，或者在生理性黄疸减退后又重新出现而且颜色加深，同时伴有其他的症状，就可能是病理性黄疸。如果新生儿病理性黄疸过重，可能患有败血症、肝炎等疾病，就应尽快就医。

❸ 母乳性黄疸：母乳性黄疸既非生理性黄疸，也非病理性黄疸，是指由母乳喂养的新生儿在母乳中葡萄糖醛酸苷酶的作用下使小肠重复吸收胆红素引起的黄疸。母乳性黄疸持续时间较长，最长可以达到 2~3 个月。虽然持续时间长，但黄疸的程度不会很重，随着月龄的增长，黄疸逐渐消退，对宝宝生长发育并没有很大的影响，不必过于担心。大部分母乳型黄疸的宝宝不需要特殊治疗。

▷ **新生儿黄疸的预防**

如果宝宝是由母乳哺育的，妈妈要忌用氧化剂药物，忌食蚕豆，忌与樟脑丸或萘接触。宝宝的衣服、被褥上忌有樟脑丸或萘的气味。宝宝出生后要尽早给宝宝喂奶，以保证宝宝的液体摄入量，促进胎便尽早排出。宝宝的小便次数以平均每天 6~8 次为好。

第008天
新生儿脐带的护理

▶ **重视宝宝的脐带**

正常情况下，新生宝宝的脐带会在结扎后 3 ~ 7 天干燥脱落，血管闭锁变成韧带，外部伤口愈合并向内凹陷形成肚脐。

由于新生宝宝脐带残端血管与其体内血管相连，因此，如果发生感染是很危险的，容易发生败血症而危及生命。

▶ **宝宝的脐带要保持干燥**

平时一定要保证宝宝脐带和脐窝的干燥，因为即将脱落的脐带是一种坏死组织，很容易感染细菌。

脐带一旦被水或尿液浸湿，要马上用干棉球或干净柔软的纱布擦干，然后用酒精棉签消毒。

▶ **经常给宝宝的脐带消毒**

新生宝宝出生后，脐带即由医护人员给予消毒并结扎。

出院回家后，爸爸妈妈也要仔细护理宝宝的脐带，每天洗浴后要用 75% 酒精消毒，必要时用无菌纱布包扎。

▶ **脐带护理包括下面两个步骤**

❶ 宝宝洗完澡，从脐带的根部开始，用干净的棉花棒蘸 75% 的酒精，由内向外，消毒脐带周围。消毒范围大约是以脐部为中心，半径为 1 厘米的圆形区域。

❷ 帮宝宝穿好尿片，将尿片的裤边稍微往下折，不要让尿片摩擦到脐带即可。

第 **009** 天

正确的睡姿带给宝宝好睡眠

▶ 对宝宝睡姿的习惯性认识

新生儿的睡姿主要由照顾人决定，一般中国人的习惯认为要让宝宝及早把头躺平，因此多采取仰卧位，而且还用枕头、棉被、靠垫等物固定他们的睡姿，这是不科学的。而欧美人的习惯是让宝宝俯卧，这是有一定科学道理的，有利于呼吸道分泌物的顺利排出和脸型的美观，但另一方面，由于疏忽照顾，新生儿窒息死亡的比率也居高不下。睡姿直接影响到新生儿的生长发育和身体健康，不应固定睡姿不变，应该经常变换体位，更换睡眠姿势。

▶ 让宝宝侧卧

新生儿初生时保持着胎内姿势，四肢仍然屈曲，为了帮助他们把产道中咽进的一些水和黏液流出，在生后 24 小时以内，仍要采取低侧卧位。侧卧位睡眠既对重要器官无过分地压迫，又利于肌肉放松，万一宝宝溢乳也不致呛入气管，是一种应该提倡的宝宝睡眠姿势。

▶ 经常让宝宝变换睡眠姿势

新生儿头颅骨缝还未完全闭合，如果始终或经常地向一个方向睡，可能会引起头颅变形。例如长期仰卧会使宝宝头型扁平，长期侧卧会使宝宝头型歪偏，这都会影响外观仪表。正确的做法是经常为宝宝翻身，变换体位，更换睡眠姿势，吃奶后要侧卧不要仰卧，以免吐奶。左右侧卧时要当心不要把宝宝耳郭压向前方，否则耳郭经常受折叠也易变形。

第 **010** 天

如何让宝宝睡得更安稳

▶ **让宝宝单独睡**

新生儿应单独睡一张小床，有单独的被褥。如果新生儿与妈妈同一被窝睡，往往把宝宝的头部都蒙在被褥里，使宝宝吸不到新鲜的空气，造成宝宝睡不安宁，睡不深沉，对呼吸系统也不卫生。而且由于妈妈在哺乳期中比较疲劳，晚上睡眠很深，翻身时容易把宝宝压在身体下面而造成意外窒息。宝宝有一张单独睡的小床，这对宝宝的生长发育和良好的睡眠习惯都有促进作用。

▶ **宝宝睡觉不要用枕头**

新生儿的脊柱基本上是直的，平躺时背和脑勺在同一平面上，如使用枕头容易造成肌肉紧绷而导致落枕；加上新生儿头大，侧卧时头和身体也在同一平面，因此新生儿无需使用枕头。如果头部被垫高了，反而容易造成头颈弯曲，影响呼吸和吞咽。

▶ **让宝宝养成好的睡眠习惯**

首先是按时睡觉，自然入睡。有的妈妈对宝宝"爱不释手"，宝宝吃饱后还要把他抱在怀里，摇晃着、拍着，或是让宝宝叼着乳头、空奶嘴，这都不是好习惯。妈妈要注意，在宝宝睡前不哄、不拍、不抱、不摇，更不要吃东西、叼奶头。到该睡的时候，把宝宝放到床上让他自己睡。新生宝宝还没有养成按时睡的习惯，可给他放些轻柔的催眠曲，使宝宝建立起睡眠的条件反射。等到宝宝养成按时入睡的习惯，就不必放音乐了。

天气炎热时，可以开空调，但电扇、空调不能直接对着宝宝吹。

睡前不要把宝宝喂得太饱，否则宝宝会难以入睡或睡眠不安。睡前不应让宝宝过于兴奋。每天定时让宝宝睡觉，可以帮助宝宝建立规律生物钟。

第011天

新生宝宝的穿衣之道

▶ **选料要求**

小宝宝的皮肤娇嫩，毛细血管丰富，皮脂腺分泌较多，对冷热调节的功能较差，抵抗力不强。因此，宝宝的衣服应选择纯棉的天然纤维织品，天然纤维织品会使宝宝更好地调节体温。棉织品容易吸水，保暖性强，质地柔软，色彩浅淡，洗涤方便，最适合小宝宝柔嫩的肌肤。要特别注意宝宝衣服的腋下和裆部是否柔软，这是宝宝经常活动的关键部位，布料不好会导致宝宝皮肤受损。

宝宝衣服不要选用化纤材料，化纤布料经过化学处理后，残存的游离甲醛虽然极微，但对宝宝娇嫩的肌肤也会造成伤害，易引起过敏。如长时间穿着，有害物质会进入宝宝体内，对宝宝肝、肾等器官造成一定影响。

▶ **衣服式样**

新生的小宝宝衣服式样以斜襟衣服为宜。衣服宜宽松、舒适、简单，易脱易穿，不宜钉扣子或使用按扣，以免划伤宝宝皮肤。

冬天棉衣也可采用斜襟样式，不宜太厚，以方便宝宝活动肢体。

夏天衣服可以做成睡裙式样的单衣，也可用棉布做成小肚兜。

另外，应准备一两件小背心，即保暖，又方便新生儿的上肢活动。

▶ **穿衣原则**

新生小宝宝穿衣的多少与成人基本相仿，新生儿时期要注意保暖，原则上比妈妈多加一件衣服即可。

小宝宝之间存在着个体差异，可依照既保暖又不出汗的原则增减衣服。

宝宝的单衣、衬衣、棉衣都要多准备几件，以备换洗。

第012天
"蜡烛包"，宝宝很受伤

▶ **什么是"蜡烛包"**

所谓"蜡烛包"就是用布或小被子把宝宝的腿包直，再用被子裹上，最后用带子把宝宝的全身绑上几道，使宝宝没有一点自由活动的余地。殊不知这对宝宝有很大的伤害。

▶ **"蜡烛包"的危害**

"蜡烛包"限制了宝宝四肢的活动，使肌肉的感受器得不到应有的刺激，影响脑的发育。

影响宝宝的呼吸动作，尤其在哭泣时肺的扩张受到限制，影响胸廓和肺的发育。

如果把宝宝包裹太紧，容易造成宝宝髋关节脱位。

如果包裹太紧，一旦宝宝喘不过气来，不能帮助自己稍微变换一下方向，发生窒息危险的可能性较大。

如果包裹太紧容易导致宝宝出汗，使其汗腺口堵塞、发红，甚至引发皮肤感染。

"蜡烛包"束缚了宝宝的身体，尤其是手和脚，易使宝宝在寒冷季节因活动减少而易导致硬肿症等寒冷损伤。

如果"蜡烛包"过紧过厚，在环境温度偏高时，可能会因为散热不及时而致体温过高，严重的甚至会导致宝宝突然死亡。

第013天

尿布的选择与洗涤

▶ **尿布的选择**

尿布应选用柔软、吸水性强、耐洗的棉织品，旧布更好，如旧棉布、床单、衣服都是很好的备选材料。颜色以白、浅黄、浅粉为宜，忌用深色，尤其是蓝、青、紫色的。尿布不宜太厚或过长，以免长时间夹在腿间造成宝宝下肢变形，也容易引起污染。尿布在宝宝出生前就要准备好，使用前要清洗消毒，在阳光下晒干。

▶ **尿布的洗涤**

洗涤布尿布时，如果布尿布上沾有粪便，要先用毛刷把粪便刷掉，然后用肥皂搓洗、漂清，再用开水煮沸10分钟，最后拧干后在阳光下晒干。

洗净晾干后的尿布应叠整齐摆放好，不能随意乱扔，这样既方便取用，又可以防止尿布被污染。

▶ **经验分享**

预防尿布皮炎，要注意以下细节：

不要用洗衣粉洗尿布，因为宝宝的皮肤非常娇嫩，如果尿布上残留了未洗净的洗衣粉，会严重刺激宝宝的皮肤。

刚烘烤干的尿布不能马上用，要等凉透了再用，否则也容易发生尿布皮炎。

清洗尿布时一定要把肥皂或洗涤剂冲洗干净，以防残留物刺激宝宝的皮肤。

保持臀部干燥，清洗臀部后应涂上鞣酸软膏或鱼肝油。

如果尿布掉在地上则不能捡起来再用，因为尿布上会沾染细菌。

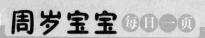
 第 **014 ~ 015** 天

轻松为宝宝换尿布

▶ 换尿布前的准备工作

在为宝宝换尿布之前，先将需要的用品放在伸手可及之处。如干净的尿布、棉球、温水、一条小毛巾和可供换洗的衣服。如有必要，还应准备一些治疗尿布疹的软膏等。还可以准备能够吸引宝宝注意力的玩具，或是有逗宝宝的人在旁边。妈妈把双手洗净后，就可以为宝宝换尿布了。

▶ 换尿布的方法

在换尿布的台面上最好先垫一块塑胶布，然后解开宝宝身上的尿布，但先别拿开。若是排粪便，就利用原先的尿布把粘在小屁股上的大部分粪便抹去。将尿布折一下，使干净的那面朝上，先垫在宝宝的小屁股下暂作保护面，然后由前往后用湿的消毒脱脂棉清洁小屁股的前方部位，再抬起宝宝的两条腿擦拭小屁股。注意，必须仔细清洁所有褶皱处。最后，一手将宝宝屁股轻轻托起，一手撤出脏尿布，将干净尿布一头平展地放置在宝宝腰下，另一头由两腿之间向上拉至下腹部。注意不要盖住肚脐，以免感染。如果是男孩，要把尿布多叠几层放在会阴前面；如果是女孩，则可以在屁股下面多叠几层尿布，以增加特殊部位的吸湿性。

▶ 换尿布时应注意的事项

换尿布时，动作要快、要轻，防止宝宝着凉受伤。包扎尿布不要过紧或过松。过紧宝宝活动受限，妨碍发育；过松则粪便容易外溢，污染皮肤。

尿布不宜叠得过厚，否则会使宝宝两侧大腿外旋变成"O"型腿，长大后走路有可能呈现"鸭步状"；尿布也不宜过宽过长，以免擦伤皮肤。

第016天

宝宝可以洗澡了

▶ **掌握好时间和水温**

最好在晚上，宝宝临睡前、下一次喂奶前 30 分钟洗澡。室温控制在 26 ~ 28℃；水温则以 37 ~ 42℃ 为宜。如无温度计，可用手肘内侧试水温，感觉微热不烫即可。

▶ **精心挑选清洁洗剂**

尽量挑选注明"宝宝专用"的婴幼儿产品；大人用的清洗剂，除非标有"宝宝适用"的字样，否则不建议拿来帮宝宝洗澡或洗发。一定要参照产品的说明来使用。在有些产品的使用说明中，会建议先将洗剂稀释于水中，或是该洗剂无须再用清水冲洗，爸爸妈妈应先阅读说明后再使用。

▶ **洗澡方法指导**

洗澡程序：让宝宝仰卧在妈妈左侧大腿上，用左臂和手掌从宝宝背后托住头颈部，闭合双耳，清洗面部、头部，将头发擦干；将宝宝放入盆中，从颈部开始依次洗净胸部、下肢；让宝宝俯卧，托住宝宝上半身，避免水呛到宝宝，洗宝宝背部、臀部及腋下；抱离水面，置于大浴巾上擦干。

洗澡后要特别处理肚脐部位，保持脐部的干燥和清洁，也可以在脐带没有脱落之前采用上下身分段洗浴法。

为宝宝洗澡时除了特别的污垢，一般不需要每次使用沐浴露、香皂等。

浴毕用干毛巾轻轻吸干皮肤和皱褶处水分即可，过多的爽身粉只会引起宝宝皮肤红肿糜烂，除非天气特别炎热，不必要每次为宝宝扑满爽身粉。

洗澡后妈妈用婴儿润肤露软化双手，为宝宝进行全身抚触和按摩。

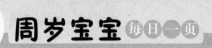

第017天
新生宝宝五官的护理

▶ 眼睛

胎儿在娩出过程中，要经过母亲的产道。而母体的产道中会存在着一些细菌，新生儿出生的过程中，眼睛可能会被细菌污染，引起眼角发炎。所以，孩子出生后，要注意眼睛周围皮肤的清洁。可以用药棉浸生理盐水，每天替宝宝拭洗眼角1次，由里向外，切不要用手拭抹。如果发现眼分泌物多或眼睛发红，揩净后用氯霉素眼药水滴治，每天3~4次，每次一滴。宝宝要有专用的洗脸毛巾，每次洗脸时，先擦洗眼睛。眼睛若有过多分泌物，可用棉球蘸温开水从内眼角向外眼角轻轻擦拭。

▶ 耳朵

宝宝耳朵内的分泌物不需要清理，洗脸时注意耳后及耳朵外部的清洁就可以了。如可以用蘸湿的棉签擦洗外耳部，但小心不要伸入耳道，不要把水滴入耳道内。如果宝宝的耳背有皴裂，可以涂一些熟食油。

▶ 鼻腔

遇到孩子鼻腔内分泌物较多，清洁时要特别注意安全，千万不能用发夹、火柴棍挑挖，以免触伤鼻黏膜。如果鼻分泌物在鼻孔口，一般都能拉出，但动作要轻柔。如果鼻分泌物近于鼻腔中部，可以先用棉签蘸点温水湿润一下，然后用棉签轻轻地卷出来。若宝宝鼻孔内有分泌物并结成干痂，影响呼吸，可用棉球或毛巾蘸干净温开水轻轻擦拭，使干痂湿润变软后即能自动排出。

▶ 口腔

用布或毛巾给婴儿揩洗口腔的做法不好，因为婴儿的口腔黏膜娇嫩，容易引起破损而造成感染。正确的做法是在两次喂奶之间，喂几口温开水即可。

第 018 天

宝宝打嗝的处理

▶ 拍宝宝背部并喂水止嗝法

如果宝宝是受凉引起的打嗝，可先抱起宝宝，轻轻地拍拍他的后背，然后再喂一点儿温热水，给胸脯或小肚子盖上保暖衣被等。

▶ 把食指尖放在宝宝嘴边止嗝法

将不停打嗝的宝宝抱起来，把食指尖放在宝宝的嘴边挠痒，待宝宝发出哭声后，打嗝的现象就会自然消失。因为嘴边的神经比较敏感，挠痒即可放松宝宝嘴边的神经，打嗝的现象也就会消失了。

▶ 轻轻地挠宝宝耳边止嗝法

在宝宝耳边轻轻地挠痒，并和宝宝说说话，这样也有助于止住打嗝。

▶ 转移宝宝注意力止嗝法

转移注意力可使宝宝停止打嗝，可试试给宝宝听音乐，或在宝宝打嗝时不住地逗引他。

▶ 刺激宝宝小脚底止嗝法

如果宝宝是因吃奶过急、过多或奶水凉而引起的打嗝，可适当刺激宝宝的小脚底，促使宝宝啼哭，这样可以使宝宝的膈肌收缩突然停止，从而止住打嗝。

▶ 防止宝宝打嗝的技巧

不要在宝宝过度饥饿或哭得很凶时喂奶。

天气寒冷时注意给宝宝保暖，避免身体着凉。

不要让宝宝吃得过快过急。

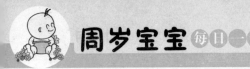

第019天

宝宝吐奶的处理

▶ 宝宝吐奶的处理办法

若宝宝平躺时发生吐奶，应迅速将宝宝的脸侧向一边，以免吐出物流入咽喉及气管；还可用手帕、毛巾卷在手指上伸入口腔内甚至咽喉处，将吐、溢出的奶水快速清理出来，以保护呼吸道的顺畅。如果发现宝宝憋气不呼吸或脸色变暗时，表示吐出物可能已经进入气管了，应马上使宝宝俯卧在妈妈膝上或硬床上，用力拍打宝宝的背部4~5次，使其能将奶咳出，随后应尽快将宝宝送往医院检查，让医生再做进一步处理或检查。

▶ 防止宝宝吐奶的技巧

掌握好喂奶的时间间隔。一般每隔3~4小时喂一次奶比较合适，不要频繁喂奶，以免宝宝因胃部饱胀而吐奶。

喂奶时尽量不要吸入空气，母乳喂养时要让宝宝的嘴裹住整个奶头，不要留有空隙，以防空气乘虚而入；用奶瓶喂时，还应让奶汁完全充满奶头，不要怕奶冲出来而只到奶头的一半，这样就容易吸进空气。

喂奶姿势要正确。让宝宝的身体保持一定的倾斜度（约45度）可以减少吐奶的几率。

喂完奶后不要急于放下宝宝，让宝宝趴在肩头，再用两手轻拍宝宝的背部，让他打嗝，排出腹内的空气。

先侧卧再仰卧。放宝宝躺下时，应先让宝宝右侧卧一段时间，无吐奶现象后再让他仰卧。

宝宝睡觉时蹬腿后容易吐奶，这时应尽量按着宝宝的腿，然后从胸到肚子轻轻摸摸，安抚宝宝。

第020天
总是睡觉的小家伙

▶ **刚刚出生的宝宝总是睡不醒**

产褥期的宝宝，大多数时间都在睡觉，只是在饿了的时候，才会醒来吃奶，吃饱以后又会继续睡。在刚刚出生后的一天当中，宝宝大约有20个小时都在睡觉。当然，宝宝并不是故意"偷懒"，而是醒不过来。

▶ **宝宝的睡眠特点是什么**

在产褥期，宝宝除饿了哭闹，几乎所有的时间都在睡眠。以后随着大脑皮质的发育，孩子睡眠时间逐渐缩短。

一般婴儿一昼夜的睡眠时间为18～20个小时。

按照宝宝觉醒和睡眠的不同程度，可以分为6种意识状态：两种睡眠状态——安静睡眠（深睡）和活动睡眠（浅睡）；三种觉醒状态——安静觉醒、活动觉醒和哭闹；另一种是介于睡眠和醒之间的过渡形式，即瞌睡状态。

▶ **了解宝宝的成长规律和需要**

新生儿的大脑还没有发育成熟，尤其是大脑皮质部分还没有起作用，需要时间来慢慢地发育。所以，要尊重宝宝的成长规律和需要，不要过多地打扰，要让宝宝好好地睡。需要做的是，当宝宝醒来后，用妈妈温柔的拥抱、充满母爱的抚摸和美味的乳汁供给孩子。在宝宝吃饱乳汁有兴致的时候，帮助运动运动小手小脚。时间要短一些，宝宝很快就会累，而且不喜欢太累。

▶ **培养宝宝自己"觉醒"**

有一些宝宝特别爱睡，吃奶的时候也在睡，遇到这种情况可以轻轻地摇动乳头，抚摸宝宝的小手，捏一捏小鼻子，暂时唤醒宝宝，让宝宝"打起精神"来吃奶。这样，过一两周以后，孩子就能自己"觉醒"了。

第021天
新生儿臀红的护理

▶ **新生儿臀红的原因**

新生儿护理中最常见的问题就是新生儿臀红。新生儿由于尿便次数多，臀部长时间受到尿液浸泡，便后没有用清水冲洗臀部，使用透气性能差的尿布，这些情况都会造成并加重新生儿臀红。

▶ **新生儿臀红的预防**

宝宝臀红可能会造成臀部皮肤破损，容易让细菌侵入皮下组织，引起肛周脓肿，导致宝宝排便困难。预防臀红的最好办法就是宝宝大便后，妈妈要及时用清水冲洗宝宝的臀部；要使用透气性能好的尿布，不能使用塑料布；掌握宝宝排便规律，及时给宝宝更换尿布。妈妈们一旦发现宝宝臀红，每次为宝宝冲洗臀部后，要使用鞣酸软膏涂抹，这样就不易被尿液浸泡。千万不要使用婴儿粉。

❶男婴下身的清洗：一般宝宝大便后，父母都给宝宝清洗屁股，这是非常正常的。清洗时，爸爸妈妈动作一定要轻，忌用含药性成分的液体和皂类，以免引起刺激和过敏反应。清洗后，爸爸妈妈要轻轻将其擦干，将包皮轻轻翻转回去。也有部分男孩子包皮口过紧或生来就很狭小，爸爸妈妈千万不要强行翻转，否则会引起外伤或引起嵌顿性包茎。对这样的宝宝，爸爸妈妈除经常注意保持局部清洁、干燥外，应在 4~6 岁到正规医院泌尿科进行包茎手术。

❷女婴下身清洗：爸爸妈妈应该注意不要将肛门和尿道处混合着洗，应该是先洗尿道口和阴道口处，后洗肛门处，一定要避免从后向前洗。给女婴擦屁股时也一样，更要注意从前向后擦。

第 **022** 天

听懂宝宝的哭声

原因	哭泣表现	鉴别及处理方法
饥饿	喂奶前发生，声音洪亮、短促有规律，间歇时有觅食动作	抱起后头立即偏向妈妈一侧乳房，做吸奶动作，喂奶后哭声即止
吃奶过急或乳汁过少	吃奶时，反复避开奶头并边吃边哭泣	吃奶过急：用拇、食指将乳房捏住，可使乳汁流得慢些 乳汁过少：及时催乳或请教医生
代乳品太甜、太稠		配方奶冲调时要仔细按照说明进行调配
鼻腔闭塞导致吸奶困难		喂奶前用温水点鼻一两滴，鼻痂可随呼吸冲出
要求爱抚	哭声小，哭哭停停	把宝宝抱起或用玩具、语言逗引
口渴	喂奶后仍然哭声不止	喂水后哭声停止
尿、便污染尿布使其不舒服	哭声先短后长，两声之间间隔较长，抽泣时短促有力	换尿布后即止
突然过强的声光等刺激，失去保护感	突然剧哭，先长后短	将宝宝抱在怀里，耳部贴于妈妈左侧胸膛听听心跳声，轻轻晃动、听轻柔的音乐或用玩具逗引等

第023天

从"便便"辨别宝宝的健康状况

▶ 正常的大小便

通常，宝宝出生后第1~2天会排出墨绿色、黏稠的胎便。哺乳后，宝宝的大便在2~4天内逐渐转变为黄色、糊状的正常大便，每日大便次数3~5次都是正常的。刚出生的宝宝第一天的尿量较少，大约只有10毫升。随着哺乳的进行，宝宝的尿量也会增加，每日可达10次以上。

▶ 新生儿大便异常情况一览

灰白色大便：大便灰白色，同时宝宝的白眼球和皮肤呈黄色，有可能为胆道梗阻或者是胆汁黏稠，甚至可能是肝炎。

黑色大便：大便黑色，可能是胃或肠道上部出血。如果宝宝服用了治疗贫血的铁剂药物，也有可能会出现这种情况。

大便带血丝：大便带有鲜红的血丝，可能是大便干燥或者肛门周围皮肤皲裂使下消化道损伤。

赤豆汤样大便：大便为赤豆汤样，可能为出血性小肠炎，这种多发生于早产儿。

淡黄色糊状大便：大便淡黄色、呈糊状、外观油润、内含较多的奶瓣和脂肪小滴、漂在水面上、大便量和排便次数都比较多，可能是脂肪消化不良。

黄褐色稀水样大便：大便黄褐色稀水样、带有奶瓣、有刺鼻的臭鸡蛋味，为蛋白质消化不良。

绿色黏液状大便：大便次数多、量少，呈绿色或黄绿色，含胆汁、带有透明丝状黏液、宝宝有饥饿的表现，为奶量不足、饥饿所致或因为腹泻。

鼻涕状带血便：大便黏液性，鼻涕状带血，多为痢疾。

新生儿大便异常最好让医生帮助确诊后及时治疗。

第 024 天

宝宝发热特别关注

▶ 发热是宝宝身体出现问题的信号

当人体免疫系统为了抵抗入侵的病菌时，会释放出许多的炎性介质，造成体温设定错误，出现发热现象。新生宝宝大多数时间都在喝奶睡觉，不太容易观察活动力是否减退，所以有时很难通过临床反应来判断宝宝是否生病。因此对宝宝来说，发热是身体出现问题时相当重要的信号，家长对新生宝宝发热的情况要十分警惕。

▶ 宝宝免疫系统未成熟，病情变化快

新生宝宝的免疫系统还未发展成熟，免疫球蛋白不足，抵抗力差，易受感染。一旦患病，病情可能会迅速发展，甚至数小时内就会恶化。此外，新生宝宝也比一般人更容易出现并发症。一旦感染没有得到适当的治疗，易产生严重的后遗症，所以宝宝发热的后续处理相当重要。

▶ 用体温计监测宝宝的体温

测体温前，要先把体温表原水银柱甩到35℃以下的刻度。测腋下体温前，应擦去宝宝腋窝的汗，然后将体温表水银柱一端放在宝宝的腋窝中间夹紧，家长将宝宝的胳膊扶好，不要乱动，5分钟后取出读数。读数时，应横持体温表，水平转动体温表，看到白色不透明底色时，即可清晰地显示出暗色水银柱线。体温表用完后，应用酒精棉擦净备用。

▶ 不要随便使用退热药

孩子发热最好不要随便吃药，因为孩子的发热原因不明，随便用药可能会影响医生诊断。任何疾病都有一定的发展过程，即使诊断明确，用药及时，也可能要持续2~3天才能退热，有些病毒感染或较严重的细菌感染发热要持续3~5天甚至1周以上。

第025天

新生宝宝补水

▶ 水的作用及宝宝缺水的表现

水对人体的作用：水是构成人体组织的重要成分；帮助消化、吸收食物；帮助人体内各系统吸收和运输营养素；帮助排泄废弃、有害物质；降低体温，补充液体。

宝宝缺水的表现：口渴，眼窝凹陷，甚至休克；不能咽下食物，也没有消化液帮助吸收，人体处于饥饿状态；肾脏不能顺利地将有害物质排出；有可能导致脱水。

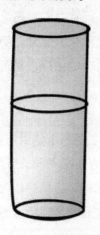

▶ 宝宝的需水量

水是人体赖以维持最基本生命活动的物质。人体每日摄入的水量应与排出的水量保持大致相等。

对宝宝来说，其生长发育旺盛，对水的需求量比成人相对要高得多。一般来说，宝宝每天消耗的水分占体重的 10% ~ 15%，而成人仅为 2% ~ 4%。宝宝每日的需水量与年龄、体重、摄取的热量及尿的比重均有关系。处在婴儿期的宝宝，每日需水量约为每千克体重 120 ~ 160 毫升。

人体组织和某些食物在代谢氧化的过程中也会产生水，就是通常所说的"内生水"。所以，一般情况下，只要哺乳的妈妈把水和汤喝足，纯母乳喂养的宝宝在 4 个月以内不用额外喂水。

第**026**天

宝宝觉醒时的识记

▶ 识记训练

为充分利用宝宝最初阶段的觉醒状态，对孩子珍贵的最初识记过程进行培养教育，哺乳妈妈应当通过和宝宝的交流，进行情绪、性格教育训练。

▶ 多和宝宝对视

眼睛是心灵的窗户，宝宝的大脑有上千亿的神经细胞，渴望从"窗户"获取信息。宝宝最喜欢看妈妈的脸，被母亲多加关注的孩子安静、爱笑，能为孩子形成好的性格打下基础。

▶ 多和宝宝说话

宝宝的耳朵，是第二个心灵的窗户。宝宝醒来时，妈妈可以在宝宝的耳边轻轻呼唤宝宝的名字，温柔地说话，如"宝宝饿了吗？妈妈给宝宝喂奶"；"宝宝尿了，妈妈给宝宝换尿布"等。听到妈妈柔和的声音，宝宝会把头转向妈妈，脸上露出舒畅和安详的神态，是对妈妈声音的回报。经常听到妈妈亲切的声音，会使宝宝感到安全、宁静，为日后良好的心境打下基础。

▶ 多温柔抚摩

皮肤是最大的体表感觉器官，是大脑的外感受器。给孩子温柔的抚摸，会使关爱感通过爸爸妈妈的手传递到孩子的身体、大脑。这种抚摸能滋养宝宝的皮肤，在大脑中产生安全、甜蜜的信息刺激，对宝宝智力及健康的心理发育起催化作用。常常被妈妈抚摸及拥抱的孩子，一般会性格温和、安静。

第 027 天
宝宝抬头与伸展的运动

▶ 训练新生儿抬头

由于新生儿的颈部和背部肌肉十分无力，无法自己抬头。即使宝宝满月的时候，最多能够做到的，也只是趴着的时候头可以抬起大约 2.5 厘米的高度，而且支撑的时间也很短，仅仅几秒钟。所以还需要父母来帮助训练宝宝抬头。

竖抱抬头方法：让宝宝头靠在肩上，但不扶宝宝的头部，让宝宝的头部立直片刻，每天进行 4~5 次。

俯卧抬头方法：在宝宝空腹时，父母任何一人坐好，或者靠在沙发上，把宝宝放在胸腹前，让宝宝自然地俯卧在那里。将宝宝的头扶至正中，两手放在头两侧，用手按摩宝宝的脊背部，通过话语等吸引宝宝抬头。这样可以促进发展颈部肌肉张力。

▶ 训练宝宝做伸展运动

由于宝宝还很脆弱，在为宝宝洗澡或换尿布的时候，父母帮助宝宝伸展一下身体就可以了。帮他伸展身体时，只需将关节稍弯曲，宝宝就会反射性地伸开他的关节；除了关节外，轻触宝宝的膝盖内侧、手等，宝宝也会反射性地伸展他的身体。

需提醒的是，给宝宝做运动前最好提前做好活动准备：握住宝宝两手腕，开始数节拍，从手腕向上 4 次按摩至肩部，"1，2，3，4"；然后从足踝向上 4 次按摩大腿部，"5，6，7，8，"；自胸部按摩里外上下按摩至腹部 2 轮，宝宝手成环形，由里向外，由上向下，"2，2，3，4，"；"5，6，7，8"。准备活动是消除宝宝肌肉、关节的僵硬状态，让宝宝身体放松，避免运动损伤。

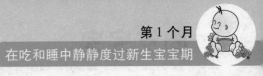

第 028 天

满月宝宝发育测评

▶ 身体发育指标

发育指标	出生时	满月时	宝宝成长记录
体重（千克）	2.5～4	4.6～4.9	
身长（厘米）	47～53	55.6～56.5	
头围（厘米）	33～34	37.1～37.8	
胸围（厘米）	32	36.5～37.3	
坐高（厘米）	33	37.5	
囟门（厘米）	前囟1.5～2；后囟0～1		

▶ 智能发育水平

大运动：拉腕坐起，头部能竖直片刻。

精细动作：触碰手掌会紧握拳。手握拳头的时候比较多，能自动抓紧触及其手掌的大小合适的东西。如你用手指去触摸他的手掌，他会不由自主地抓紧你的手指。

适应能力：能追随物体而转移视线，听声音有反应。对于内耳传来的重力与移动的感觉有反应。如你正在抱着他时，突然把他放低会感到惊慌。

语言发展：发出细小喉音。

社交行为：眼跟踪走动的人。

第 **029 ～ 030** 天

满月经验总结与分享

▶ **宝宝满月是值得庆祝的日子**

妈妈产后"坐月子"到期，身体也基本恢复，可以抱着宝宝出门了（天气好可提前到户外活动）。一家人在宝宝出生后最忙碌的时期终于过去，宝宝也结束了 28 天的新生儿期，开始升级进入婴儿期，这一切真是值得庆贺。所以就流传了"做满月"的风俗。

宝宝满月了，首先该给宝宝照张满月照片留作纪念，在给宝宝洗澡时顺便称一次体重，看看这个月长了多少；满 30 天应该到附近的医院或保健所请医生测量一下身长有多少厘米，把宝宝满月时的身长、体重写在满月照片的背面，是很有意义的一件事。爸爸妈妈可以给宝宝买一件满月礼物，给女孩可以买个漂亮的会响的娃娃，男孩不妨买个会叫的绒狗，宝宝一定很喜欢。

▶ **经验分享——办满月酒要为宝宝做足准备**

给宝宝戴上小手套。因为满月酒那天肯定会有许多亲戚朋友来亲亲或摸摸宝宝的小手，等客人走后再把手套摘下。

妈妈也要少接触客人。妈妈是和宝宝亲密接触时间最长的人，如果妈妈和客人握手，一定要洗完手再喂奶或抱宝宝。建议其他人在接触宝宝之前也要洗手。

要选择一个通风的环境办满月酒。因为酒席上会有人抽烟，有人喝酒，很容易导致室内空气不好。

如果可以，大人们为宝宝办满月酒庆祝，宝宝不要出席。爸爸妈妈可以准备一份宝宝的录像，在酒席上播放，这样不但可以满足大家想见宝宝的要求，也保证了宝宝的健康。

第2个月

宝宝的生活
渐渐有规律了

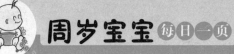

第031天

本月宝宝的体格发育特征

▶ **宝宝的体格发育**

体重	男宝宝体重平均为4.9千克左右，正常范围是3.7~6.1千克。女宝宝体重平均为4.6千克左右，正常范围是3.5~5.7千克。人工喂养的宝宝体重增长较快，体重可增加1.5千克左右，有的甚至会更高。
身长	身高的增长存在着个体差异。男宝宝身高平均为56.5厘米左右，正常范围是51.9~61.1厘米。女宝宝平均为55.8厘米左右，正常范围是51.2~60.9厘米。
头围	男婴头围平均为37.8厘米左右，正常范围是35.4~40.2厘米。女婴头围平均为37.1厘米左右，正常范围是34.7~39.5厘米。头围是大脑发育的象征，关系着宝宝今后的智力水平。
囟门	多指前囟，宝宝在这个月时颅骨缝囟门是开着的，由于受睡觉姿势的影响，头骨很容易出现略微的变形。
外貌	这个月的宝宝脱离了新生儿期，逐渐适应了周围环境，皮肤变得光亮、白嫩，弹性增强，皮下脂肪增厚，头型滚圆，胎毛脱落，妈妈会惊喜地发现宝宝变漂亮了。

第032天

养成规律的生活习惯

▶ **睡眠**

要让孩子养成良好的睡眠习惯，首先要按时睡觉，自然入眠。到该睡觉的时候，把宝宝放到床上自己睡。如果婴儿在出满月后还没有养成按时睡眠的习惯，可以播放一点轻柔的催眠曲，使宝宝逐渐建立起睡眠的条件反射，直到养成按时入睡的习惯为止。

▶ **把尿**

婴儿满月后，就可以开始训练把尿习惯。给宝宝把尿时，可以发出"嘘——嘘"的口哨声，使宝宝对排尿形成条件反射，以后一发出这种口哨声宝宝就会有尿意。训练一段时间后，白天就可以渐渐不用尿布，睡前尿一次，夜里把一次，夜里也不会尿床。

▶ **排便**

从满月起，就应该训练良好的排便习惯。要先观察宝宝排便情况，然后根据宝宝的具体情况，有意识地训练宝宝定时排便。婴儿排便时间最好在清晨或晚上临睡前，也可以有意识地教孩子排便时发出"嗯——嗯"声。早晨排便最好，晚上大便可以使宝宝在夜里睡得踏实。餐前大便可以让宝宝吃得好，切不可餐后马上就大便。

▶ **保持卫生**

婴儿每次哺喂完，都要擦净小嘴。早晨起床后给宝宝洗脸、洗手，入睡前洗脸、洗手、洗脚、洗屁股，在固定时间洗澡，均能培养婴儿爱清洁的良好习惯。

第 **033** 天

宝宝越来越爱活动了

▶ **宝宝的身体活动逐渐频繁**

宝宝觉醒的时间延长，吃奶量增加，四肢动作幅度增大，表情更加丰富。有时宝宝还会把手指放在嘴里吸吮，这并不代表肚子饿，而是一种正常的游戏行为。妈妈需要注意保持宝宝双手的清洁，以免生病。到了一定的时期，宝宝就不会再吸吮手指了。如果宝宝出生后一年还继续吸吮手指，就有可能是习惯性的行为，需要纠正。

▶ **带宝宝享受日光浴**

户外气温超过10℃，天气晴朗宜人的时候。抱着宝宝到户外去享受日光

浴，可以帮助宝宝在体内合成维生素 D，促进钙的吸收，而且能促进血液循环，保证皮肤健康。另外，在户外，能让宝宝呼吸到新鲜的空气，有助于宝宝适应新的环境。一般情况下，第一次到户外去的时间可以保持在 5 分钟左右，之后可逐步增加。在阳光明媚时，也可以把宝宝放在充满阳光的床上，并打开窗户，让宝宝多晒太阳。每天在固定的时间、有规律地让宝宝做日光浴，对身体是很有好处的。

需注意的是，享受日光浴时要避免阳光直晒，还要注意安全，远离宠物。最好不要把宝宝带到马路旁，因为过往的汽车排放出的尾气中含较多的铅，宝宝坐在婴儿车里，距离地面不到 1 米，正是尾气最浓的高度，这对宝宝的危害是很大的。

第 **034** 天

哺乳的细节讲究

▶ **穿工作服哺乳**

在医院、实验室工作的妈妈，如果穿着工作服喂奶，会给宝宝招来麻烦。因为工作服上往往带有很多肉眼难以看见的病毒、细菌和其他有害物质。所以，哺乳妈妈无论怎么忙，也要先脱下工作服，最好脱掉外套，洗净双手再给宝宝哺乳。

▶ **生气时哺乳**

人在生气时体内会产生毒素，因此哺乳妈妈切不要在生气时或刚生完气就喂奶，以免宝宝吃入带有"毒素"的乳汁。

▶ **浓妆哺乳**

妈妈身体的气味对宝宝有着特殊的吸引力，能激发宝宝产生愉悦的"进餐"情绪。即使宝宝刚出生，也能把头转向有妈妈气味的方向寻找奶头。妈妈的体味有助于婴儿吸奶，如果浓妆艳抹，化妆品气味会掩盖熟悉的母体气味，使宝宝难以适应，进而导致宝宝情绪低落，食量下降，从而影响发育。

▶ **穿化纤内衣哺乳**

穿化纤内衣的最大危害，在于纤维容易脱落而堵塞乳腺管，造成停止泌乳的恶果。哺乳妈妈不能穿化纤内衣，也不要佩戴化纤类乳罩，应以棉类制品为佳。

▶ **哺乳时逗笑**

宝宝吃奶时若被逗笑，吸入的奶汁可能误入气管，轻者呛奶，重者会诱发吸入性肺炎。

第 **035** 天

做好奶具的消毒工作

▶ **奶具消毒前需要先清洗干净**

奶具消毒前必须洗净，最好是喂完奶或水、果汁等后立即清洗，不要等到消毒前全部一起清洗，否则奶垢等已经沉淀，不易清除。刷洗时应将奶瓶、奶嘴、瓶盖上残留的奶渍分别洗净，奶瓶螺纹处要特别注意，奶嘴里面不好清除的奶渍可用盐水擦拭，还可先用热水涮去油脂，再用清水冲刷干净，若使用洗洁精，则必须选用天然植物性成分的。

▶ **家庭常用消毒方法**

❶ **煮沸消毒法**：这个方法是家庭中最简易的消毒方法，将奶具放入不锈钢煮锅中，用清水（深度以完全覆盖奶具为好）沸煮 10 分钟，冷却后以夹子或筷子取出，然后将奶嘴、瓶盖套好，记住不要用手拿，尤其是没有除菌的手。

要注意的是，奶瓶、瓶盖等容器中一定要装满水，这样煮的时候才不会浮起来，玻璃奶瓶与冷水一起煮沸，否则突然受热容易引起意外，奶嘴、塑料奶瓶、瓶盖可以等水沸 5 分钟后再放入，但不能煮太久，5 分钟后即可关火。

❷ **蒸汽消毒机消毒法**：蒸汽消毒机是电动设备，只需加入水就可产生足够的蒸汽为奶瓶消毒，大约需要 10 分钟，使用起来很方便，但要按照生产商的说明指示来做。

❸ **消毒剂消毒法**：方法是将奶具放入一个大容器中，加足够的清水，让奶具完全浸入其中，再放入消毒剂（固体或液体均可）浸泡 30 分钟，这是一种化学消毒方法，因此消毒剂的选择一定要为婴儿专用的类型。

第 036 天

宝宝溢奶的改善

▶ 姿势正确

喂奶后，妈妈可用枕头或靠垫让宝宝头高脚低，倾斜 30～40°。如果妈妈想让宝宝躺下来，最好使其保持侧躺姿势。

趴睡虽然也可减少溢奶现象发生，却可能造成意外，除非家长或照顾者在一旁看护，否则不建议 6 个月以下的宝宝趴睡。

▶ 帮宝宝排气

喂奶到一半时，妈妈可以让宝宝趴在自己的肩上，轻轻拍打宝宝的背部，等宝宝把吃进胃里的空气排出后，再继续喂食。

▶ 合适的奶嘴

选择大小适中的奶嘴，使在奶瓶倒立时，奶水以一秒一滴的速度流出。

若奶嘴太大，奶水的流速太快，就会来不及吞咽，容易溢奶；若奶嘴太小，宝宝不仅吸食费力，而且会吸入过多的空气，造成胀气而溢奶。

▶ 不进行激烈运动

喂奶后，爸爸妈妈不要急着和宝宝玩耍，若把宝宝抱着摇来晃去或是上下抛接，就容易使未消化的奶水又溢吐出来。

▶ 少量多餐

少量多餐的喂食方式可以减轻宝宝肠胃压力。避免一次喂食过多，加重宝宝肠胃负担，造成溢奶。宝宝两餐间隔至少两个半小时。

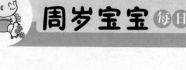

第 037 天

宝宝拒绝吃母乳的应对措施

▶ **宝宝用嘴呼吸，吸奶时，乍吸即止**

这可能是由于宝宝鼻塞引起的，因为宝宝鼻塞后，就得用嘴呼吸，妨碍吃奶，应为宝宝清除鼻内的异物，并认真观察宝宝的情况；如有异常，应尽快送往医院治疗。

▶ **宝宝吸奶时，突然啼哭，害怕吸奶**

这可能是宝宝的口腔受到感染，吸奶时因触碰而引起疼痛。爸爸妈妈如发现这种情况，最好带宝宝去医院看看。

▶ **宝宝精神不振，出现不同程度的厌吮现象**

这可能是因为宝宝患有某种疾病，特别是消化道疾病等，应尽快到医院检查治疗。

▶ **宝宝吃奶粉后，再吸母乳时躲避**

有的宝宝在习惯了从橡皮奶嘴中吸奶后，会因为吸吮母乳比较费力、流出比较慢而逐渐不爱吃母乳。这时不要因此而减少母乳喂养的次数，以免减少母乳的分泌导致母乳不足而使母乳喂养失败。

▶ **宝宝含住乳头后迅速吐出，拒绝吸奶**

妈妈的乳头有异味，有的妈妈喜欢用肥皂等来清洁乳房，导致乳房皮肤又干又硬，而且还带有一股味道，宝宝对这种味道很敏感，可能会因此拒绝吃奶。其实妈妈只需要用温水来清洁乳头和乳晕就可以了，这样宝宝吃起奶来软软滑滑的容易吸吮。

第 038 天

正确选择配方奶粉

▶ 有针对性地选择奶粉

奶粉，对人工喂养的宝宝来说其重要性不言而喻。现在市场上出售的奶粉种类繁多，爸爸妈妈们一定要根据宝宝自身情况选择。

有哮喘和皮肤问题的宝宝，父母可以为其选择脱敏奶粉；缺铁的宝宝，父母可以为其选择高铁奶粉；早产宝宝，则应该为其选择易消化的早产儿奶粉；宝宝易腹泻，应该选择不含乳糖的配方奶粉。这些有针对性的选择最好是在儿科医生指导下进行。另外，一旦宝宝适应某种牌子的奶粉，就不要随意变换。

▶ 配方奶粉的选购方法

在选购配方奶粉时，要以"越接近母乳成分越好"为选择的基本原则。具体来说要注意以下几点：

在挑选奶粉时，可以挤压包装，检查包装是否破损。如果漏气、漏粉或袋内没有气体，说明奶粉有质量问题。

如果是袋装奶粉，可以用手直接捏奶粉，也可以轻轻摇晃。如果感觉有结块，表明奶粉已经过期变质。

在选择奶粉时，一定要看好保质期，选择最近日期生产的奶粉或在保质期内的奶粉。

第039天

不能母乳喂养的情况

▶ 妈妈不能哺乳的情况

妈妈患传染病，处于急性传染期，如活动性肺结核，不宜母乳喂养，也不宜母子同住一室。

患病毒性肝炎的妈妈要咨询医生或喂养专家后再决定是否母乳喂养；患慢性病有严重并发症的妈妈不宜母乳喂养。

治疗各种疾病时使用对宝宝有害的药物，如金刚烷胺、抗癌药物、溴化物、水滴露、放射性同位素等药物时，就要考虑停止哺乳。

妈妈患有严重乳头皲裂和乳腺炎等疾病时，应暂停母乳喂养，及时治疗，以免加重病情。但可以把母乳挤出，用滴管或勺子喂哺宝宝，尽量不用奶瓶，以避免宝宝产生乳头错觉。

▶ 宝宝不宜母乳喂养的情况

半乳糖血症。这是一种先天性酶缺乏而引起的代谢性疾病，由于缺乏酶，人乳中的乳糖不能很好的代谢，乳糖代谢不完全的产物是一些有毒的物质，这些物质聚集在体内，就会影响神经中枢的发育，造成宝宝智力低下、白内障等。所以在给宝宝喂奶时，如宝宝出现拒乳、严重呕吐等表现时应当及时请儿科医师诊治。一旦怀疑是半乳糖血症，就要停止喂奶类食品，改用大豆制品喂养。

苯丙酮尿症和枫糖尿症。这两种病都是氨基酸代谢异常的疾病，如果全部用母乳或动物乳汁喂养宝宝，宝宝也会出现智力障碍。患这两种病的宝宝，小便中有很特殊的气味，宝宝还会出现喂养困难、反应差等表现。

第 040 天

人工喂养与混合喂养

▶ 人工喂养

宝宝满月以后就可以喂配方奶了。每次喂奶量也开始增加，可从每次 50 毫升增加到 80 ~ 120 毫升。每个宝宝所需奶量都有个体差异，如果完全按照书本上的推荐量喂养，就可能会出现有的宝宝吃不饱，有的宝宝由于吃得太多造成积食。因此，要根据宝宝自身的需要来决定喂奶量。如果妈妈没有把握，就以此为准：只要宝宝吃就喂，宝宝不吃就停止。

人工喂养需注意的事：切不可把奶瓶单独留给宝宝，或把奶瓶保持在一定位置让宝宝自己吃奶，妈妈离开去做其他事，这样做宝宝有被呛的危险。每次喂完奶都应把宝宝竖直抱起，或让宝宝骑坐在母亲腿上，轻扣宝宝背部，使其打嗝，把吸到胃里的空气排出，有时随着打嗝，宝宝会吐出一点凝结的奶块，这是正常现象。

▶ 混合喂养

混合喂养最重要的原则是不要一顿既吃母乳，又吃配方奶，这样很不好。妈妈应该一顿全部喂母乳，即使宝宝没有吃饱，也不要马上喂配方奶，可以提前下一次喂奶时间。如果上一顿没有给宝宝喂饱母乳，下一顿一定要喂配方奶；如果上一顿宝宝吃得很饱，到下一顿喂奶时间了，妈妈感觉到乳房很胀，可以试着挤一下，若奶汁比较多，这顿就仍然喂母乳。这是因为，母乳不能攒，如果母乳受憋了，就会减少乳汁的分泌，母乳是吃得越空，分泌得也就越多。所以，妈妈不要攒母乳，有了奶就喂宝宝，慢慢或许就会够宝宝吃了，不再需要添加配方奶，因为这个月的宝宝仍然是以母乳为最佳食物，妈妈不可轻易放弃。

第041天
每天洗脸，宝宝也爱干净

▶ **洗脸前需要了解的**

一般，宝宝每天需要洗两次脸，早、晚各1次，但是夏天可根据情况来看，若宝宝出汗多，可适当增加洗脸次数，洗脸不可贪多，否则会把起保护作用的皮脂洗掉，宝宝的皮肤会因此而出现干、裂、红、痒等症状。

宝宝的洗脸水，水温应控制在 35～41℃，水温过高会出现与洗脸次数过多类似的问题，水温过低也会刺激宝宝的皮肤。此外，宝宝6个月以前，洗脸需用经过煮沸的温开水。

给宝宝洗脸前，要准备脸盆、几条毛巾，毛巾应选择柔软的棉质品或清洁用的纱布，且以白色小方巾为佳，并应专用，还要定期清洗、消毒。要注意的是，宝宝洗脸用清水即可，不必使用香皂、洗面奶等洗面用品。

▶ **教新爸爸新妈妈给宝宝洗脸**

洗净自己的双手，将宝宝的专用脸盆清洗干净，倒入适量温水，并用水温计测试水温，也可将手腕内侧放入水中，看是否过烫或过凉。

让宝宝平躺在床上，将小毛巾在脸盆中蘸湿，用手心挤掉多余水分，抖开毛巾。

洗眼睛，一手将宝宝的头部掌握住，使他不要左右转动，一手用毛巾的小角分别从鼻外侧、眼内侧开始，由内向外擦洗两侧眼部。

洗鼻子，用消毒棉签蘸一下温开水，将堵塞在鼻腔内的分泌物拭出。

换一条干净的湿毛巾分别轻轻擦洗前额、口鼻周围，面颊、下颌及颈部前后。

第 **042** 天

认真为宝宝理发

▶ 理发前需要了解的重要知识

给婴儿理发一定要干发理，理好之后再洗发，因为宝宝头发很软，难理，若是理发前洗，理发难度就更高了。

不要理光头，宝宝的头骨和神经系统还未完善，光头使得宝宝的头皮暴露，容易损伤头骨和神经系统。

理发时动作要轻柔，要顺着宝宝的动作，随时注意宝宝的表情，如果宝宝不高兴、想要哭闹，请立刻停止理发，更不可和宝宝较劲，以免碰伤宝宝。

理发时与宝宝多交流，分散他的注意力，让理发过程更和谐，达到相互配合的目的。

理发时，先去大块的头发，用纸巾包住，然后再一点一点、慢慢地理短发，不要贴近头皮理。

若宝宝有头垢，应先用婴儿油涂在头部 24 小时，待头垢软化后再用婴儿专用洗发水清除头垢，待头发干后再理发。

▶ 教新爸爸新妈妈给宝宝理发

洗净双手，将理发工具消毒，两手保持相互配合，一手持理发工具，一手把住宝宝头部，注意手劲不要太大，以免弄疼宝宝。

剃前额，用婴儿最舒服的姿势仰面斜躺在大人的怀里，由两边往中间剃。

剃后脑勺，让婴儿趴在大人的小臂上，抱稳，由两边往中间剃。

理完发后要用软毛刷及时清理掉宝宝身上的碎发，然后仰面给宝宝洗个头，以免碎发进入眼睛。

第 **043** 天

宝宝外用药小窍门

外用药	使用方法
滴眼药	让宝宝仰卧或坐着，头向后仰，稍倾斜，使患眼的位置低于健康的眼，以免药液流入健康的眼； 轻轻向下拉开宝宝的下眼睑，将药水滴在宝宝眼球与下眼睑之间，不要直接滴在黑眼球上； 滴完后，轻提宝宝的上眼睑，并让宝宝自己轻轻转动眼球，以使药液均匀分布在眼球上； 用手轻压宝宝眼角内侧（泪囊口）2~3分钟，防止药液进入宝宝鼻腔，然后让宝宝闭眼1~2分钟即可
滴鼻药	让宝宝平卧，肩下垫枕头，让宝宝头后仰，使鼻孔朝上； 在宝宝的每侧鼻孔缓慢滴入2~3滴药液。一次不要滴太多，以免药液流入喉咙，引起宝宝呛咳； 轻压两侧鼻翼，让药液均匀分布于鼻腔； 滴完后，让宝宝保持此姿势2~5分钟即可
滴耳药	若耳道内有液体或脓性分泌物，应先用棉签轻轻擦去； 让宝宝侧卧，病耳朝上，左手压宝宝的耳郭（婴幼儿向后下方，大宝宝向后上方），右手将药液滴入耳孔中央； 轻压耳孔前的小突起（耳屏），使药液缓缓流入耳内 滴完后，保持侧卧姿势5~10分钟即可

第 044~045 天

勤给宝宝剪指甲

▶ 剪指甲的时间掌握

宝宝的指甲长得很快，1~2 个月的宝宝指甲以每天 0.1 毫米的速度生长。当小宝宝双手乱舞时，一旦碰上硬物，容易导致长指甲劈裂或者在自己的脸上、身上留下道道伤痕，所以间隔 1 周左右就要给宝宝剪 1 次指甲。

▶ 剪指甲时要注意的几点

在宝宝睡着时剪。宝宝熟睡时剪指甲可以避免因为宝宝乱动带来的意外伤害。

用专用指甲剪。由于宝宝的指甲很小，很难剪，所以尽量用专用的宝宝剪刀来剪，一次剪得不要太多，以免剪伤皮肤。

剪指甲不要留角。宝宝喜欢用手抓挠脸部和身上其他部位，往往会抓破皮肤，所以剪指甲时不要留角，要剪成半圆形。

注意修剪的顺序。修剪时应分开宝宝的五指，然后轻轻捏住其中一个指头剪，剪好一个换一个，不要同时抓住五个指头来剪，这样不好控制，若宝宝突然挥手，很容易误伤手指。

指甲里的污垢应先修剪再清洗，不要用硬物挑除。

▶ 最适合剪指甲的两种姿势

平躺：让宝宝平躺在床上，爸爸妈妈坐在床边，一手握住宝宝靠近自己的小手，以同方向、同角度的原则为宝宝修剪指甲，以免剪得过深。

抱起：爸爸妈妈坐稳，将宝宝抱在身上，使宝宝背对着自己，然后握住宝宝的一只小手，以同方向、同角度的原则修剪。

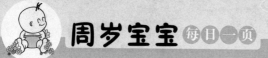

第046天
宝宝睡眠五部曲

▶ **安静舒适的单独空间**

如果条件许可，最好让宝宝睡在自己的房间，家长尽量不和宝宝同房，给宝宝打造一个温暖、舒适、安静的睡眠环境。

▶ **睡前沐浴**

帮宝宝沐浴的最佳时机是睡前1~2小时，可以帮助宝宝放松肌肉。洗澡时，可以帮宝宝做些肢体活动，为宝宝按摩一下手脚，洗完澡后再为宝宝擦些乳液，这些都有助于睡眠。

▶ **保持安静**

晚上尽量配合宝宝的作息时间，保持安静，不要大声聊天，调低电视的音量。

▶ **调节温度**

宝宝在2~3个月时新陈代谢逐渐加快，比较容易怕热，如果宝宝睡眠空间过于闷热，就可能睡不好。因此爸爸妈妈可打开空调，温度控制在24~26℃。如果怕宝宝着凉，可以给宝宝盖小薄被，或者穿上薄长袖。每个宝宝的体质不同，爸爸妈妈应保证宝宝的手脚不冰冷即可。

▶ **轻柔音乐**

可以播放轻柔的小夜曲、儿歌伴宝宝入眠，或爸爸妈妈自己唱歌给宝宝听，也可以安抚宝宝快速入眠。

第 047 天

宝宝囟门的保护

▶ 什么是囟门

宝宝出生后，由于颅骨尚未发育完全而存在缝隙，因此在头顶和枕后有两个没有颅骨覆盖的区域，称前囟门和后囟门。出生时前囟门大小约为 1.5 厘米×2 厘米，平坦或稍凹陷，到宝宝 1 岁～1 岁 3 个月时，前囟门完全闭合；后囟门在 2～3 个月时闭合。囟门是反应宝宝头部发育和身体健康的重要窗口，爸爸妈妈要仔细观察，及早发现异常并处理。

▶ 囟门异常状况

囟门鼓起：可能是颅内感染、颅内肿瘤或积血积液等。

囟门凹陷：多见于因腹泻等原因脱水的宝宝，或者营养不良、消瘦的宝宝。

囟门早闭：指前囟门提前闭合。此时必须测量宝宝的头围，如果低于正常值，可能是脑发育不良。

囟门迟闭：指宝宝 1 岁半后前囟门仍未关闭，多见于佝偻病、呆小病等。

囟门过大或过小：囟门过大可能是先天性脑积水或者佝偻病。过小很可能是小头畸形。爸爸妈妈若发现以上这些异常情况，应及早就医，以便宝宝能得到正确的诊断与治疗。

▶ 如何保护囟门

此阶段不要给宝宝使用枕头，以免引起头部及囟门变形；保护好宝宝头部，避免尖锐物体硬角碰伤；夏季宜给宝宝戴遮阳帽，冬季同样需要戴帽子以保护囟门；洗澡时，爸爸要好好轻柔处理囟门，并保持其清洁。

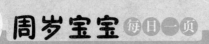

第**048**天

宝宝夜哭只是惊吓的吗

▶ **夜啼原因**

环境因素：睡眠的环境太嘈杂、太闷热；床铺不合适，有东西硌到或扎到宝宝；衣服、铺盖过多过少亦可引起夜啼。

自身原因：疾病影响，如感冒、中耳炎、咽喉炎、支气管炎、肠胃炎、贫血、慢性病等；因为上火引起的积食、消化不良、情绪焦躁等；缺钙或佝偻病；饥饿或憋尿、鼻塞、患了蛲虫病等都会引起夜啼。

照顾不当：睡眠时间安排不当，有些宝宝白天睡得多，夜里精神足，昼夜颠倒引起夜啼；睡前逗笑或惊吓宝宝，使其情绪突然亢奋，晚上无法入睡，进而哭闹。

宝宝撒娇：有些宝宝哭闹是需要妈妈的爱抚，用哭来吸引父母的注意力，向父母撒娇。

▶ **应对方法**

保持室内环境清洁卫生，保证宝宝床铺整洁舒适无异物，被子保暖温度适宜。

因为疾病引起的夜啼应寻求医生的帮助。

尽量母乳喂养，调整喂养次数，避免宝宝上火、积食或消化不良。

帮助宝宝建立良好的睡眠习惯，避免睡前过度逗引或惊吓宝宝。

多晒太阳、勤锻炼，增强宝宝体质，避免缺钙和佝偻病的发生。

对于撒娇的宝宝要给予足够的爱抚，并尽量延长白天和宝宝共处的时间。

第049天
给宝宝拍照忌用闪光灯

▶ **闪光灯有损宝宝的视力**

这个月的宝宝，全身的器官和组织发育还不完全，眼睛视网膜上的视觉细胞功能也处于不稳定的状态。

新生儿眼睛受到较强光线照射时，可使视网膜神经细胞发生化学变化，对视觉细胞产生冲击，致使宝宝瞬目及瞳孔对光反射均不灵敏，泪腺尚未发育，角膜干燥，缺乏一系列阻挡强光和保护视网膜的功能。所以新生儿遇到电子闪光灯光等强光直射时，可能引起眼底视网膜和角膜的灼伤，甚至有导致失明的危险。

因此，为 6 个月以内的新生儿拍照时最好利用自然光源，或采用侧光、逆光，切莫用电子闪光灯及其他强光直接照射孩子的面部。

▶ **不用闪光灯也能清晰拍出宝宝可爱的画面**

虽然不能用闪光灯，宝宝可爱的瞬间妈妈也不要错过。可以通过用自然光来实现，也可靠调整相机的设置来弥补。

相机的感光度越高，快门速度就能越快。这样，即使宝宝不是在静止状态，也能保证足够快的快门速度来留住宝宝最生动的瞬间。一些相机还拥有出色的噪点抑制能力，即使将感光度提升，画面质量也不会有明显的降低。

也可以改变闪光灯的照射角度，仰射天花板或侧射墙壁，或用慢速快门、开大光圈拍摄，这样也可以获得很好的宝宝照片。

第050天

宝宝惊跳是怎么回事

▶ **正常的神经反射**

惊跳现象是婴儿反射的一种，称莫罗反射，又名惊跳反射。这是一种全身动作，在婴儿仰躺着的时候看得最清楚。当宝宝受到突然的刺激，比如突然出现较响的声音、强光或者突然触摸宝宝、突然移开他头下面枕着的物体，都会引起惊跳反射。出现惊跳反射时，宝宝的双臂伸直、手指张开、双腿挺直、双眼圆睁，有时还会身体震颤着，像一只受了惊吓的小鹿，很让妈妈心疼。这种反射是人从灵长目种系进化来的遗存现象，它显示了幼畜遇到紧急情况伸出四肢抓住母畜的能力。

▶ **神经系统发育不完全**

宝宝的神经系统在发育中，包裹在脑细胞神经元外部的绝缘组织即脂质髓鞘质发育还不完善，致使神经元传递信息时不够准确、快速和灵敏，常常会四散传递。当宝宝受到外界声音和碰撞的刺激后，不能像成人那样在大脑皮层集中定位，而是使刺激同时波及由大脑控制的四肢肌肉神经纤维上，使兴奋"泛化"，因此引起胳膊、腿及全身的动作和抖动。

▶ **惊跳反应如何处理**

这是婴儿正常的反射活动，随着宝宝神经系统的逐渐成熟，对刺激的敏感度会减弱，一般在3~5个月内这种保护性反应就会自然消失，不需要特别处理。

如果妈妈不放心，宝宝出现惊跳反应时，可以按住宝宝身体的任何一个部位，并按摩和轻声安慰，宝宝即刻会安静下来。

母乳的营养成分会促进大脑绝缘组织即脂质髓鞘质的形成，所以妈妈要坚持母乳喂养。

第051天

宝宝枕秃是为什么

▶ **什么是枕秃**

宝宝枕秃，也就是脑袋跟枕头接触的地方，出现一圈头发稀少的现象，叫枕秃。

▶ **枕秃形成的原因**

多汗是宝宝枕秃的主要原因，躺在床上时，头与床面接触的地方容易发热出汗使头部皮肤发痒，宝宝只能通过左右摇晃头部的动作来"对付"自己后脑勺因出汗而发痒的问题，久而久之，形成枕秃。

经常活动所致。宝宝两个月后开始对外界的声音、图像出现兴趣。尤其喜欢追逐妈妈，追视妈妈要通过转头才可达到。经常左右转头，枕部的头发受到反复摩擦，就出现局部脱发。

宝宝平躺的床面较硬，也可对枕部头发产生压迫，造成局部头发变少。

孕期营养摄入不够、缺钙或者佝偻病的前兆也可能出现枕秃，不过大部分的枕秃往往是因为生理性的多汗、头部与床面经常摩擦而形成的。

▶ **枕秃的预防**

加强护理：3个月以后，可以给宝宝选择透气、高度适宜的枕头，发现有潮气，要及时更换枕头，以保证宝宝头部的干爽。

调整室温：由于宝宝植物神经发育不稳定，睡觉时容易出汗，妈妈注意调整适当的室温，温度太高引起出汗，会让宝宝感到不舒服，同时很容易引起感冒等其他疾病。

晒太阳：每天带宝宝晒太阳，紫外线的照射可以使人体自身合成维生素D，避免缺钙。

第052天

赶去惊人的痱子

▶ **出痱子时的护理方法**

经常用野菊花熬水（水温与平常洗澡的水一致）给宝宝洗澡，洗时不用其他洗护用品，洗完后给宝宝扑松花粉（松花粉和野菊花均可在中药房买到）。

洗浴擦干身体后可扑上痱子粉或涂炉甘石洗剂，减少或不再给宝宝抹爽身粉，千万不要用软膏、糊剂、油类制剂。

宝宝的衣着应宽松、肥大，经常更换；衣料以棉质为好，不要长时间光着身子，以免皮肤受到不良刺激而加重痱子。

宝宝的房间应注意通风，保持凉爽，常换睡姿，避免皮肤受压过久而影响汗腺分泌。

痱子严重的宝宝尽量减少外出活动，尤其是要避开中午强紫外线的时候。

宝宝的指甲要剪短，以免抓破皮肤引起感染。

▶ **出痱子的预防措施**

勤洗澡，汗液是使宝宝出痱子的最主要原因，出汗后及时洗去汗液是防止宝宝出痱子的最有效方法；给宝宝洗澡时，水中滴一滴防痱滴露预防痱子效果更好。

天热时，给宝宝喝凉开水或吃一些西瓜，以帮助降温，但切忌喝冷饮。

夏季要穿宽松、透气、凉爽的棉质衣服，但不要不穿衣服，及时更换潮湿的衣服。

保持居室环境不闷热、不潮湿，尽量通风。

用打湿的棉质毛巾给宝宝擦汗，尤其是喂奶时，不要用干毛巾，干毛巾擦不去汗中的盐分，致使盐分刺激到皮肤。

第 053 天
宝宝湿疹和尿布疹的护理

▶ 湿疹的病因分析

① 家族性的遗传会导致宝宝患新生儿湿疹。

② 进食太多造成的消化不良也可能导致新生儿湿疹。

③ 宝宝体内糖分过多、食物在肠内异常发酵、肠内有寄生虫都可能引起新生儿湿疹。

④ 宝宝受到强光照射，也可能引起新生儿湿疹。

⑤ 过敏（包括食物过敏和外物过敏）也是新生儿湿疹的原因之一。如果妈妈吃了某些过敏食物，通过乳汁影响了宝宝；宝宝误食了牛羊肉、牛羊奶、鱼虾、蛋等过敏食物；宝宝接触了肥皂、化妆品、皮毛细纤维、花粉、油漆等容易使宝宝过敏的物质，都可能引发新生儿湿疹。

▶ 湿疹的护理

① 喂养：最好是母乳喂养，因为母乳喂养可以减轻湿疹的程度。宝宝的食物尽可能是新鲜的，避免让宝宝吃含气体、色素、防腐剂、稳定剂或膨化剂的食物。宝宝的食物以清淡为好，应该少些盐分，避免体内积液太多而引发湿疹。还应避免营养过高，以免诱发湿疹。

② 衣物：宝宝的贴身衣服和被褥必须是棉质的，给宝宝穿衣服要略偏凉，衣着应较宽松、轻软，过热、出汗都会造成湿疹加重。

③ 洗浴：在给宝宝洗浴时以温水洗浴最好，要选择偏酸性的洗浴用品，保持宝宝皮肤清洁，不能用热水和肥皂。不能因为宝宝有湿疹而减少为宝宝洗脸、洗澡的次数，因为皮肤不清洁的话，感染的机会会增加。

④ 环境：宝宝的卧室要保持通风，不要放地毯。打扫卫生最好是湿擦，

避免扬尘，或用吸尘器处理家里灰尘多的地方。家里最好不要养宠物。

▶ 尿布疹的病因分析

❶ 小屁屁周围有红圈：如果宝宝肛门周围有一道红圈，就表示是食物过敏，就像宝宝刚开始吃一种新食物时，嘴巴周围会起疹子一样。

容易引起宝宝过敏的食物，如柑橘类水果、果汁、麦片等，是主要的刺激物。

❷ 通常出现在与尿布摩擦最多的部位：接触性皮炎是红色、扁平、像烫伤似的疹子，通常出现在与尿布摩擦最多的部位，如腰间和大腿上方。这类红疹的特征是，皮肤皱褶内不与尿布紧密接触的地方就没有疹子。

引起接触性皮炎的物质主要是尿布本身或清洁剂中有化学刺激物；尿、粪留在尿布上一段时间后，产生的化学刺激物；人工合成材料制作的衣服；宝宝腹泻或使用抗生素后，大便中出现的化学刺激物。

❸ 发生在腹股沟、生殖器和下腹部：皮疹边界分明，看起来像一大片红斑，比其他原因引起的尿布疹更突起、更硬、更厚、更油腻。

怀孕时妈妈体内的雌激素通过胎盘传给宝宝，致使宝宝出生后皮脂分泌增多。

▶ 尿布疹的预防护理

❶ 要勤换尿布以避免尿布疹的发生。

❷ 尿布疹严重时不要给宝宝裹任何尿布。

❸ 选用纯棉布做尿布，尿布洗烫后在阳光下晒干再用。

❹ 用阳光或带有红外线功能的台灯照射宝宝的小屁屁，可缓解尿布疹的症状。

在美国，纸尿裤的使用已从上世纪80年代的57%达到现在的97%。建议父母们两种尿布交替使用，外出和夜间用纸尿裤，在家用布尿布，这样既可节省经费，又可发挥各自的优点。

第054天

及时发现小儿鹅口疮

▶ 如何判断是鹅口疮

鹅口疮表面是层白斑，外观很像凝固的牛奶；白斑周围绕有微赤包的红晕，互相粘连，擦去后随时会生起，不易清除。通常出现在宝宝的双颊内侧，有时也会出现在舌头、上腭、牙龈等部位。新生儿出现的概率最高，尤其是在服用抗生素后更容易出现。

▶ 导致鹅口疮的原因是什么

鹅口疮是由于白色念珠菌感染所致，通常是宝宝通过产道时感染白色念珠菌而导致的。

母体在怀孕期间体内激素水平发生变化，或宝宝使用抗生素后，都可以使这种真菌大量繁殖，从而引起感染。这种感染伴有疼痛感，会影响宝宝进食，若不及时治疗，有可能引起并发症。所以，如果发现宝宝患有鹅口疮，应及时到医院治疗。

▶ 鹅口疮如何防治

奶瓶及宝宝用过的其他物品要经常清洗并消毒。

喂奶前后要用温水将乳头冲洗干净，喂奶后给宝宝喂服少量温开水。

用1：3的银花甘草液擦洗口腔，每日3～4次，局部溃破可外涂适量冰硼散。

哺乳妈妈饮食应清淡，忌辛辣、酒类刺激性食品，一次喂奶不宜过饱，宝宝便秘时可喂服青菜水。

第055天

保持小屁屁的健康舒适

▷ **选用舒适的纸尿裤或尿布**

小宝宝的皮肤非常娇嫩，保护层还没有完全形成，皮肤抵抗力要比成人弱很多，如果长时间处在尿液中，很容易患上皮肤病，如尿布疹。因此，妈妈一定要为宝宝选择柔软、透气、吸水性好的优质纸尿裤或尿布，为宝宝的小屁屁营造一个健康的环境。如果能选择含有护肤成分的纸尿裤，则会更全面地保护宝宝的屁屁。

▷ **及时清洗、更换纸尿裤或尿布**

天热时，宝宝摄取的水分会有所增加，排泄的次数也会增加，很容易尿湿，所以即使选用超薄型纸尿裤，妈妈仍然不能掉以轻心，要经常关注宝宝的表现，在宝宝排泄之后，及时更换纸尿裤或尿布。而且，尽量每次都清洁屁屁，特别是大便后要及时用温水清洗，并抹上护肤油滋润皮肤，减少摩擦。

▷ **穿纸尿裤少用爽身粉**

再薄的纸尿裤也会使里面的温度升高，因此捂上纸尿裤的小屁屁会经常出汗，如果皮肤上有爽身粉，会因潮湿变成粉泥，加重皮肤污染。

▷ **女宝宝的小屁屁更要精心呵护**

❶ 女宝宝一定要用尿布或纸尿裤，并注意经常更换。

❷ 大便后要及时清洗，避免大便污染外阴。

❸ 除了日常的清洁外，女宝宝需要每日清洗外阴，不必使用特殊的清洁液，清水完全能达到清洗外阴的目的。需要注意的是：给宝宝清洗外阴的盆和毛巾一定要专用，不应再做他用；要将毛巾和盆上的杂菌彻底杀灭，可以把毛巾放在盆里，然后倒入沸腾的水，晾凉至37℃左右再使用。

第056天

正确给宝宝涂抹爽身粉

▶ **怎样为宝宝正确地涂抹爽身粉**

使用时先在远离宝宝的地方，将爽身粉倒在粉扑或纱布包住的棉花上，然后在宝宝的全身轻轻扑撒，遇有皱褶处时，应将褶皱轻轻拉开来，勿使爽身粉乱飞，以免粉尘落入眼、耳、口中。

扑撒爽身粉的重点部位是臀部、腋下、腿窝、颈下等。每次用量不宜过多，爽身粉中含有滑石粉，少量吸入尚可由气管的自卫机能排除，如吸入过多，滑石粉会将气管表层的分泌物吸干，破坏气管纤毛的功能，甚至导致气管阻塞。而且，一旦发生问题，目前尚无对症治疗方法，只能使用类固醇药物来减轻症状。

应选购专供婴儿使用的爽身粉，不要与成人用的混同。

如果宝宝流汗了，不要立即为宝宝扑爽身粉，指望这样能吸干汗液，其实这样起不到作用，反而还会变得腻腻的，没有干爽的感觉，应将汗液擦干后再使用。此外，洗完澡后应将身体充分擦干后再擦爽身粉，否则与流汗后擦一样不能起到效果。

▶ **给女宝宝涂抹爽身粉要注意**

由于爽身粉的颗粒很小，在给女宝宝的腹部、下腹部、臀部及大腿内侧等处扑粉时，粉尘极易通过外阴进入阴道深处。

据调查表明，女婴长期使用爽身粉，长大后卵巢癌的发病危险增加3.88倍。虽然目前还不能完全得出爽身粉一定会诱发卵巢癌，但是，为慎重起见，年轻的妈妈应避免用爽身粉为女宝宝扑下身，即使是成年女性也最好不用爽身粉扑下身。

第 057 天

竖抱抬头锻炼颈部力量

▶ **竖抱练习**

喂奶后，将宝宝竖抱，使其胸部紧贴妈妈的胸前或者肩部，而头部则位于肩部以上。妈妈先轻轻拍打几下宝宝的背部。让他打个嗝以防止在训练时吐奶，然后放开头部，试着让宝宝的头自然立直片刻。稍立片刻后要立即用手托住宝宝的头、颈、背，以防止宝宝的头后仰。每日这样训练 4～5 次，每次 1～2 分钟，可以锻炼宝宝颈部肌肉的力量。妈妈还可以从宝宝背面将他抱住，一只手拖住宝宝屁股，另一只手揽在宝宝胸前，这样宝宝面前便呈现出了广阔的空间，能注视到周围更多新奇的东西。虽然这个时期的宝宝并不能真正看清多少东西，但眼前的新鲜事物还是可以激发他的兴趣，在他试图去看东西时能够主动地竖直头部。

经常进行竖抱练习，能使宝宝体力和智力都得到适当发展，视觉范围扩大，感知能力增加，脑部相应部位得到发展。因此，对孩子身心发展有利。

▶ **竖抱练习注意**

要提醒妈妈的是，每次做竖抱锻炼后，要让宝宝仰卧在床上休息片刻，要用手轻轻抚摸宝宝背部，用以放松宝宝背部的肌肉，让宝宝感觉到舒适和爱抚。

应当选择宝宝吃饱、睡足、精神好的时候进行练习，结束后按摩宝宝的背部。逐渐形成习惯后，宝宝的腰、背、颈椎等部位得到锻炼，慢慢地，会形成自己直立的能力。

第 058 天

宝宝能力培养不可忽视

▶ **让宝宝照镜子**

妈妈可以选择一面安全的金属镜子挂在宝宝的床边，宝宝很喜欢镜子里的"小伙伴"，会有种种亲昵友爱的反应。镜子里多变的影像和光线也会给宝宝适当的视觉刺激，从而使宝宝的视觉能力得到提高。

▶ **让宝宝闻不同的香气**

通过让宝宝闻不同的香气，可以刺激宝宝的嗅觉发育。妈妈可以这样做：将烧好的菜放进小盘子里，让宝宝闻闻（注意安全距离），然后问他："香不香？"把还没用过的香皂让宝宝嗅，告诉他："香皂真香。"让宝宝嗅嗅鲜花，告诉他："花真香。"

▶ **适当摇晃宝宝**

这个训练可以训练宝宝的身体平衡能力，抑制宝宝的紧张，从而提高宝宝的肢体协调能力。妈妈可以这样做：在宝宝开心的时候，拉拉宝宝的手，摇摇宝宝的腿，使宝宝身体活动开。也可扶着宝宝的腰部，让宝宝靠在自己的腰部或膝盖上，双眼注视着宝宝的脸庞，然后前后左右地轻轻摇晃。

▶ **活动宝宝的双脚**

让宝宝平躺，妈妈握住宝宝双腿脚踝。先将宝宝的左脚上下摇一次，再将宝宝的右脚上下摇一次，如同双脚打水状。也可在宝宝的脚腕处施力，先弯曲、伸直宝宝的左脚，再弯曲、伸直宝宝的右脚，反复 10 次。这种训练方式可以活动宝宝的双脚，让宝宝的小脚慢慢有些力量，并且刺激脚底的血液循环。

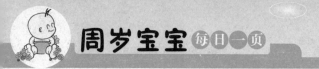

第 059 ~ 060 天

本月宝宝的智能测评

分类	项目	测试方法	通过标准	出现时间
大运动	抬头	宝宝双手交叉在胸前，父母用声音或玩具逗引宝宝	能够抬头45°	第　月第　天
精细动作	看手	仰卧位时宝宝能看小手（不能穿太厚）	看5秒以上	第　月第　天
语言	发音	宝宝情绪好时逗引能发a、o、u、e等元音	能发出3个以上元音	第　月第　天
认知	追视	宝宝仰卧位，头躺正，手拿红色塑料或毛线球在他眼前30厘米左右处晃动	追视并转头	第　月第　天
情绪和社交	逗笑	宝宝高兴时挠痒痒，能发出笑声	发"咯咯"笑声	第　月第　天
自理能力	吞咽	用勺喂宝宝水喝	可以伴随着吸吮吞咽	第　月第　天

第3个月

宝宝也有
自己的性格了

第061天
本月宝宝的体格标准及能力发育

▶ **体格标准**

3个月时婴儿的体格标准

体格指标	男宝宝	女宝宝
体重	4.6~7.5 千克	4.2~6.9 千克
身长	55.3~64.9 厘米	54.2~63.4 厘米
头围	37.0~42.2 厘米	36.2~41.0 厘米

▶ **具备的能力**

❶ 运动能力——头能抬得很高了：当宝宝俯卧位时，不但会把头抬起，而且会抬得很高，可以离开床面成45度角以上。现在还能靠上身和上肢的力量翻身，但往往是仅把头和上身翻过去，而臀部以下还是仰卧位的姿势，若这时稍稍给他的臀部一些推力，宝宝也会很容易把全身翻过去。

❷ 视觉能力——眼睛能聚焦了：这时宝宝的眼睛更加协调，两只眼睛可以同时运动并聚焦，能认识经常看到的东西，比如奶瓶，一看到爸爸妈妈拿着奶瓶就会非常安静地等待着，乖乖地吃奶或喝水。现在宝宝喜欢看鲜艳的东西，可以在宝宝卧床的上方距离眼睛20~30厘米处，挂上2~3种色彩鲜艳的玩具，如环、铃或球等，但颜色要纯正。

❸ 听觉能力——会用声音应答大人：宝宝的听觉能力提高得很快，3个月时宝宝在听到声音后，头能转向声音发出的方向，并表现出极大的兴趣，更大的进步是，当大人与宝宝说话时，他会发出声音来表示应答，而且特别高兴。

第 062 天

多吃健脑食物

▶ **抓住脑细胞增长的第二个高峰期**

宝宝出生时平均脑重为 350 克。生命的前三年，大脑是宝宝一生中最先发育也是增长最快的器官，脑重以几乎每天 1000 毫克的速度增长着，三岁时就达到了成人脑重的 75%（1050 克左右）。宝宝出生后的第三个月是脑细胞增长的第二个高峰期，除了坚持母乳喂养之外，为了配合宝宝大脑发育的高峰期，母亲还需要添加健脑食品，以保证母乳能为宝宝的发育提供充足的营养。

▶ **蔬菜类多吃菠菜、胡萝卜**

菠菜是脑细胞代谢的优良营养品，所含的大量叶绿素具有健脑益智作用；胡萝卜有"小人参"之美誉，为健脑佳品。

▶ **肉食类多吃猪脑和鸡肉**

猪脑含铁、磷、钙等矿物质和多种微量元素，猪脑、枸杞子、莲子三者炖吃，可健脑益智；鸡肉中的蛋白质对人体，特别是大脑有特殊意义。

▶ **水果类多吃苹果、橘子和香蕉**

苹果中含有丰富的锌，可增强记忆力，促进思维活跃；橘子属于碱性食物，可消除酸性食物对神经系统造成的危害；香蕉能帮助大脑制造一种化学成分——血清素，能刺激神经系统，对促进大脑功能有帮助。

▶ **鱼类**

鱼肉中含有 DHA、EPA，是脑神经系统成长中不可或缺的成分。

▶ **其他健脑食品**

海产品、动物血、肝、鸡蛋、大豆及豆制品、核桃、芝麻、花生、松子、金针菇及各种菌类、红糖、小米、玉米等。

第063天

上班族妈妈哺乳须知

▶ **哺乳妈妈要远离烟酒、烫发染发**

母乳的质量与妈妈的饮食关系非常密切。也许有的妈妈吃了几周近乎无盐的汤饭而很抓狂，也许有的新妈妈很想重拾孕前曾有过的抽烟、饮酒习惯，也许有的妈妈对波浪大卷发型心仪已久。但在哺乳期如果妈妈吸烟、饮酒、烫发染发，有可能会使有害物质进入到乳汁中。另外，妈妈长期接触有毒物质，如长期在铅、汞等环境下也会使母乳出现污染，影响宝宝的身体健康。

▶ **上班族妈妈如何哺乳**

在大力提倡母乳喂养的今天，上班族妈妈产假后继续母乳喂养是得到法律保护的。劳动法规定新妈妈可以在产假结束后至宝宝1岁，每天有1个小时的哺乳假。

如果妈妈上班的公司离家里很近，中午可以回家或由家里的老人、保姆把宝宝抱到公司的临时哺乳间，那真是再好不过了。如果没有这样的条件，就尽可以在上班休息间隙把母乳挤出来保存，以便哺乳。

▶ **存储母乳的方法**

挤出来的母乳储存在干净的容器里，如消毒过的塑胶筒、奶瓶、塑胶袋（如欲长期存放母乳最好不要用塑胶袋装）。

储存母乳时，每次都要另用一个容器。

装母乳的容器要留点空隙，不要装得太满或把盖子盖得很紧，以防容器冷冻结冰而胀破。

母乳分成小份冷冻，可60～120毫升为一份，这样可以方便家人根据宝宝的食量喂食且不浪费，并贴上标签，记上日期。

第 064 天

夏季，谨防宝宝得"空调病"

▶ 如何及时发现宝宝可能患了空调病

每天观察宝宝的大便。如果在饮食正常的情况时，宝宝依然时常大便稀溏，就要考虑感染的情况了。

妈妈应该每天至少给宝宝测量一次体温，时常摸摸宝宝的额头。

宝宝有半夜哭闹、不好好吃饭、神情呆滞等不正常的现象。

宝宝在空调房以外也不出汗。

宝宝呼吸有鼻涕声，可能还伴有咳嗽。

▶ 可以避免宝宝得"空调病"的方法

长时间待在空调环境中，应定时帮宝宝活动活动身体。

妈妈坚持每日给宝宝用温水洗澡，揉搓全身。

避免空调风口直吹宝宝，特别是不能在空调机的风口处放床。

室内外温差要缩小。通常情况下，在室内外气温较高时，可将温差调到6℃~7℃，在室内外气温不太高时，可将温差调至3℃~5℃。

定时通风换气。最好每4~6小时就关闭空调，打开室内门窗，令空气流通10~20分钟，使室内换上新鲜空气。

进入空调环境后，应适当增加衣物或用毛巾被盖住宝宝的腹部和膝关节，因为宝宝的腹部和膝关节最易受冷刺激。

不要让宝宝在空调车内睡觉，因车内空间太狭小，宝宝容易出现缺氧，呼吸困难，甚至窒息。

第065天

宝宝睡觉忌开灯

▶ **降低宝宝睡眠质量**

尤其是在哺乳期，很多年轻妈妈为了夜里起来喂奶、换尿布方便，经常将卧室里的灯通宵开着，这其实对宝宝健康是很不利的。因为任何人工光源都会产生一种很微妙的光压力，如果这种光压力长期存在，会使婴幼儿表现得躁动不安、情绪不宁，以致睡眠时间缩短，睡眠深度也会变浅，直接影响睡眠质量。

▶ **导致宝宝长不高**

医学研究表明，开着灯睡觉，不仅会导致孩子睡眠不良，而且，孩子在睡眠过程中会分泌生长激素，灯一亮，生长激素水平就会下降，进而减慢发育速度；卧室内整夜亮着灯，还会改变人体适应昼明夜暗的自然规律，从而影响宝宝正常的新陈代谢，对宝宝健康造成危害。因为宝宝的生长是在睡眠中不断进行的，所以说，宝宝的睡眠很重要，良好的睡眠能促进宝宝的生长发育、增强智力和抗病能力，对身高的增长很有帮助。

▶ **增加宝宝患近视的几率**

宝宝长久在灯光下睡眠，眼球长期暴露在灯光下，直接影响宝宝的眼部网状激活系统，对宝宝的视力发育非常不利。因为持续不断的光线刺激对眼睛伤害很大，眼球和睫状肌不能得到充分的休息，这对于婴幼儿们来说，极易造成视网膜的损害，影响其视力的正常发育。所以，专家提醒年轻父母，在宝宝睡觉时最好不要开灯，以减少宝宝患近视的几率。

第 066 天

喂宝宝配方奶一定要适量

▶ 控制配方奶的喂养量

人工喂养的宝宝一天所需要奶的总量约等于：宝宝体重（千克）×120（毫升）。

奶瓶上都有刻度，冲奶时母亲要心中有数，不要超过宝宝的需要量，不然，宝宝全吸光就容易过量。要是没吃完的话，妈妈看到剩余的奶，又会担心宝宝没吃饱，所以，为了稳妥起见，宁可冲少点儿再添，也不要一次冲得太多。父母也不要嫌牛奶太稀，小便多，而不科学地去增加牛奶的浓度，或者加进过多的奶糕、米粉等食品，这样容易增加宝宝消化器官的负担，也容易造成肥胖。

▶ 不要随意增加奶量

不可自己任意加减奶量，应按医生的指示喂养。养成每餐固定间隔及固定时间的良好喂养习惯。

当宝宝吃饱或不想再吃时，应尊重宝宝，切勿强迫宝宝进食。

不要在配方奶中添加米汤。米汤的主要成分是淀粉，其中含有脂肪氧化酶，它会破坏牛奶中的维生素 A。宝宝摄取维生素 A 的主要来源正是乳制品，如果乳制品中的维生素 A 被破坏，会导致宝宝发育迟缓、体弱多病。

▶ 医生提示

婴儿配方奶是最接近母乳的母乳代替品，不能进行母乳喂养的宝宝，需要选择适合的配方奶喂养，不能给婴儿喝纯牛奶或其他配方奶以外的母乳替代品；需要喂一定量的水；不要机械照搬书本和配方奶包装上推荐的奶量。

第067天
让宝宝体验不同睡姿

▶ 趴睡

这种睡姿可以锻炼宝宝的颈部肌肉，并帮助宝宝练习抬头动作，为以后学习匍行和爬行打下基础，但要注意的是在宝宝能支撑自己的头部前不宜采取趴睡的姿势。如果需要趴睡，一定要在大人的监护下进行，由于宝宝无法抬头、转头、翻身，尚无保护自己的能力，趴着时容易压着鼻子而窒息；此外趴睡时间不可太久，1小时内应换姿势，不然容易压迫到宝宝的内脏，不利于宝宝生长发育。

▶ 侧睡

宝宝侧睡可以最大限度地保护宝宝的头型，一般来说，宝宝侧着睡有难度，可以在他背部放一个枕头，帮助撑住他们的背部，这样可以维持侧睡的姿势，侧睡时应该把宝宝的手放在前面，这样宝宝翻身时不会变成趴睡。

▶ 仰睡

这是宝宝最舒服最自然的睡姿，可使宝宝全身肌肉放松，对内脏的压迫最少，但长期这种睡姿会让宝宝的头型变扁，可以增加宝宝侧睡的几率。

有的爸爸妈妈担心宝宝不能适应太多的睡姿，事实上宝宝的适应能力很强，只要让他多几种睡姿的体验，他会很快适应，并做出相应的调整，但要注意趴睡不要多过其他两种睡姿。

▶ 专家提醒

让宝宝体验不同睡姿的同时，培养宝宝按时入睡、按时醒来的习惯同样重要。

第068天
宝宝睡姿不良要及早校正

对于还不满周岁的宝宝来说，吃和睡是他们生活的大部分，他们一天的睡眠时间可达 16～18 小时。所以爸爸妈妈们一定要重视宝宝的睡姿，这不仅关系到宝宝是否能睡出一个漂亮的头型，还影响着宝宝的睡眠安全。

▶ 不良睡姿及早校正

我们已经知道，宝宝多体验几种睡姿可以避免把头睡偏，但有的宝宝总是习惯于一种睡姿，这可能与宝宝在妈妈子宫内的姿势有关系，爸爸妈妈发现这种现象时不妨及早帮助宝宝校正，在 6 个月以内纠正都能对偏头起到很好的作用。

▶ 校正睡姿的方法

宝宝在睡眠比较浅（会有一些皱眉、挥手等动作）或是刚睡着时不要惊动他，否则宝宝容易被惊醒，然后产生排斥心理，甚至哭闹不安，应该让他在自己喜欢的位置接着睡。

当宝宝睡着 15～20 分钟后，已经没有浅睡眠的小动作了，面部看起来比较平静，睡得比较沉的时候，爸爸妈妈可以帮助他改变体位，改变应该是循序渐进的，开始时少变一点，然后再多一点，改变以后，帮宝宝用舒适的枕头、被子等固定体位，以使新睡姿保持的时间久点。

当宝宝适应各种新姿势后，可以帮助他再适应新姿势，渐渐地转动着睡，如先左侧卧，再仰卧，然后右侧卧，这样宝宝的头会逐渐圆起来。

第069天

给宝宝选个理想的小枕头

▶ 宝宝需要一个小枕头了

细心的妈妈会发现，这个月宝宝的形体悄悄地发生了变化：颈部开始向前弯曲，后枕部和肩背、臀部不在一条直线上了。这个生理弯曲的形成告诉妈妈，该给宝宝一个小枕头了。

枕头会在宝宝平躺的时候，把宝宝的头部垫高，保持头、颈、胸在同一水平线上，而且最好使鼻尖、下巴处于最高点，让呼吸达到最大的通畅。

▶ 为宝宝准备小枕头应注意几点

枕头以高3厘米、宽15厘米、长30厘米为宜，而且要能随着宝宝的生长及时调整枕头的高度。

枕头中央可以有根据头形设计的凹陷，以此符合宝宝头后部较突出的特点。

宝宝的新陈代谢非常旺盛，小脑袋总是出汗，睡觉时甚至会浸湿枕头，造成汗液和头皮屑混合，容易使一些病原微生物及螨虫、尘埃等过敏原附着在枕头上，不仅散发出不好闻的气味，还容易诱发支气管哮喘、皮肤感染等疾病。因此，宝宝的枕套要选用柔软吸汗的棉布，并经常拆洗和晾晒。

枕芯要软硬适中，不容易变形，里面可以填充无污染的荞麦皮或泡过并晒过的茶叶末等。

第070天

宝宝乳痂的处理

▶ **什么是乳痂**

婴儿刚出生时，在头皮表面有一层油脂，呈黑色或褐色鳞片状，这是一种由皮肤和上皮细胞分泌物所形成的黄白色物质。如果婴儿出生后不洗头，时间一长，这些分泌物和灰尘聚集在一起就会形成较厚的乳痂。

▶ **乳痂对宝宝的危害**

乳痂在宝宝头皮停留时间过长，很容易引起一种叫做"脂溢性皮炎"的疾病，表现为头皮上可见到许多米粒大小的小红疹子，甚至还会形成片状分布的黄红色斑片，不但对宝宝的头发正常发育非常不利，同时还存在交叉感染的危险。

千万别用手去刮乳痂，因为这样很可能让头皮发炎。头皮不应该出现感染现象，如果乳痂部位出现流脓，或者皮肤变红或呈鳞状时，可能就有其他问题，这时候一定要带宝宝去医院就医。

▶ **乳痂的处理**

最好的办法是用消毒后的植物油（加热后冷却）或石蜡油局部擦拭，或涂上 0.5% 的金霉素软膏，24 小时后用小梳子轻轻梳理几下即可除掉。

妈妈最好选用齿软而钝的婴儿专用梳子。最后用婴儿洗发液和温水洗净头部的油污。如果一次清理不彻底，可以重复几次。

有些老人认为："天灵盖"上的"护身符"不能揭，否则宝宝会变成哑巴，会受凉生病，这种说法是没有任何科学依据的。

第071天

宝宝腹泻都有哪些原因

不同的喂养方式，有不同的腹泻判断标准。母乳喂养的新生儿，每天大便可多达 7~8 次，甚至达到 11~12 次，外观呈厚糊状，有时稍带绿色。如果宝宝精神好，吃奶好，体重增长正常，就是正常的。人工喂养的宝宝，如每天大便 5 次以上，或大便中出现像鼻涕状的黏液，或含大量的水分，应及时找专家检查治疗。

▶ 胃肠炎

胃肠炎很容易导致腹泻。如果宝宝出现腹泻，并伴有胃痉挛、呕吐、低热，很可能是胃肠炎造成的。

▶ 寄生虫感染

寄生虫感染也可能引起腹泻。所以，爸爸妈妈要养成良好的卫生习惯，比如更换尿布后勤洗手，是终止寄生虫感染、传播的最好方法。

▶ 果汁过量

如果宝宝喝太多含有山梨醇和高浓度果糖的果汁或汽水等含糖饮料，也可能会发生腹泻。少给宝宝吃这些食物，病情应该在 1 周左右就能好转。

▶ 配方奶

如果冲配奶粉时水放得过少，或冲调用具消毒不当，也会导致腹泻。这时最好先带宝宝去医院检查，然后再决定该怎么办。

▶ 大豆过敏

有些宝宝对大豆和大豆制品（包括大豆配方奶）有过敏反应。大豆过敏的症状与牛奶过敏类似，也包括腹泻。经过高度水解的奶或酪蛋白配方奶可以替代用牛奶和大豆做的配方奶。

▶ 免疫功能差

宝宝腹泻的根本原因是免疫功能差（尤其是肠道，免疫能力更差）。胎儿出生前，在无细菌的子宫内生长，没有受到抵御病毒和细菌的锻炼，各系统功能的调节机能还比较差，抵抗力比较弱。出生后在被细菌、病毒污染的环境中生长时就很容易受到感染。由于自身的抵抗力比较弱，当肠道受到感染时没有能力战胜病毒，便很容易患感染性腹泻。

▶ 积食

给新生儿喂食的奶粉过浓、奶粉不适合宝宝体质、奶液过凉、奶粉中加糖、过早添加米糊等淀粉类食物，都容易导致新生儿积食，从而引起宝宝腹泻。这种情况下，宝宝的大便含有泡沫，带有酸味或腐烂味，有时混有消化不良的颗粒物及黏液，同时还常伴有呕吐和哭闹。

▶ 感冒

宝宝患感冒时常伴有腹泻症状，因此，只要从根本上把感冒治好，腹泻也就自然而然地痊愈了。在宝宝患这种腹泻的情况下应适当给宝宝补充液体，避免宝宝出现脱水。

▶ 病毒或细菌感染

这种腹泻是最常见的，其中最具代表性的是肠道轮状病毒感染。由轮状病毒感染引起的腹泻约占秋冬季节小儿腹泻的70%～80%，所以人们又把它称为秋季腹泻。秋季腹泻传染性很强，能在家庭、儿科病房流行。当宝宝的大便呈黄稀水样或蛋花汤样，量多，无脓血，应首先考虑轮状病毒感染。发病时宝宝会伴有呕吐、发热等症状，若不及时处理可出现脱水，因此要格外注意。若大便含黏液脓血，则应考虑细菌性肠炎。

▶ 护理方案

腹泻期间，宝宝吃进去的食物非但没能起到营养身体的作用，反倒会使病情加重，加速营养物质的丧失和消耗。所以，婴幼儿在急性腹泻期内最好短期禁食，使胃肠道得到适当休息，对疾病的恢复有利。但是禁食时间不宜过久，一般不超过6～8小时。对于新生儿的腹泻而言，预防是最主要的。母乳是无菌的，而且有各种病菌的抗体，对预防感染有一定的抵抗力，母乳喂养的宝宝不易患腹泻。如果没有条件进行母乳喂养，也要进行正确的人工喂养，尤其是要保持奶具干净卫生。这是预防新生儿腹泻的根本措施。

第072天
关注宝宝皮肤温度的变化

▶ 给宝宝测体温的注意事项

测体温前先把体温计的水银线甩到35℃以下，再开始测。

腋下测体温较安全、卫生，先擦去腋下的汗，然后将体温计玻璃球（含水银）一端放在腋窝中间夹紧，按住宝宝的胳膊使之不会乱动，测体温一般需要3~5分钟。

体温计读数时，要横持缓缓转动，取水平线位置读取水银柱的刻度数。

小孩哭闹时不要勉强测体温，等其安静下来再测为好。

吃奶、饮水或吃饭后不宜立即测体温，易产生误差，一般应该在饭后的30分钟为宜。

▶ 随时给宝宝调节体温

宝宝的体温调节中枢发育不够完善，对环境温度适应能力较差，体温可随环境温度的变化有所波动。宝宝的体温在36~37℃均属正常波动范围。宝宝体表面积大，皮下脂肪薄，容易散热和丢失水分，因而在环境温度较低时，体温可下降至36℃以下；在环境温度较高时，宝宝体内容易缺水，严重时会发生脱水热。

要经常注意宝宝皮肤温度的变化，以了解宝宝的冷暖状况。如果宝宝皮肤温度较高、发红，应给宝宝减少衣服，使其慢慢散热；如果宝宝皮肤较凉，表明保暖不够，可抱起宝宝，用大人的体温暖和宝宝，也可给宝宝多加一些衣服。

若宝宝体温高于38℃，可解开衣服缓缓散热；若体温高达38.5℃以上，可在宝宝的额头、腋下、腹股沟处放冷毛巾，四肢用温水浸过的毛巾擦拭，以帮助退热。如仍不能恢复正常，应送医院诊治。

第 073 天

宝宝爱吮吸手指怎么办

▶ **宝宝吮吸手指的真正原因**

宝宝吃手指是宝宝想了解自己的能力，对外界积极探索的表现，说明宝宝支配自己行动的能力有了很大提高，宝宝能用自己的力量把物体送到嘴里是很不容易的，也标志着宝宝手、口动作互相协调的智力发展到一定水平。吸吮手指对稳定宝宝自身情绪也起到了一定的作用。当宝宝肚子饿了、疲劳、生气的时候，吮吸自己的手指头就会安定下来。

▶ **不要强行阻止宝宝吮吸手指**

如果父母误认为这是坏习惯横加阻拦，不许宝宝吮吸手指将引起婴儿不满和哭吵，甚至情绪波动。其实，没有阻拦的必要，因为大多数宝宝随月龄增大，接触事物越来越多，手眼协调和手功能更熟练，可以取拿周围新奇的东西摆玩，就会逐渐淡化"看手"和"吮吸手指"的游戏，这种行为就会逐渐自然消失。

所以，做父母的不要强行阻止这一行动，只要宝宝不把手指弄破，在清洁和安全的前提下，尽可能让他去吸，否则会影响宝宝眼手协调能力及抓握能力的发展，破坏宝宝特有的自信心。这时候父母真正应该做的，是注意经常给宝宝洗手，以免细菌感染。

第 074～075 天

警惕婴儿猝死综合征

▶ **有关婴儿猝死综合征的结论**

婴儿猝死综合征不是一种罕见的疾病，可能发生在任何种族、民族或经济阶层，并不是一种遗传。

研究表明，脑部异常不足以导致婴儿猝死综合征，但结合缺氧、反复受到吸烟影响、二氧化碳含量增加和传染病等会引发婴儿猝死综合征。

▶ **可能发生婴儿猝死综合征的因素**

习惯于长时间俯卧着睡觉的婴儿。

开始习惯于仰卧着睡，后来又让他俯卧着睡的婴儿，更容易发生此症。

婴儿的母亲在妊娠期间吸烟；被动吸烟的婴儿比无烟环境下的婴儿患病概率高出两倍。

婴儿的母亲年龄过小，不足二十岁。婴儿出生时体重较低或早产。

▶ **有效预防婴儿猝死综合征**

让宝宝睡在稳固的光滑面上，避免水床、沙发、软的织垫，不要让宝宝俯睡在羊皮上。

让宝宝在睡觉时远离软枕头、棉被、鸭绒被等，这会阻碍宝宝的呼吸。

在宝宝醒时做足够的腹部锻炼，增强其背肌和臂肌的力量，便于宝宝呼吸困难时抬头。

父母要与婴儿分床睡觉，以免不小心将宝宝盖住或捂住。

有婴儿的家庭，父母应注意避免吸烟、喝酒和被动吸烟。特别是哺乳期母亲更应避免。

如果宝宝生病或呼吸困难，要及时就医。

第076天

亲吻宝宝会传染细菌吗

▶ **细菌会通过亲吻传播**

研究显示，人类口腔内的细菌超过 700 种。唾液有润滑的作用，可帮助吞咽和咀嚼食物，其中含有的淀粉酶能帮助消化、维持口腔平衡，减少蛀牙。但是唾液中的细菌既有有益的细菌，也有如葡萄球菌、链球菌、念珠菌等致病细菌，这些细菌会通过亲吻传染给他人。

▶ **亲吻带给宝宝的可能是致命伤害**

亲吻孩子是父母表达爱意的方式，但亲吻带给孩子的可能往往不是爱，而是病菌。由于成人社交环境复杂，很难避免沾染一些病菌；且成人自身抵抗力强，即使感染了病菌也没有什么症状表现，所以很容易成为病毒携带者。据英国媒体报道，刚刚荣升母亲的露丝·斯科菲尔德，因她亲吻宝宝的时候喜欢嘴对嘴，结果把"单纯疱疹病毒"传染给了才 11 天的女儿珍妮弗，宝宝因此感染病毒死亡。

▶ **父母应特别注意**

3 个月以下的宝宝体内抗体不足，很容易受到外界病毒、细菌的感染而生病。所以，爸爸妈妈平时尽量避免亲吻宝宝，生病时尤其不要亲吻宝宝。同时，大人外出回家后应马上换上家居服，洗手、漱口，避免身上的细菌通过接触或飞沫传播给宝宝；要学会拒绝亲戚朋友和宝宝特别亲密的接触，也要控制探视的人数；当父母出现上呼吸道感染时，和宝宝接触要戴口罩；妈妈肠胃不好时，不要给宝宝喂奶，更不要喂饭前自己先尝味道或试凉热，宝宝的餐具最好单独清洗；明确有传染性疾病的父母更不要和宝宝亲密接触，应积极治疗。

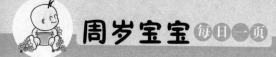

第 077 天

宝宝便秘了怎么办

▶ 什么是便秘

如果宝宝2~3天才排便一次，但能轻轻松松地排出一般硬度的粪便，而他本身情绪也很好，爸爸妈妈就不必担心，这不算是便秘。如果宝宝大便干燥，排便费力且一直哭闹，次数较前明显减少，有时2~3天甚至6~7天排便一次，即为便秘。

▶ 引起便秘的原因

吃奶粉的宝宝如果水分补充不足，容易引起便秘。母乳喂养的宝宝也可能因为母乳不足而引起宝宝便秘。另外，宝宝进食太少时，经过消化道后肠道余渣少，大便自然就少，这类便秘的宝宝精神很差，体重停滞不前。

▶ 应对便秘的物理疗法

按摩法：右手四指并拢，在宝宝的肚脐处按顺时针方向轻轻推揉按摩。这样不仅可以帮助排便而且有助消化。

肥皂条通便法：用肥皂削成铅笔粗细、3厘米多长的肥皂条，用水润湿后插入宝宝肛门，可刺激肠壁引起排便。

开塞露：将开塞露注入宝宝肛门，可以刺激肠壁引起排便。但这种方法尽量少用；便秘症状严重时，要到医院进行诊治。

第078天

"百白破"三联疫苗注射

▶ 接种疫苗的好处

"百白破"三联疫苗是由百日咳菌苗、白喉类毒素和破伤风类毒素按适当比例配置而成的，用来提高对百日咳、白喉、破伤风三种疾病的抵抗能力。接种后，它们各自发挥其免疫作用。百日咳抗原成分刺激人体产生具有凝集、中和与杀灭百日咳杆菌的各种抗体，能抵抗百日咳感染而不发病。白喉和破伤风类毒素可以使人体产生相应的抗毒素，通过抗毒素中和白喉、破伤风杆菌产生的外毒素。这种疫苗一般是肌内注射，注射部位多在上臂三角肌附着处，也可选择臀部。

三联针对破伤风的预防效果最好，抗体可维持10～15年时间，保护率可达95%以上。对白喉的预防效果也较为理想，约90%的宝宝血清中白喉抗毒素可达到保护水平，对百日咳的保护率可达到80%左右。

▶ 接种疫苗后有不良反应该如何处理

接种"百白破"三联疫苗后，宝宝可能有轻微的发热、烦躁不安症状。注射后的当晚宝宝睡眠可能不好，易惊醒或哭闹，如发热未超过39℃，无抽筋等严重反应，可不用处理，通常经过2～3天即可自愈。该疫苗接种的局部可能出现红肿，持续一定时间后也会逐渐消失。第一针注射后宝宝的体温升到39.5℃以上，或有抽风，则不宜再接种第二针，以免发生严重不良反应。若宝宝全身反应较重，应及时到医院诊治。

第079天
眼睛斜视怎么办

正常情况下，看近的物体时，两眼视轴会聚；看远的物体时，两眼轴平行，保持良好的双眼单视。如果维持眼球正常位置的平衡失调，就会形成斜视。

宝宝刚出生时，眼睛总不能准确地一起工作，所以间歇性的斜视是正常的，当宝宝3个月左右的时候，可以测试他是否斜视了。把一个玩具放在离宝宝面部20厘米远的地方，慢慢地由一边移向另一边，观察宝宝的双眼视线是否随着玩具的移动而移动，如果两只眼睛不能一起移动的话，就表示宝宝可能患有斜视。

宝宝早期因眼肌调节功能不良，常有一时性斜视过程，所以妈妈不要使宝宝的头部位置长期偏向一侧。另外，为了预防斜视，宝宝对红色反应较敏感，可在小床正中上方挂上一个红色带有响声的玩具，定期摇动，使听、视觉结合起来，有利于宝宝双侧眼肌动作的协调训练，从而起到防治斜视的作用。此外，妈妈还可以对宝宝进行按摩，也可以起到治疗斜视的效果。

❶ 宝宝仰卧，妈妈用拇指指腹从印堂穴开始，先沿一侧眼周轻轻揉动1~3分钟。然后如法操作另一侧。

❷ 以食指和中指指端，同时置于双侧睛明穴上，以顺时针旋转，反复操作1分钟。

❸ 以两手拇指指腹，同时按揉双侧鱼腰穴、太阳穴、四白穴各1分钟。

❹ 拿捏合谷穴15~30次。

❺ 妈妈以两手拇指桡侧面从睛明穴开始，向太阳穴轻抹50次，操作时不要触及眼。

❻ 宝宝俯卧，妈妈以指按揉肝俞、肾俞穴各1分钟。

父爱同样不可或缺

▶ **父亲对宝宝的影响**

研究资料证明，父爱在婴儿的成长中起着重要的、不可取代的作用。父爱对宝宝的影响远不止于智力，还涉及性别角色、个性品质的形成，社会行为的影响等方面，与父亲接触少的婴儿，体重、身高、动作等方面的发育速度都要落后一些，不经常与父亲接触的宝宝会表现为忧虑、多动、有依赖性，被称为"父爱缺失综合征"。

▶ **父爱参与的婴儿会怎样**

当父亲成为主要养育者之一时，婴儿能够跟陌生人相处得更好。

同父亲和母亲都形成一种强烈依恋的宝宝更容易在成年期建立成功的人际关系。

当婴儿经历过父亲和母亲不同的触摸、语言模式和不同的玩耍后，能够更好地学习如何与不同的人相处，如何处理好各种关系。

父爱参与的男孩更有自信，学习上更成功，宽容且富有同情心。

父爱参与的女孩会对自己的性别更自信，并且在她们的青春期和成年期能更好地与男孩和男人相处。

父爱参与的宝宝能够更好地获得不同于母子关系的独立感和个性。

▶ **父亲应该怎样做**

每天留出一定的时间和宝宝相处，多照顾宝宝，和他说话、做游戏。

多亲吻、拥抱、抚摸宝宝，爱要让他知道。

尊重宝宝的个体差异。

尝试了解和分享宝宝的感受。

第081天

为宝宝选择玩具

玩具是儿童把想象、思维等心理过程转向行为的支柱。3~6个月宝宝活泼好动，手眼协调动作发生了，视力调节范围扩大，能看见8毫米大小的物体，能判断物体的大小及形状，能转头寻找声源。可以做出一些简单而有效的动作，会摇动和敲打玩具，并记住不同的玩具有不同的玩法和功能。

▶ **为宝宝挑选些玩具**

宝宝需要温暖的母爱和安全感，可以选一些手感柔软、造型朴实、体积较大的毛绒玩具，放在宝宝的手边或床上。

当宝宝对周围的环境表现出兴趣时，可选一些颜色鲜艳、图案丰富、容易抓握、能发出不同响声的玩具。

3个月的宝宝就能握着响环玩，他们开始尝试触觉、听觉、视觉或味觉的作用：用手摸摸，体会手上的感觉，用眼睛看看玩具的各种色彩，用口尝尝玩具的味道，摇动响环时的声音又可训练宝宝的听觉。

这类最简单的玩具是开发宝宝智力的第一步。

▶ **玩具的清洗**

塑料玩具可用肥皂水、漂白粉、消毒片稀释后浸泡，半小时后用清水冲洗干净，再用清洁的布擦干净或晒干。

布制的玩具可用肥皂水刷洗，再用清水冲洗，最后放在太阳光下暴晒。

耐湿、耐热、不褪色的木制玩具，可用肥皂水浸泡，然后用清水冲净后晒干。

第082天
给宝宝做体检

▶ 体检前的准备

日常生活中，父母最好能记录下来宝宝的喂养和添加辅食情况，如每天的吃奶次数及每次的奶量，添加维生素 D 和钙的时间，添加菜汁、果汁的时间等；还应注意记录宝宝体格发展情况，如宝宝会笑出声的时间、抬头的时间、发出单字的时间、伸手抓玩具的时间等；如果发现宝宝有异常的情况，要记录发生的时间、部位、变化等，写出需要咨询的问题，这样到体检时就能做到有的放矢了。

父母在体检之前要做好充分的准备，把发现的问题或想要咨询的问题记录下来，然后带上宝宝的新生儿体检记录、宝宝历次体检记录、疫苗接种记录、疾病就诊记录去做体格检查，医生就能够很清楚地了解宝宝的生长发育情况，父母也能得到切实的医学指导。

▶ 检查项目

首先医生会询问宝宝的喂养方式、奶量、断奶时间、辅食添加的情况以及相关的情况；还会询问疫苗接种和疾病情况（呼吸道感染、腹泻、贫血、佝偻病、湿疹、药物过敏等）。

宝宝做体检时，应检查的项目有：测头围、胸围、身高，称体重，对宝宝进行视觉、听觉、触觉等测试。还要进行一些必要的项目检查，如医生会摸摸宝宝的脖子，看有无斜颈、淋巴结肿大的状况；听听宝宝的心跳速度及规律性是否在正常范围，以及有无杂音；检查宝宝有无疝气、淋巴结肿胀。男宝宝检查阴囊有无水肿（睾丸下降到阴囊），女宝宝检查大阴唇有无鼓起或有无分泌物；追踪有无关节脱位的状况，等等。

第 **083** 天

宝宝先天的游泳能力

▶ **婴儿游泳的益处**

是宝宝唯一的一项有氧运动，能够提高肺活量，增强体质。

能促进宝宝脑神经的发育成熟。

能促进宝宝对食物的消化吸收，提高抗病能力。

能促进宝宝正常睡眠规律的建立。

能减少宝宝的哭闹，促进亲情的交流。

▶ **适龄范围**

0~18 个月的宝宝。

▶ **环境及水温**

室温 28℃~30℃，水温 38℃~40℃。

▶ **游泳适宜时间**

可在宝宝喂奶约 40 分钟后进行，最好每天一次，每次 7~20 分钟为宜。游泳时间可根据每个宝宝具体的身体状况适当安排，循序渐进。

▶ **经验分享**

初期可以到专业的婴儿游泳馆，在专业人士指导下进行婴儿游泳。

熟悉方法和具体指导措施后，可在家进行婴儿游泳。

宝宝游泳操作的全过程，家长必须全程监护，和宝宝的安全距离保持在一臂之内，避免意外的发生。

婴儿游泳可以和水浴结合，对婴儿进行体质的锻炼。

皮肤破损或有感染的、宝宝身体出现疾病或发生不适的、注射防疫针 24 小时之内的宝宝不能进行婴儿游泳活动。

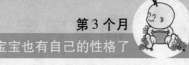

第 084 天
和宝宝玩手部动作游戏

▶ **用手抓**

妈妈抱着宝宝坐在自己怀里，让宝宝呈仰卧状，面向妈妈，妈妈微笑着注视宝宝，引起宝宝的注意。妈妈提着毛绒球在宝宝眼前晃动，然后用毛绒球轻轻地在宝宝的脸上脖子上碰触，刺激宝宝用手抓球。

妈妈还可以在他看得见的地方悬吊带响玩具，扶着他的手去够取、抓握、拍打。悬吊的玩具可以是小气球、吹气娃娃、小动物、小灯笼、彩色手套等。每日数次，每次 3～5 分钟。

▶ **巧妙的声音**

在宝宝情绪好的时候，将一台 CD 机放在宝宝身边，抱着宝宝坐起来，拉着宝宝的食指按一下开键，音乐便响起来，父母故意惊喜地告诉宝宝："CD机唱歌了！"和宝宝一起听一小会儿音乐后，再拉着宝宝的食指按一下关键，关掉音乐，"宝宝听，没有了！"并观察宝宝的手部动作。

让宝宝重复开、关，多次训练，让宝宝的手充分触摸到 CD 机的键，通过感觉和声音刺激宝宝触摸的欲望。

▶ **小手叮当响**

准备一个小系铃，给宝宝洗干净小手，修剪好指甲，将铃子系在宝宝的左手食指或中指上，拉着小手摇几下，让铃铛发出清脆的响声，告诉宝宝："小铃铛叫呢，宝宝摸一下。"然后拉着宝宝的右手去摸左手上的铃铛。铃铛的声音会吸引宝宝继续玩弄铃铛和小手，慢慢地宝宝学会自己玩了。下次玩时可将铃铛系在右手上，经常两手换着玩。妈妈可以在宝宝手腕上戴彩色小铃，刺激宝宝对自己小手的兴趣，让他的两只手主动摆弄。通过观察和玩小手促进宝宝小手的精细动作能力。

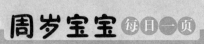

第085天

宝宝的翻身打滚活动

▶ 有侧睡习惯的宝宝学翻身

如果孩子有侧睡的习惯，学翻身会比较容易，只要在宝宝左侧放一个玩具或者一面镜子，再把宝宝的右腿放到左腿上，然后再把一只小手放在胸腹之间，轻轻托宝宝右边的肩膀，轻轻在背后向左稍推，孩子就会转向左侧。

练习几次后，不必再推动，只要把宝宝腿放好，用玩具逗引，宝宝就会自己翻过去。再往后，不必帮助宝宝放腿光用玩具，孩子就能做90°的侧翻。以后可用同样的方法，帮助宝宝从俯卧位翻成仰卧位。

▶ 无侧睡习惯的宝宝学翻身

如果孩子没有侧睡习惯，可以让宝宝仰卧在床上，手拿孩子感兴趣、能发出响声的玩具，分别在孩子两侧逗引，对宝宝说"宝宝看，多漂亮的玩具！"训练婴儿从仰卧位翻到侧卧位。宝宝完成动作后，可以把玩具给孩子玩一会儿以此作为奖赏。

婴儿一般先学会仰卧—俯卧位翻身，然后再学会俯卧—仰卧位翻身。

一般每天训练2~3次，每次训练2~3分钟。

到了3月龄，应给予适当帮助，使宝宝由翻身过渡到"打滚儿"。虽然，开始宝宝会翻得很吃力，但宝宝会从完成这些动作的过程中，找到自信，得到无穷的乐趣。

宝宝学会向左右两侧熟练地翻身，然后把翻身动作组合成打滚儿，对婴儿的颈肌、腰肌和四肢肌肉运动的配合都是极好的训练。

第 086 天
宝宝的视力和色彩

▶ **婴儿的视力**

宝宝刚出生 2 周时，妈妈抱宝宝喂奶时，婴儿就喜欢盯着妈妈的脸。一般在出生后 10 周左右，就能开始辨别颜色。年龄不同，能看清的距离不同，1～2 个月能看清 30 厘米左右，3 个月能看清 1 米远。所以，随着婴儿视觉的逐渐发育，早一点对宝宝进行视觉色彩的训练。用色彩鲜艳夺目、五光十色且能移动和发出响声的玩具，在吃饱和觉醒状态给予适度的逗嬉，是有利于宝宝视力发育的。

▶ **婴儿视觉能力具备选择性**

自 2～3 个月开始，宝宝就能注视在房间里较远处来回走动的人，注视能持续 2～3 分钟。与此同时，宝宝对不同形状的东西注视程度不同。有人做过实验，让婴儿看三个不同的头像，第一个是人脸的画像，第二个把人脸上的五官故意画颠倒，第三个只画上类似人脸的轮廓，让出生后 4 天到半岁之间的婴儿注视三幅图，结果表明，小家伙们对人脸画像注视时间最长，对乱糟糟的画像注视时间最短。由此可知，婴儿视觉能力具备明显的选择性。

▶ **婴儿逐步学会主动涉猎信息**

宝宝喜欢看美的东西，不仅能盯住进入视野的物体，还会追随物体移动的去向，东张西望寻找能刺激视觉的物体。逐步学会用眼睛涉猎周围环境的信息，到 3 个月时，就会找人，并且找到成年人手中摇动的玩具，再往后就会积极寻找周围各种活动的、发亮的、色彩鲜艳的、有趣的物体。找到以后，就会欣赏，情绪会很欢快，甚至手舞足蹈来表达内心感受。

第 087 天

塑造宝宝的情商

▶ **培养自信心**

自信心是成功的必要条件，要让宝宝知道，不论什么时候、有何目标，都要相信通过自己的努力就能够达到。爸爸妈妈要有意识地告诉宝宝，他是最棒的。宝宝学习爬行与走路时，是培养宝宝自信心的最佳时期，爸爸妈妈要多鼓励、少责备、多夸奖。

▶ **强化好奇心**

宝宝天生就具备好奇心，在后天的环境中如果不加以强化，这种天生的好奇心就会退化。在宝宝还不能活动时，爸爸妈妈可以经常指着某一处跟宝宝说："看，那是什么，是狗狗吗？"等等；等到宝宝能活动了，可以跟宝宝玩躲猫猫的游戏，或是藏一些东西让宝宝找。

▶ **培养社交能力**

培养宝宝能与别人友好地相处，在与其他宝宝相处时态度积极、热情。爸爸妈妈要经常带宝宝去户外活动，结交新的朋友，等宝宝大一些后，要鼓励宝宝多和小朋友或大人交流，并教宝宝学习礼貌。

▶ **保持好的情绪**

情商高的宝宝活泼开朗，对人热情、诚恳，经常保持愉快的心情。爸爸妈妈要从小教育宝宝保持乐观开朗的心境，大人在宝宝面前应保持平和愉悦，让宝宝从小感受好情绪的氛围，并在宝宝的不断成长中教会宝宝宽容和大度。

▶ **锻炼抗挫折能力**

宝宝抵抗挫折的能力并非与生俱来的，这需要在环境中进行锻炼。当宝宝哭闹时，有时候不明白原因，这时爸爸妈妈不应一味迁就宝宝，这样能提高宝宝对挫折的抵抗能力，并培养耐心，但要注意不能冲宝宝发脾气。

第088天
给宝宝抚触按摩保健

▶ **抚触的注意事项**

最方便做抚触的时候，是在宝宝洗澡以后，或者在给宝宝穿衣服的过程中；在做抚触前，应当先温暖双手，在手掌心中倒一点婴儿润肤油，注意不要把油直接倒在宝宝的皮肤上；双手涂上足够的润肤油后，轻轻地在宝宝肌肤上滑动，开始轻轻抚触，然后逐渐增加压力，让宝宝慢慢适应抚触。

还需要注意的是，不要在宝宝没有吃饱或过饱的时候施行抚触，否则容易造成孩子腹部不适感；一般每天进行 3 次。一旦宝宝开始出现疲倦、不配合的时候，则要立即停止。接近半岁时的宝宝开始爬行，有了更多的活动，就不再需要抚触了。

▶ **抚触的基本手法**

头部按摩：轻轻按摩宝宝头部，用拇指按摩宝宝上唇，再用同样方法按摩下唇。

胸部按摩：双手放在宝宝两侧肋线，右手向上滑向宝宝右肩，再复原。左手用同样的方法重复进行。

腹部按摩：按顺时针方向按摩宝宝腹部，但在脐痂未脱落前不要按摩。

背部按摩：双手平放在宝宝背部，从颈部向下按摩，然后用指尖轻轻按摩脊柱两边的肌肉，再从颈部向背部移动。

上肢按摩：使宝宝双手下垂，用一只手捏住小胳膊，从上臂到手腕轻轻扭捏，然后用手指按摩手腕。再用同样方法按摩另一只手。

下肢按摩：按摩宝宝的大腿、膝部、小腿，从大腿至踝部轻轻挤捏，然后按摩脚踝及足部。在确保脚踝不受伤害的前提下，用拇指从脚后跟按摩至脚趾。

第089~090天

本月宝宝启智训练

▶ **和宝宝一起跳舞**

训练目的：发展宝宝的听觉、动觉和节奏感。

训练方法：❶ 选择一首华尔兹或轻快而有节奏感的音乐，把宝宝轻柔地抱在怀里，随音乐边哼唱、边舞动、摇摆。❷ 运动可刺激宝宝小脑和耳朵里的感觉器官，是宝宝坐、爬、走必需的能力。

▶ **拨浪鼓游戏**

训练目的：有助于抓握动作的精确、协调，增强视觉敏锐性。

训练方法：❶ 在宝宝面前放一个拨浪鼓，从左向右移动，同时鼓励宝宝去抓取拨浪鼓。❷ 为宝宝能够抓握拨浪鼓提供方便，成功后，妈妈给予赞赏，并和宝宝一起摇动拨浪鼓，感受视、听觉的不同刺激。

▶ **拉长发音**

训练目的：相互交流有助于语音的形成；拉长发音可强化宝宝正在形成的语音。

训练方法：❶ 让宝宝感到舒适和愉悦，有助于宝宝的喃喃自语。❷ 当宝宝口中喃喃自语，如发出"O——O"的音时，妈妈要重复并延长发音"O——O——O——O——O——O"；鼓励宝宝发出更多的音来练习。

▶ **抬起头，挺起胸**

训练目的：训练控制头部和用上臂支撑身体的能力。

训练方法：❶ 给宝宝准备一面镜子，和宝宝一起照镜子，妈妈可以指着镜中的宝宝，呼唤乳名。❷ 让宝宝俯卧在床上，把镜子放在宝宝头部上方距眼睛20厘米远的地方，用能发响的玩具在镜子后面逗引宝宝抬起头、挺起胸，观察自己在镜子中的小脸。

第4个月

辅食让宝宝更好地成长

第091天

添加辅食的标准

▶ **什么情况下宝宝要做好添加辅食的准备**

比出生时的体重增加一倍（纯母乳喂养的宝宝可能会大于这个标准）。

当宝宝坐着时，头部能保持垂直，脖子能够直立。

舌头推吐反射消失，能顺利吞咽食物，具备吞咽能力。

当其他人吃饭时表现出极大的兴趣。

当食物接近时，会张大嘴巴来迎接。

▶ **过早添加辅食弊大于利**

宝宝消化道发育不成熟，功能较差，各种消化酶分泌较少，过早添加辅食会使消化系统处于"超负荷"工作状态，增加胃肠道负担，诱发肠蠕动紊乱，引发肠套叠。

宝宝免疫系统脆弱，过早添加固体食物容易引发过敏症。

宝宝消化系统、肾功能尚未健全，过早添加固体食物会增添不必要的负担，为将来埋下健康隐患。

固体食物的添加，造成宝宝对母乳摄取的减少，从而破坏营养的平衡。

▶ **不要把辅食当成主食**

不要把辅食称为"离乳食品"，并将母乳取代，1岁之前，母乳或配方奶仍然是宝宝最主要的食物。

纯母乳喂养的宝宝可以到六个月时再添加辅食。

添加辅食，宝宝的具体情况比别人告诉你的经验更重要。

宝宝的咀嚼能力不完全依赖辅食来进行练习，吃手、吮手指、啃玩具都可达到目的。因此，辅食不是宝宝练习咀嚼能力的唯一途径。

第092天
添加辅食的原则

▶ **辅食品种从单一到多样**

一次只添加一种新食物，隔3~5天再添加另一种。同时注意观察宝宝有没有什么过敏反应，如果没问题，再给宝宝加第二种食物。

▶ **辅食添加量由少到多**

刚开始添加时，只喂少量的新食物，分量约1小汤匙（10毫升）左右，待宝宝习惯了新食物后，再慢慢增加分量。

▶ **辅食质地由稀到稠**

刚开始应给宝宝选择质地细腻的辅食，有利于宝宝学会吞咽的动作，以后可逐渐增加辅食的黏稠度，从而适应宝宝胃肠道的发育，从汤水类食物到泥糊状食物，从流质到半流质食物，最后过渡到固体食物。

▶ **辅食制作由细到粗**

细指没有颗粒感的细腻食物，如米糊、菜汁等；粗指有固定形状和体积的食物，如成形的面条、包子、饺子、碎菜等。开始添加辅食时，为了防止宝宝发生吞咽困难，应选择颗粒细腻的辅食，随着宝宝咀嚼能力的完善，可逐渐增大辅食的颗粒。

▶ **引起过敏的食物可在6个月后添加**

宝宝常见的致敏食物有牛奶、鸡蛋、花生、大豆、鱼虾类、贝类、柑橘类水果、小麦等。此外，一些食品添加剂如人工色素、防腐剂、香料等也可引起过敏。辅食添加中常见的易引起过敏反应的食物如蛋清、花生、海产品等，应在6个月后再添加。

第093天
在宝宝状况良好时添加辅食

▶ 看情况给宝宝添加辅食

添加辅助食品应选择宝宝健康状况良好时。可以先喂一些母乳或配方奶，在宝宝半饱的状态下喂辅助食品。食物温度保持在室温或比室温略高些。这样，宝宝就比较容易接受新的辅助食品。如果宝宝拒绝吃某种新添加的辅助食品，妈妈不能采用强迫手段，以免使宝宝对这种食物反感。正确的做法应该是在宝宝情绪比较好的时候，反复多次尝试。

▶ 添加辅食需要妈妈的耐心和细心

据研究，一种新食物往往要经过 15～20 次接触之后，才能被宝宝接受。而且，宝宝接受某种半固体食物的时间还有个体差异，短的为一两天，长的要 1 周多。因此，当宝宝拒绝新食物，或对新食物吃吃吐吐时，妈妈不要认为宝宝不喜欢这种食物而放弃添加，应该变换做法，反复尝试。

▶ 添加辅食时需注意

如遇到宝宝不适应马上停止添加辅食，宝宝生病或天太热，推迟添加时间，病情较重时原已添的食品应适当减少，待病愈后再恢复正常。

有些宣传手册上把辅食称为"离乳食品"，建议母亲将辅食替代母乳，这是不正确的信息；辅食之所以称为"辅"食，正是因为它是辅助母乳的食品，绝非取而代之。

当妈妈喂辅食时，孩子闭嘴扭头表示拒绝，要接受孩子的意愿，千万不要勉强孩子进食。

是否应该添加辅食，要看宝宝是否准备好了接受辅食，不要看月份来定；过早添加辅食，对于宝宝的健康有百弊而无一利。

第 **094** 天

七招让宝宝爱上辅食

▶ **掌握好喂食时间**

喂辅食的时间最好是在宝宝喝奶之前，因为宝宝在饿的时候，比较有兴趣接触新的食物。每天要在固定时间喂辅食，让宝宝养成习惯，宝宝就会知道时间到了，要用汤匙、杯子、碗来吃东西了。

▶ **分量不要太大**

宝宝食量较小，一次喂辅食的量不要太大。

▶ **注意喂食的方式**

喂辅食时，可将食物盛于碗或杯内，用汤匙喂宝宝，且将食物放进容易吞咽处（舌头后 1/3 处，较容易吞咽，舌头前 1/3 处有反射行为，宝宝容易将食物吐出），让宝宝逐渐适应成人的饮食方式及礼仪。

▶ **别强迫宝宝**

若宝宝不喜欢某种食物，可先喂别的食物，等过一段时间后，再重新尝试。

▶ **让宝宝自己动手**

让宝宝去触碰食物，不要因怕弄脏衣物而约束宝宝，让他对食物产生抗拒。可以为宝宝准备一套专属的儿童餐具，吸引宝宝的注意力，让宝宝习惯自己用餐具进食。

▶ **改变烹饪方式**

若宝宝不喜欢某种辅食，可以改变烹饪方式，用不同的口味来吸引宝宝。

▶ **多鼓励宝宝，多一些耐心**

保持锲而不舍的心态，不要因为自己的懒惰而放弃训练宝宝，以免宝宝日后形成偏食或厌食的习惯。

第 **095** 天

宝宝可以喝可口的果汁了

香蕉汁

> **材 料**

香蕉1根（约150克）。

> **做 法**

①将香蕉去皮，切小块。

②将香蕉块放入豆浆机中，加适量清水，摁下"果蔬汁"键，打成汁，过滤，盛入杯中即可。

> **功 效**

香蕉可调理肠胃功能，有助于宝宝的消化，防治便秘。

胡萝卜汁

> **材 料**

胡萝卜100克。

> **做 法**

①将胡萝卜洗净，切小块。

②将胡萝卜放入豆浆机中，加适量清水，摁下"果蔬汁"键，打成汁，过滤，盛入杯中即可。

> **功 效**

胡萝卜中的胡萝卜素进入宝宝体内可转化为维生素A，有保护眼睛的作用。

西瓜汁

> **材 料**

西瓜100克。

> **做 法**

①将西瓜去皮、去子，切块。

②将西瓜块放入豆浆机中，摁下"果蔬汁"键，打成汁，过滤，盛入杯中即可。

> **功 效**

宝宝喝点西瓜汁，有助于排尿、清热。

第 096 天

和宝宝一起做触摸游戏

▶ 触感游戏——小蜘蛛

目的：增强宝宝触觉经验；增强语感和愉悦情绪。

玩法：妈妈把宝宝抱在怀里，边说儿歌边用手指在宝宝身上做游戏，游戏时，可以放上一段音乐：

有一只小蜘蛛，爬上了出水口（用食指和中指交替从宝宝的肚子爬到下巴上）。

刮风了，下雨了（用手掌在宝宝的下巴到肚子上做蛇行运动）。

小蜘蛛被冲下了出水口（食指和中指迅速交替快速滑到宝宝的小腿上）。

太阳公公升起来了（用手掌轻轻地拍拍宝宝的小肚子）。

小蜘蛛晒干了身上的水（用食指、中指交替在宝宝肚子上踏步）。

它又爬呀爬呀，爬上了出水口（食指中指交替爬上宝宝的下巴）。

食指中指交替爬上宝宝的下巴时，妈妈可以假装反复掉下来，增加宝宝的愉悦情绪。

▶ 动感游戏——骑大马

目的：平衡能力、头部和颈部控制能力的练习。

玩法：妈妈在椅子上坐好，把宝宝抱到妈妈的腿上坐好（方向不限），妈妈的手放在宝宝腋下，妈妈边念儿歌边晃动双腿，让宝宝好像骑在马上的感觉，体会骑马的快乐。妈妈可以随意编些儿歌：

骑大马，呱嗒呱，呱嗒呱嗒呱嗒呱嗒，

骑到外婆家，外婆对我笑哈哈，哈哈！

游戏时，还可以配上一段草原骑马的音乐，增强游戏的效果。

第 097 天

宝宝开始咬乳头

▶ **当宝宝频繁咬乳头时，妈妈可以这样做**

感觉到被咬时，轻轻地将手指头插进乳头和宝宝的牙床之间，撤掉乳头，严肃而坚定地告诉宝宝："不可以咬妈妈。"并以摇头示意宝宝。

被咬时，将宝宝的头轻轻地扣向乳房，堵住宝宝的鼻子，很快宝宝就会本能地松开嘴巴，并意识到咬着乳头时很不舒服，几次之后，宝宝会自动停止咬乳头了。

注意：千万不要一下子将乳头从宝宝口中拔出，并表情很不好地看着宝宝，甚至批评宝宝，这样反而会激怒宝宝，导致事与愿违。

▶ **是什么原因导致宝宝咬乳头**

宝宝在长牙，这是最大的可能，牙床又痒又疼时恨不能见什么咬什么，妈妈的乳头就恰好成了磨牙品，这时可以准备一些牙胶或磨牙玩具，两次喂奶之间多让宝宝磨一下牙。

宝宝的衔乳姿势不正确，这种情况比较少见，如果宝宝觉得自己没有被抱稳当，快要掉下去了，也会本能地咬住乳头。

宝宝天生爱咬乳头，从出生开始，宝宝的嘴无论碰见什么都会本能地咬住，妈妈在喂奶前不妨给宝宝洗一个温水澡，或轻轻地按摩宝宝的四肢，用冷热水交替擦宝宝的脸，让宝宝放松下来后再喂奶，喂奶时将手一直按在宝宝的下巴上，让他舒服。

宝宝吃饱了，宝宝吃得很香时是不会咬奶头的，吃饱后吞咽动作减缓，他便开始娱乐性吸吮，不排除会玩弄性地咬妈妈的乳头，这是吃饱的信号，当妈妈感觉宝宝吃得差不多了，开始缓慢地吸吮乳头时，可以试着将乳头拔出来，防止宝宝咬。

第098天

保护好宝宝的眼睛

▶ **讲究眼部清洁，防止疾患感染**

宝宝的洗脸用品，应有专用的毛巾和脸盆，经常保持清洁。每次洗脸时，可先擦洗眼睛，如果眼屎过多，应用棉签或毛巾沾温开水给轻轻擦掉。宝宝毛巾洗后要放在太阳下晒干，不要随意用他人的毛巾或手帕擦拭宝宝眼睛。宝宝的手要经常保持清洁，不要让孩子用手去揉眼睛。发现宝宝患眼病，要及时治疗，按时点眼药。

▶ **防止强烈阳光或灯光直射宝宝眼睛**

宝宝降生于世，从黑暗的子宫环境到了光明的世界，已经发生了巨大的变化，对光要有逐步适应的过程。因此，宝宝不要选择中午太阳直射时到户外活动，外出时要戴太阳帽以免阳光直射眼睛。宝宝室内的灯光也不宜过亮。平时还要注意不带宝宝到有电焊或气焊的地方，免得刺伤眼睛，引起炫目。

要引起注意的是，可见光中的高能量可见光——蓝光，会接触到视网膜，加速视网膜黄斑区的细胞氧化，过量照射甚至损伤视觉细胞。因此在婴幼儿视力发育的关键期，要特别避免有害蓝光对婴幼儿眼睛造成影响。

▶ **防止锐利物刺伤眼睛及异物入眼**

宝宝的玩具要没有尖锐的棱角，不能给宝宝小棍类或带长把的玩具；要预防尘沙、小虫等进入眼睛。一旦发生异物入眼，别用手揉，可滴几滴眼药水刺激眼睛流泪，将异物冲出来。还有，宝宝在洗完澡用爽身粉时，要避免爽身粉进入眼睛。

第 **099** 天

宝宝百天了

▶ **摆百日宴时注意事项**

让宝宝现身接受大家祝福后就可以马上离开，不能影响宝宝正常的饮食和休息。

提醒亲朋好友不要争相抱宝宝，避免感染和引起宝宝惊恐不安。

为了避免宝宝情绪波动过大，妈妈和主要看护者要不离宝宝左右，给宝宝安全感。

宝宝抵抗力弱，若亲朋好友中有人生病，可选择不见面的祝福。

▶ **拍摄百天照注意事项**

拍摄前几天避免感冒，生病会使宝宝情绪产生波动，不利于宝宝拍摄过程中的表现。

有些宝宝适应陌生环境的能力不是很强，在拍摄前几天妈妈尽量让宝宝接触一些新鲜事物，提高宝宝的适应力。

父母需要带好宝宝专用的纸巾、奶粉、奶瓶、纸尿裤、抱毯等；宝宝有特别青睐的小玩具最好一起带去，使其不会产生陌生感。

妈妈在家让宝宝练习的俯卧抬头、翻身等动作都有利于拍摄时宝宝各种形态的展现。

拍摄时一些坐的姿态，需要妈妈托住宝宝的腰部和脖颈，时间不宜过长。

百天宝宝的情绪波动较大，妈妈要根据宝宝的作息时间和影楼约定拍摄时段，多数宝宝一天中最兴奋的时间在上午9：00～11：00，妈妈在预约时可尽量选在这个时间段。

宝宝有可能得了中耳炎

急性中耳炎的主要症状是发热、耳痛及流脓。宝宝不会表达，可能表现出躁动不安，或用手去拉扯受感染的耳朵，也有可能出现恶心和呕吐。

▶ 病因解析

宝宝的咽鼓管位置低，且直、短、粗，患上呼吸道炎症时，细菌容易经此通道蔓延扩散到中耳，引起中耳炎。分娩时的羊水及出生后的奶汁等液体经外耳道流入中耳，也会引起感染，出现中耳炎。

▶ 有效预防

❶ 坚持母乳喂养：研究表明，母乳喂养的宝宝中耳炎的发病率比较低，大约是人工喂养的宝宝的一半。这是因为，母乳中含有免疫抗体，能帮宝宝抵御细菌和病毒的感染。

❷ 给宝宝科学喂奶：喂奶时要让宝宝头部抬起一个角度，特别注意不要让宝宝含着奶瓶入睡，能够避免奶液流向咽鼓管，使咽鼓管阻塞，导致细菌繁殖而出现中耳炎。

❸ 避免宝宝经常感冒，防止耳内进水：感冒会导致咽鼓阻塞，容易引起中耳炎的发生。宝宝少感冒，就可以减少中耳炎的发生。

▶ 护理方案

❶ 一旦发现宝宝患有中耳炎，应及时治疗，切勿错过最佳治疗时间。

❷ 宝宝要注意休息，减少活动。要减少搬动宝宝的次数，以减轻疼痛。

❸ 鼓膜穿孔后，要让宝宝向患病的一侧侧卧，以方便脓汁的排出。

第101天

宝宝胀气的处理

宝宝的肚子看起来鼓鼓的，主要因为宝宝腹壁的肌肉还没有发育成熟，腹肌不够用力而容易凸出，同时又要容纳相对大的内脏器官，加上幼儿开始学步时，站着脊椎全向前弯，所以显得肚子大。肚子鼓鼓的医学上称为腹胀，最常造成宝宝腹胀的因素是胀气。

▶ 避免宝宝胀气七要诀

❶ 瓶喂的宝宝须注意喂食器具是否清洁、彻底消毒。

❷ 用奶瓶喂奶时，应避免让宝宝自己拿着奶瓶喝，否则宝宝容易喝到空气而引起胀气，也易发生意外。

❸ 辅食应逐步添加，谨慎选择食物。

❹ 当宝宝进入辅食阶段，应让宝宝充分摄取富含纤维素的食物。

❺ 6 个月以后的宝宝，应给予充足的水分。

❻ 让宝宝进行适量的游戏、活动，以促进肠胃蠕动，使消化系统更顺畅。

❼ 减少摄取产气类的食物，如豆类。

▶ 宝宝胀气的治疗

让宝宝采取右侧卧的姿势，或是抱起宝宝，转动宝宝的身体，牵着宝宝的手，让其稍微活动一下，都能够帮助排气。另外，从解剖结构来看，宝宝的肠子依序是升结肠、横结肠、降结肠，可以按顺时针进行腹部按摩。

❶ 妈妈可以运用手指腹，轻轻地替宝宝进行顺时针的环形按摩。

❷ 若在按摩过程中感觉到腹部较硬的地方，应请专业医师判断是粪便还是肿块，不可强行揉压该处，避免宝宝受伤。

❸ 环形按摩进行 10～15 次即可。妈妈应先以安抚宝宝为主，建议可用温热（38～42℃）的毛巾热敷宝宝的腹部。

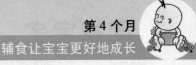

第**102**天

宝宝蹬被子，睡袋来帮忙

▶ **睡袋的款式**

睡袋的款式非常多，爸爸妈妈可以根据宝宝的睡觉习惯来选择，一般抱被式的睡袋婴儿都适用。睡觉时喜欢露着两只手，并做出"投降"姿势的宝宝，可以选择背心式的睡袋，怕宝宝着凉也可以选择带袖的。

▶ **睡袋的薄厚**

现在市场上宝宝的睡袋有适合春季和秋季用的，也有适合冬季用的。选择睡袋的时候，爸爸妈妈一定要考虑居所的气候因素，还要考虑自己的宝宝属于什么类型的体质，然后再决定所买睡袋的薄厚。

▶ **睡袋的花色**

考虑到现在的布料印染中的不安全因素，建议尽量选择白色或浅色的单色内衬睡袋。

▶ **睡袋的数量**

多数宝宝晚上都是穿着纸尿裤入睡的，尿床的机会很少，一般两条睡袋交换使用就可以了，建议不同样式的睡袋搭配使用。

▶ **睡袋的做工**

选择睡袋时还要看标志，最好亲手摸摸，感受一下睡袋的质地、厚薄和柔软度，注意些细小部位的设计，比如拉链的两头是否有保护装置，确保不会划伤宝宝的肌肤，睡袋上的扣子及装饰物是否牢固，睡袋内层是否有线头等。

第 103 天

抱宝宝也有讲究

▶ **不宜多抱**

宝宝消化功能弱，吃下母乳后，一般要3～4小时才能完全排空。常常抱着，喂奶次数就会增加，胃肠受压，胃肠的正常蠕动受到限制，天长日久易造成消化不良。

如果宝宝一哭就抱，会减少孩子的肢体活动量，血液流通受阻，影响各种营养物质的输送，严重妨碍骨骼、肌肉的正常生长发育。但也必须懂得，如果哭闹时间过长，应认真找出原因再给予爱抚；过长时间的哭闹，腹压过高，易发生腹股沟斜疝。

如果多抱着孩子走动，容易使宝宝的大脑受到震动，加上强烈的光线、色彩和噪声的刺激。会使婴儿长时间处于兴奋状态，心肺负担加重，身体抵抗力下降，容易生病。

▶ **忌摇晃、忌高抛**

有的父母误认为，抱着孩子摇晃可以使宝宝不哭，或使他（她）高兴，所以把宝宝抱在怀中或在他（她）躺着时，不停地摇动。还有的喜欢把宝宝向上高抛又接住，逗宝宝玩，这是很危险和有害的动作。

婴儿头大身子小，头部体积和重量占全身的比例较成年人大得多，加上婴儿颈部肌肉娇嫩，对头部的支持力很弱，难以承受较大幅度的摇晃和高抛的震动。强烈摇晃和高高地抛起，很容易使脑髓与较硬的脑壳互相撞击而引起脑震荡，还可能引起视网膜毛细血管充血，甚至导致视网膜脱落等。因此，不要摇晃和高抛宝宝。

第 104 ～ 105 天

宝宝喜欢玩脚丫

▶ 小脚丫只是宝宝有趣的玩具

宝宝在这个阶段，上下肢活动能力较强，运动自如，手能抓到小脚丫。宝宝常常喜欢把腿举起来、伸直，眼睛看到自己的腿以后，伸手去抓，把自己的腿也当做有趣的"玩具"。很快，就能把腿伸到嘴边，双手抱住小脚丫，吸吮脚趾头。

仰卧举腿玩脚和送脚趾头进嘴，是宝宝肢体发育的一个过程，表明宝宝的下肢可以屈曲到 90～180°。

▶ 啃脚丫让宝宝掌握了新的技巧

高举腿抬起腰的姿势是这个阶段的婴儿很喜欢摆的姿势。然而，如果这个姿势下重心过高，身体就容易侧翻过去。这样，过去只能仰卧的婴儿就在无意当中掌握了抬腰扭动下半身的技巧。这一无意运动对宝宝掌握翻身的要领意义重大。

▶ 有意训练宝宝高抬腿

4 个月龄时，如果宝宝仰卧时会用小脚去踢吊在婴儿床上方的彩色气球，5 个月时就会把腿脚伸直并且举得高高的，可以把气球吊得更高一点，使宝宝把腿能抬得更高。经常让宝宝做一做高抬腿运动，不仅能锻炼下肢的力量，还能锻炼腹部肌肉，为学习爬行奠定基础。

第 106 天
让宝宝坐手推车

▶ **训练独立**

东方妈妈总喜欢将孩子抱在手上，这样很容易养成孩子依赖的个性；西方妈妈习惯使用手推车带孩子外出，不会时刻都抱着他，孩子就会较为独立。

▶ **保障安全**

人一旦碰到危险或发生意外，会本能地放开双手，这时妈妈若抱着孩子，便会无意识地放开他，孩子很可能会因此而受到伤害；相反地，如果孩子坐在手推车上，帮他系上安全带，便能保障他的安全。因此在空气清新的户外，建议家长们尽量让宝宝乘坐手推车。

▶ **移动床位**

成长中的宝宝，随时都会有入眠的情况，此时手推车便成为了最佳的"移动床位"。

▶ **置物便利**

妈妈外出时，可以将随身物品放在手推车的置物网内，外出购物或旅游都很方便。

▶ **分担辛劳**

许多妈妈在抱孩子的过程中，往往因时间过长或用力不当造成妈妈的手酸痛肿胀，影响身体健康，使用手推车可减少抱孩子的时间，使育儿工作变得轻松。

第 107 天

把握宝宝排便规律

▶ **训练宝宝大便的规律**

大便习惯的培养较小便习惯而言要容易一些，尤其在添加辅食后，大便次数会明显减少，一般每天 1 ~ 2 次。

开始培养大便习惯时，可在吃奶前后各大便一次，或在睡前、醒后分别把大便一次，要坚持把大便，渐渐就能摸清宝宝大便的规律和时间，然后固定在那个时间把大便就可以了。

▶ **训练宝宝小便的规律**

宝宝每天的小便次数较大便要多，月龄越小排小便次数越多，但是宝宝大一些后就可以逐渐固定排小便的时间了，细心的话，还会发现宝宝小便也很有规律，白天尿的次数多，夜间少些。

开始培养小便习惯时，可在宝宝睡前、醒后、吃奶前，以及外出前和回来后立即把小便。宝宝醒着时，可观察宝宝排小便前的表情或反应，如有哼哼声、左右摆动、发抖、两腿伸直、皱眉、哭闹、烦躁不安、不专心吃奶等则需要把尿，如果把尿时宝宝不尿，不要长时间处于把尿的姿势，以免宝宝有排斥和厌倦的情绪。

宝宝现在不能频繁地把尿，否则膀胱不能得到锻炼，宝宝一有尿就要排会给以后的生活带来麻烦。没有学会理解排便前，爸爸妈妈看到宝宝尿湿裤子，可有意识地告诉他"宝宝尿了"，以培养其理解能力。

▶ **专家提醒**

等宝宝到了 3 岁左右，随着神经系统的逐渐健全，孩子的控制能力增强，就能自己警觉醒来排尿了，也就不会尿床了。

第 108 天

宝宝出牙期常识储备

▶ **乳牙萌生的顺序**

婴儿的乳牙，在出生后 4~7 个月开始萌出。一般在 6 个月左右萌出第一颗乳牙。最先萌出的乳牙，是下面正中的一对门齿，然后是上面中间的一对门齿，随后再按照由中间到两边的顺序逐步萌出。

▶ **宝宝出牙有早晚**

宝宝出牙的早晚，主要是由遗传因素决定的。有的孩子出生后 4 个月就开始出牙，也有的孩子要到 10 个月才萌出乳牙。假如 10 个月以后，乳牙仍然没有萌出，也不必紧张，只要宝宝的身体健康，没有其他问题，晚一些甚至到 1周岁时，再萌出第一颗乳牙也没有关系，只要注意喂养，合理又及时地为宝宝添加辅助食品，多晒太阳，孩子的牙齿自然会长出来。如果不出牙，并且伴有其他异常情况，可以去医院检查治疗，切不可滥用鱼肝油等药物。

有的父母误认为，乳牙好不好问题不大，反正孩子将来还要换牙，这样的想法不对。因为乳牙的好坏，会直接影响到恒牙的萌出及其功能。

▶ **萌牙期常见表现**

发烧。有的宝宝出牙时会低热，体温多数在 38℃（肛温）以下。

流涎。牙齿刚萌出时刺激了齿龈上的神经末梢，使唾液分泌增多，但宝宝一下子又不会吞咽过多的唾液，造成不自主地流口水。

痒。胚芽由于萌出时向上顶，会让宝宝常有发痒、不舒服的感觉，因而喜欢咬乳头、咬人、咬坚硬的东西，以消除不适感。

哭闹。牙齿不仅白天长，晚上也在长，由于痒痒和不舒适，出牙期间宝宝晚上经常哭吵，难以入眠，这些现象会一直持续到牙齿萌出。

第 109 天

宝宝常见肠胃不适

▶ **胃食道逆流**

❶ 症状：轻微的胃食道逆流，是指宝宝喝完奶后不久，家长会在宝宝的嘴角发现溢出的一小口奶。严重的胃食道逆流，则是宝宝一喝完奶就会呕吐，或是喝完奶 2 ~ 3 小时后还会吐，而且是每餐、每天都会吐，吐很多，最严重的还会以喷射状的方式呕吐。

❷ 病因：新生儿胃与食道交界处的贲门尚未发育完全，会出现关不紧的情况，导致宝宝喝到胃里的牛奶从贲门逆流回食道，从嘴中溢出。

❸ 护理建议：轻微的胃食道逆流随宝宝年龄增大可自行恢复；严重的胃食道逆流，需服用肠胃药才能改善。

▶ **胀气**

❶ 症状：宝宝吃饱了，下一餐时间还没到就哭闹，睡到一半就起来哭闹，肚子鼓鼓的，食欲变差，脸部出现痛苦的表情。

❷ 病因：宝宝喝奶时吸进过多的空气，或本身胃肠道发育尚未成熟。

❸ 护理建议：发生轻微胀气时，家长可以为宝宝做腹部按摩，还可考虑换不同品牌的配方奶给宝宝喝。若仍无效，可以带去医院诊治。

▶ **乳糖不耐症**

❶ 症状：一喝牛奶就拉肚子，拉出水样的大便。

❷ 病因：喝配方奶的宝宝较易发生，或宝宝得了肠胃炎之后，小肠黏膜受损，造成分解乳糖的酵素减少而引起。

❸ 护理建议：建议先不要食用牛奶，或换成无乳糖配方的奶粉，待症状缓解后再逐渐恢复一般饮食。

第 110 天

宝宝出牙期的呵护

▶ **坚持母乳喂养**

母乳对宝宝而言是最有益的食物。同样，母乳喂养对宝宝的乳牙很有益处，且不会引发龋齿。

▶ **提供磨牙食品**

当宝宝产生出牙不适感而喜欢啃咬东西时，妈妈可以准备一些专为出牙宝宝设计的磨牙饼干，还可以亲自制作一些手指粗细的胡萝卜条或西芹条，让宝宝啃咬，以缓解不适。

▶ **加强营养**

出牙期特别需要给宝宝加强营养，以保证牙齿的正常结构、形态以及对齿病的抵抗力。如及时补充维生素 A、维生素 D 和镁、氟等矿物质；肉、蛋、奶、鱼中含钙、磷十分丰富，可以促使牙齿的发育和钙化，减少牙齿发生病变的机会。缺乏维生素 C 会影响牙周组织的健康，所以要经常吃些蔬菜和水果，其中纤维素还有清洁牙齿的作用。饮水中的微量元素氟的含量过高或过低时，对牙齿的发育都是不利的。

▶ **多晒太阳**

人体皮肤中的 7 - 脱氢胆固醇经紫外线照射可转变为维生素 D_3，促进钙的吸收，帮助牙齿坚固。

▶ **清洁已经长出的乳牙**

宝宝开始萌出第一颗乳牙后，就必须每天清洁了。妈妈可用干净的纱布为宝宝清洁小乳牙。

第 111 天

宝宝过敏的预防

▶ **宝宝过敏的原因**

引发宝宝过敏的因素有二，其一是接触到过敏原，过敏原就是可以引起过敏反应的物质，比如有的宝宝喝牛奶会过敏，这时候的过敏原就是牛奶；其二是宝宝属于过敏性体质，在婴儿阶段宝宝最常见的是食物过敏。

当宝宝出现一些诸如眼睛痒、鼻子痒、打喷嚏、起皮炎的症状时，爸爸妈妈就要更加当心宝宝是不是过敏了，可能属于过敏性体质。

▶ **过敏体质的宝宝要多注意过敏原**

如果宝宝是过敏体质，爸爸妈妈要带宝宝到医院进行过敏原筛查，以了解易引发宝宝过敏的过敏原。

日常生活中要尽量避免让宝宝接触这些过敏原，平时爸爸妈妈也应留心观察，注意宝宝发病时所处的环境、所吃的食物以及所接触的物品，总结过敏原，避免过敏现象再次发生。

▶ **提高宝宝免疫力**

提高宝宝自身免疫力是有效预防过敏发生的重要方法，要让宝宝多活动，保证宝宝每日摄入的营养均衡，多吃蔬菜、水果等富含维生素 C 的食物，还要让宝宝保证每日睡眠充足，另外要注意为宝宝保暖，预防感冒等疾病的发生。

第112天
户外活动要注意安全

▶ 户外活动时常出现的意外

意外摔伤：宝宝不会始终安静老实地坐、躺在妈妈怀中，一个大动作就容易栽下去，使头脸部擦伤，甚至伤及脑组织。

呛奶：看护者在户外喂宝宝奶时，忙着和别人说话，没关照到宝宝，有可能发生呛奶。

意外烫伤：在户外给宝宝冲奶，粗心大意的妈妈将暖水瓶随手放，宝宝如果翻身，容易发生意外烫伤。

意外窒息：妈妈推着婴儿车扭头看街景，风把塑料薄膜吹起，罩住宝宝的口鼻，如果看护者没有觉察，就容易发生悲剧；另外，容易引发呼吸道堵塞的东西，一定不要让宝宝抓到。这一点在室内大家都比较注意，到了户外，常放松警惕。

宠物抓伤：带宝宝到户外，不要让宝宝触摸别人养的宠物，更不能让宠物舔碰宝宝。宠物狗带菌，抓伤、挠伤宝宝麻烦就大了。

▶ 户外活动时的安全细节分享

不要把宝宝带到马路旁边散步，因为过往汽车尾气排放的铅恰好悬浮在一米以下的空间，致使宝宝成了"吸尘器"，对宝宝危害很大。

把宝宝带到花园或环境好的地方，要避免户外的蚊虫叮咬，在树下玩时要注意避免树上的虫子、鸟粪等掉落到宝宝头或脸上。

新妈妈碰到一起，喜欢交流育儿心得，说得热烈时忘记了身边的宝宝，而危险往往会在此时发生。别忘了照看宝宝！

第 113 天

让宝宝学习手势来表述

▶ 逗一逗

从满 3 个月龄开始，就可以逐渐训练婴儿做逗一逗手指的游戏，练习伸出手指，双手触碰和按摩。

让婴儿坐在妈妈的怀里，妈妈分开两手抓着孩子的双手，捏住宝宝的食指，教孩子把两个食指的指尖对拢，点上几下，然后分开。指法对点时，说"逗，逗，逗"，点一下，说一次。分开两只手时，说"飞，飞"。做得次数多了以后，只要妈妈说"逗，逗，逗虫虫"，孩子就会用双手指尖对拢点，说到"飞，飞了！"孩子就能张开双手。

▶ "Bye－bye"——爸爸再见

爸爸离开外出时，对孩子挥手说"再见，Bye－bye"，教宝宝也挥手学做招手再见的手势。孩子如果不会模仿，妈妈可以拿起宝宝的手臂，边挥边说"爸爸再见"，经常和反复地做练习，孩子就能学会表示再见的挥手手势。学会挥手以后，可以让孩子在家人、朋友离开时，主动挥手说"Bye－bye"、"再见"。

由此类推，学会用挥手的手势表达以后，可以进一步教孩子模仿成年人双手抱拳，做拱手的手势，表示"谢谢"；做双手手掌拍击的动作，表示"欢迎，欢迎！"

但要特别提醒的是，这个月龄的孩子，对于手势表达并不能完全理解，绝大多数孩子要到 9～10 个月龄时，才能完全做到对成年人的语言指令做出动作反应。因此，训练婴儿用手势表达不同的意义，适当做些日常生活中的启智游戏即可，不宜操之过急。

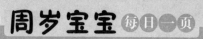

第 **114** 天

训练宝宝坐起来

▶ 坐对宝宝的重要意义

坐对宝宝的发育有重要的意义。宝宝能坐起来后，观察周围的范围就扩大了，观看物体的形状就真实多了；宝宝在坐位时，手的活动也自由了，可以坐着玩玩具，翻图书，与大人的交往也更直接了。这就是大家都对婴儿的独坐这一动作十分重视的缘故。有人担心太早让宝宝学坐会把腰背坐弯了，将来会成为"驼背"，这是多虑了。因为婴儿期的腰背肌肉尚未发育，脊椎关节活动较好，脊柱的弹性也好，不会造成脊柱弯曲畸形的，可以放心地进行训练，不要老把宝宝抱在手里，失去了动作训练的机会。

▶ 宝宝学坐的训练方法

这个时期让宝宝学坐，主要先锻炼他的颈肌、胸肌和背肌。平时，当宝宝用双臂支撑前身抬头时，爸爸或妈妈可将玩具举在宝宝头前，左右摇动，吸引他向前、左、右三个方向看，这时小家伙便会用肘部支撑使头抬得更高一些，这样就可以更好地锻炼他的颈椎和胸背肌肉，为以后的学坐打下良好基础。

当宝宝的颈部肌肉能支撑头部重量之后可以练习拉坐。让宝宝仰面躺着，用枕头把宝宝的上身垫起来一点儿。妈妈坐在宝宝对面，紧紧抓住宝宝的双手，慢慢地把宝宝拉到坐姿，让他的头随着肩膀一起抬起来，然后再轻轻把宝宝放回去。等宝宝习惯了这个动作以后，可以让宝宝坐起来的时间稍长一点儿，一边唱儿歌，比如《小星星》，一边模仿划船的动作轻柔地交替拉动宝宝的两只胳膊，然后再把宝宝放回到枕头上。

第115天

宝宝说"啊不"了

▶ 多和宝宝说话

第4个月，宝宝的语言能力有了一定发展，逗引时他会非常高兴，并露出甜甜的微笑，嘴里还会不断发出咿咿呀呀的声音，爸爸妈妈一定要抓住宝宝的这一特点，多跟宝宝说话，最好是面对宝宝，结合身边的物品，一个字一个字地发出音节，如告诉宝宝"这是又大又红的苹果"、"这是可爱的小猫咪"等。爸爸妈妈说话的时候要让宝宝看清自己的口形，这样他才能很好地模仿。如果经常这样做，宝宝有一天突然能说出一长串话就是很自然的事情了。

当宝宝说话时，即使是发出哼哼声和咆哮声，爸爸妈妈也要及时应答，这样会让宝宝愉快、兴奋，愿意再次发出声音。

▶ 鼓励宝宝发辅音

这时的宝宝会用口唇发出辅音，有时会自言自语地说"啊不"或"啊咕"。这时，爸爸妈妈也可同时呼应着宝宝说"啊不"，让宝宝多说点话。

爸爸可以大声、标准地发出"爸"的音，并用食指指着相片，跟宝宝说："这就是爸爸。"最好尽量将照片和人物联系起来。在宝宝伸手去拍打玩具时，妈妈可以说"打打"或"拍拍"。

一般来说，宝宝知道大人喜欢听他发音时，就会使劲地大声喊叫，并有意识地把声音拉长或重复。此时，爸爸妈妈要鼓励宝宝自己大声做发音的游戏。

第116天

宝宝预防接种计划

各种疫苗的接种时间表

接种时间	接种疫苗	接种方式	接种次数	可预防的传染病
出生后 2~3天内	乙型肝炎疫苗	肌内注射	第一针	乙型肝炎
	卡介苗	皮内注射	初种	结核病
1月龄	乙型肝炎疫苗	肌内注射	第二针	乙型肝炎
2月龄	脊髓灰质炎糖丸	口服	第一次	脊髓灰质炎（小儿麻痹）
3月龄	脊髓灰质炎糖丸	口服	第二次	脊髓灰质炎（小儿麻痹）
	百白破疫苗	肌内注射	第一次	百日咳、白喉、破伤风
4月龄	脊髓灰质炎糖丸	口服	第三次	脊髓灰质炎（小儿麻痹）
	百白破疫苗	肌内注射	第二次	百日咳、白喉、破伤风
5月龄	百白破疫苗	肌内注射	第三针	百日咳、白喉、破伤风
6月龄	乙型肝炎疫苗	肌内注射	第三针	乙型肝炎
	A群流脑疫苗	肌内注射	第一针	流行性脑脊髓膜炎
8月龄	麻风疫苗	皮下接种	第一针	麻疹、风疹
9月龄	A群流脑疫苗	肌内注射	第二针	流行性脑脊髓膜炎

第 117 天

预防接种中常遇见的问题

▶ 到了预防接种时间，正好宝宝患病了怎么办？

如果宝宝只是轻微感冒，体温很正常，爸爸妈妈就不需要给宝宝服用药物，特别是不需要服用抗生素，可以按时接种，接种后 1～2 周不吃抗生素类药物；

如果发热或感冒病情比较严重，必须使用药物时，可以暂缓给宝宝接种疫苗，并向后推迟，直到病情稳定后再接种；

如果宝宝必须使用药物，父母应该向预防接种的医生说明，并让医生决定是否需要补种；

如果宝宝服用的是抗生素，那就要在停止使用后，等待一周后再接种。

▶ 吃药对预防接种效果有影响吗？

一般来说，所有药物对预防接种效果是有影响的，都不应该使用，都可能会有不同程度的影响。宝宝在接种疫苗前后 2 周内，父母最好不要让宝宝使用任何药物。

▶ 如果向后推迟了某种疫苗接种，以后的接种是否推迟？

可以推迟的。宝宝以后的接种疫苗的时间可以向后推迟接种，但只需向后推迟被耽误的疫苗，其他疫苗仍然可以继续按照接种时间进行接种。如果遇其他种类的疫苗碰到一起时，是否可以同时接种，父母应该咨询预防接种医生，医生会根据相碰的疫苗的种类，判断是否可以同时接种，还是间隔一段时间。预防接种医生也会根据具体情况决定，间隔多长时间，先接种哪一种疫苗。

▶ 刚接种完疫苗就有病了，是否影响免疫效果，需要补种吗？

虽然会降低疫苗的免疫效果，但并不会为此丧失免疫效果，不需要补种。

▶ 刚接种完疫苗就吃药了，是否需要补种？

会有所影响，但也不需要补种。

▶ 接种疫苗后发热，如何鉴别是疫苗所致，还是疾病所致？

应该先排除疾病造成的发热，可能是接种前就感染的疾病，也可能是接种后感染的。如果是疾病所引起的发热，检查可见一些阳性体征，比如咽部充血，扁桃体增大充血化脓，咳嗽，流涕等症状。

疫苗所引起的发热没有任何症状和体征，如果既有疫苗反应，也有感冒发热，症状就可能会很严重，体温也会很高。疫苗接种后引起的发热一般不需要治疗，会自行消退。

▶ 接种某种疫苗会不会就患某种病啊？

爸爸妈妈不用担心，接种的免疫疫苗都是国家计划免疫项目，是非常安全的。

▶ 为了避免疫苗反应，就不接种疫苗，对吗？

这是不对的，接种疫苗可能带来的不良反应都是比较轻的，对宝宝没有任何伤害，严重的疫苗反应是非常罕见的。父母一定不能为了避免疫苗反应，就拒绝给宝宝接种疫苗。

▶ 计划外免疫疫苗，是否应该接种？

爸爸妈妈最好不要轻易接种国家计划免疫项目外的疫苗，在给宝宝接种此类疫苗前，必须向防疫站等权威的医疗机构咨询，了解疫苗的作用、不良反应、在临床中的应用情况、免疫效果、接种意义、疫苗的应用范围等。

给宝宝做被动操

▶ 做婴儿操可以帮助宝宝发育

婴儿被动操不仅是促进婴儿全身发育的好方法，还是一个很好的亲子游戏项目。每天坚持给宝宝做被动操进行体能锻炼，不但可以促进宝宝体格发育，还能促进神经系统的发育。

▶ 婴儿操具体怎么做

婴儿被动操适用于 2 ~ 6 个月的宝宝，根据月龄和体质，循序渐进，每天可做 1 ~ 2 次，在睡醒或洗完澡时，宝宝心情愉快的状态下进行。做操时给宝宝少穿些衣服，所着衣服要宽松、质地柔软，使宝宝全身肌肉放松。操作时动作要轻柔而有节律，可配上音乐。

屈腿运动：妈妈两手分别握住宝宝的两个脚腕，使宝宝两腿伸直，然后再两腿同时屈曲，使膝关节尽量靠近腹部。

下肢伸屈运动：宝宝仰卧，两腿伸直，妈妈双手握住婴儿两小腿，交替伸展膝关节，做踏车样动作；左腿屈缩到腹部，伸直；右腿屈缩到腹部，伸直。

翻身运动：宝宝仰卧，妈妈手扶婴儿胸腹部，一手垫于背部；帮助宝宝从仰卧转体为侧卧；然后从侧卧转体到俯卧；再从俯卧转体到仰卧。

上肢运动：把孩子平放在床上，妈妈的两只手握着宝宝的两只小手，伸展他的上肢，上、下、左、右运动。

胸部运动：妈妈把右手放在宝宝的腰下边，把他的腰部托起来，手向上轻轻抬一下，宝宝的胸部就会跟着动一下。

臀部运动：让宝宝趴下，妈妈用手抬孩子的小脚丫，小屁股就会随着一动一动的。

第 119 ~ 120 天

本月宝宝的体能测评

▶ 体格标准

体格指标	男宝宝	女宝宝
体重	6.8 ~ 9.0 千克	5.3 ~ 8.3 千克
身长	59.7 ~ 69.3 厘米	58.5 ~ 67.7 厘米
头围	39.6 ~ 44.4 厘米	38.5 ~ 43.3 厘米

▶ 具备的能力

❶ 运动能力——手越来越灵活：4 个月的宝宝能熟练地把头抬起和肩胛成 90°角，做动作较以前熟练了，而且能够呈对称性。将宝宝抱在怀里时，他的头能稳稳地竖起来。拿东西时，拇指较以前灵活多了，手的活动范围也扩大了，宝宝的两手能在胸前握在一起，经常把手放在眼前，这只手拿那只手玩，那只手拿这只手玩，或有滋有味地看自己的手。

❷ 视觉能力——头眼协调能力更好：此时宝宝已经能够跟踪在他面前半周视野内运动的任何物体，同时眼睛协调也可以使他在跟踪靠近和远离他的物体时视野加深；视线灵活，能从一个物体转移到另外一个物体：头眼协调能力好，两眼随移动的物体从一侧到另一侧，移动 180 度，能追视物体，如小球从手中滑落掉在地上，他会用眼睛去寻找。

❸ 听觉能力——会欣赏声音：4 个月的宝宝已经能集中注意倾听音乐，并且对柔和动听的音乐声表示出愉快的情绪，而对强烈的声音表示出不快，叫他的名字已有应答的表示，能欣赏玩具中发出的声音。

第5个月

在惊喜的世界里探寻

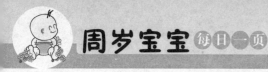

第121天
有益宝宝脑部发育的营养素

妈妈常食以下食品有助宝宝脑发育和自身健康：

▶ **B 族维生素**

B 族维生素参与构成脑神经传导物质，可从全谷类、蛋、深绿色蔬菜中摄取。

▶ **钙**

钙是参与神经细胞传导及肌肉收缩和放松的重要营养素，从牛奶、坚果类、豆腐、豆干、芥蓝菜等中都可获得。

▶ **镁**

镁能调节脑神经和肌肉细胞收缩和放松，从黄豆、全谷类、坚果类、深绿色蔬菜、肉类中皆可获得。

▶ **锌**

锌可增强记忆力，在组织的修补上也扮演着很重要的角色，且食欲不佳与锌的摄取量也有关系，可从火鸡肉、带壳海鲜类、豆类、全谷类中摄取。

▶ **胆碱**

胆碱可提升记忆力和改善思考能力，从蛋黄、内脏类、坚果类、全谷类中可获得。

▶ **铁**

铁可提升专注力、增加 IQ 值，可从红肉、可可豆、西洋芹、牡蛎、动物肝脏中摄取。

第122天
辅食添加讲顺序

▶ **辅食添加四部曲**

添加水果：从果汁到果泥，从制作稀烂的果泥到用勺刮的水果泥，从切块的水果块到整个水果让宝宝自己拿着吃。

添加蔬菜：从菜汁开始，到菜泥做成的菜汤，从稀烂的菜泥再到碎菜。做法是菜汤煮，菜泥炖，碎菜炒。

添加谷类：从米汤开始，到米粉，然后是米糊，接下来是稀粥、稠粥、软饭，最后到正常米饭。面食添加有面条、面片、疙瘩汤、饼干、面包、馒头、饼。

添加肉蛋类：从鸡蛋黄开始，到整个鸡蛋、肝泥、虾泥、肉泥、肉碎，最后过渡到虾肉、鱼肉、鸡肉、牛肉等。

▶ **辅食添加因宝宝而异**

纯母乳喂养的宝宝，除了母乳什么也不吃，说明妈妈奶水充足，宝宝没有其他食物营养的需求。遇到这样的情况，只要适当给宝宝添加含铁丰富的食品，如蛋黄，其他就不必过多添加了。纯母乳喂养的宝宝六个月才开始添加辅食也是很正常的事情。

一直不吃辅食，断不了母乳，这种情况根本不存在。吃辅食只是时间问题，妈妈不要因添加辅食困难而烦恼，总有一天宝宝会很高兴地吃辅食的。添加辅食晚了些时日，宝宝也不见得就会出现营养不良。如果奶水不能满足宝宝生长发育的需要，宝宝自会吃母乳以外的食物。

辅食不是练习宝宝咀嚼能力的唯一途径，吃手、吮手指、啃玩具都可达到目的，因此，5 个月的宝宝不好好吃辅食也不会影响咀嚼能力的发展。

人工喂养和混合喂养的宝宝添加辅食比较容易。

第 **123** 天

注意喂食中的卫生

▶ **喂食前的清洁**

父母每次给宝宝准备食物或喂食前，首先应该洗手。为了不让手上的细菌带到食物和餐具上，最简单的方法就是洗手，洗手时还要充分搓手，注意把指甲和手掌都洗得干干净净。保持指甲洁净，指甲内侧应弄干净，因为这里容易滋生细菌。同时宝宝在进食前，也应该洗手，以免交叉感染。另外，父母在准备和喂食时要用干净的器皿，给宝宝用食的汤匙、奶嘴等都要定期消毒，避免细菌感染。

▶ **注意食物的清洁卫生**

保证食物（无论生熟）远离携带病菌的苍蝇和昆虫，如果可能，要给宝宝喂食新鲜的食物；避免食物放置的时间过长，尤其是在室温下。应将食物放入冰箱以减缓细菌的繁殖速度。如果给宝宝准备肉类、鱼、海鲜、家禽，都要煮到十分熟以杀灭有害细菌；新鲜蔬菜在烹煮之前，最好放在清水或淘米水中浸泡半个小时；水果要清洗干净，同时削皮，挖掉水果表面虫蛀的部分。另外，还要避免生食和熟食混合，也不要将装生食的器皿与装熟食的器皿混合使用。

▶ **不要给宝宝吃剩饭**

尽可能避免给宝宝吃剩饭。干净的剩饭应该立即放入冰箱，并尽快吃完。如果你不能肯定剩饭是否安全，那还是将它马上扔掉吧，这样更能保证安全，以免因小失大。

124

第124天

选择合适的婴儿米粉

▶ **看米粉包装上的说明**

适合几月龄的宝宝会在包装说明中有标示，最好按照不同月龄来选择不同的米粉。

▶ **根据宝宝需要挑米粉**

根据宝宝的需要来挑选不同配方的米粉，如胡萝卜配方和蛋黄配方的米粉相互交替，让宝宝吃得更均衡、更全面。

▶ **米粉的颗粒是否够细**

宝宝的肠胃功能尚未发育完全，颗粒粗的米粉会妨碍宝宝吸收米粉中的营养。优质米粉必须符合颗粒精细、容易消化吸收的标准。

▶ **选择独立包装米粉**

独立包装的米粉比较好，这样不仅容易掌握添加量，而且更加卫生，不容易受潮。

▶ **不宜长期食用进口米粉**

不要片面追求进口产品，我国宝宝和外国宝宝对蛋白质的敏感度存在差异，进口的米粉中蛋白质含量仅有5%，而我国宝宝一般比较适合蛋白质含量为10%的米粉，如果长期食用进口的米粉就会妨碍发育。

第 125 天

让宝宝练习吞咽咀嚼

▶ **锻炼宝宝咀嚼和吞咽能力好处多**

在宝宝进食时，爸爸妈妈要注意训练宝宝咀嚼和吞咽固体食物的能力：

有利于肠胃功能的发育；

有利于唾液腺的分泌，让唾液与食物充分混合，提高消化酶活性，促进消化，有利营养素的吸收；

可以促进上、下颌骨的生长发育，为换牙做准备，避免牙齿排列不齐；

有利于头面部骨骼、肌肉的发育，加快头部血液循环，增加大脑血流量，使脑细胞获得更多的氧气和养分；

充分的咀嚼可以训练口腔、舌头、嘴唇等相应器官肌肉的协调性及灵活性，提高宝宝发音的清晰程度。

▶ **让宝宝配合吞咽**

吞咽咀嚼训练的开始，妈妈可用小勺给宝宝喂食半流质食物，如米糊、蛋黄泥等。刚开始，妈妈也许会发现，宝宝或多或少会将食物顶出或吐出，这是正常现象。因为宝宝之前已经习惯了吸吮，尚未形成与吞咽动作有关的条件反射，以后只要多喂几次即可。

爸爸妈妈在给宝宝喂食时，可将食物放到舌头后方，宝宝会通过舌头的前后蠕动配合做出吸吮和吞咽的动作，逐步适应吞咽。此外，添加辅食可以刺激宝宝的口腔触觉，训练宝宝的咀嚼能力并培养宝宝对不同食物、不同味道的兴趣。

第 126 天
为宝宝准备一套专用餐具

▶ **宝宝餐具怎么挑**

注重品牌，确保材料和色料纯净，安全无毒。市场上宝宝餐具品牌很多，宝宝餐具应将安全性放在首位，知名品牌多是经受住了国家和消费者考验的，较为可靠。

宝宝餐具的款式五花八门、形状各异，但还是应以方便实用、外形浑圆作为参考标准，以方便宝宝吃辅食及防刮伤。

在材料上，应选择不易脆化、老化，经得起磕碰和摔打，在摩擦过程中不易起毛边的餐具。

在外观上，应挑选内侧没有彩绘图案的器皿，不要选择涂漆的餐具。

▶ **应避免的 5 类餐具**

❶材质为玻璃、陶瓷的餐具。一方面易碎，另一方面还可能划伤宝宝。

❷大人的餐具。宝宝的餐具应该专用，大人的餐具无论是大小还是重量都不适合宝宝，还可能将疾病传染给宝宝。

❸西式餐具。刀、叉既坚硬又尖锐，很容易造成意外伤害。

❹筷子。使用筷子是一项难度很大的技术，不应要求婴儿学习，一般要到宝宝 3 ~ 4 岁时才可练习。

❺塑料餐具。塑料餐具在加工过程中会添加一些溶剂、可塑剂与着色剂等，有一定毒性，而且容易附着油垢，比较难清洗，不是理想的餐具，尤其是那些有气味的、色彩鲜艳、颜色杂乱的塑料餐具，铅含量往往过高。

第 **127** 天

宝宝吞食异物后的处理

▶ **宝宝吞食异物后的表现**

若是异物卡在食管，宝宝会出现嘴巴不断流口水、无法再吞其他东西、咳嗽、呼吸急促等情形；若是阻塞了呼吸道，他会哭泣，且脸部会发黑；若吞下的异物为尖锐物，宝宝的嘴巴还可能出血、受伤。

宝宝的呼吸道非常狭窄，而他的代谢快，氧气需求量大，若气管被阻，脸部就会发黑，如果不能及时将异物取出，很快就会缺氧，在短时间内宝宝可能就会停止呼吸甚至死亡。

若暂时还没有明显的异状，吞食异物的宝宝上呼吸道被锁住，呼吸时通常会出现咻咻的喘鸣声。如果发现宝宝长期咳嗽或不明原因有类似气喘的情形，可带着宝宝到医院检查，确定是否吞进了异物而造成这种情形。

▶ **吞食异物后的处理措施**

家中应急处理：如果宝宝无法通过咳嗽将异物排出，妈妈可用一只手捏住宝宝的腮部，另一只手伸进他的嘴里，将东西掏出来。

若发现异物已经吞下，可刺激宝宝咽部，促使他吐出来。

若发现宝宝翻白眼，应把宝宝的双脚提起来，脚在上，头朝下，拍他的背部，促其将东西吐出来。

必须送医的情况：若宝宝已出现呼吸困难，应及时去医院耳鼻喉科，请医生检查，再通过内视镜尽快将异物夹出，以免发生意外。

第 **128** 天

宝宝围嘴的选择

随着宝宝慢慢开始长牙，唾液分泌也在增多。由于宝宝的口腔较浅，加之闭唇和吞咽动作还不协调，以至于还不能把分泌的唾液及时咽下，所以会流很多口水。这时，为了保护宝宝的颈部和胸部不被唾液弄湿，妈妈就可以给宝宝戴个围嘴。这样不仅可以让宝宝感觉舒适，而且还可以减少换衣服的次数。

▶ **选款式**

市场上，有不少种类的围嘴，有背心式的，也有罩衫式的。有些围嘴在颈部后面系带，能调节大小，更适合跨月龄长期使用。妈妈可以给宝宝买一个既方便穿脱又大小合适的；而且，围嘴不要太重；四周也不需要过多装饰，大方实用就行。

▶ **挑面料**

纯棉的围嘴吸水性更强，且柔软透气，如果底层有不透水的塑料贴面就更好了，宝宝喝水、吃饭、流口水时都不会弄湿衣服。妈妈要注意的是，不要给宝宝用纯橡胶、塑料或油布做成的围嘴，不仅不舒服，还容易引起过敏。

▶ **使用要点**

围嘴不要系得过紧，尤其是领后系带式的围嘴。在宝宝独自玩耍时，最好将围嘴摘下来，以免拉扯过紧造成窒息。

不要拿围嘴当手帕使用。擦口水、眼泪、饭菜残渣，还是用纸巾或者手帕比较好。

围嘴应经常换洗，保持清洁和干燥，这样宝宝更舒适。

第 129 天
磨牙工具的选择

▶ **牙胶**

又称练齿器，由安全无毒的软塑料胶制成，在缓解长牙不适的同时，还能够帮助宝宝锻炼嚼、咬的动作，有助于牙齿的健康成长。购买时注意：要注意磨牙胶不应含有容易被宝宝咬下的小部件，同时应选择宝宝可以两手轻松掌握的造型；最好选择无色或浅色的产品，使用的材料安全、卫生；尽量多准备几个牙胶，方便更换；用后注意清洗消毒。

▶ **磨牙棒**

磨牙棒能够帮助宝宝长牙齿，而且可以缓解宝宝出牙时的疼痛感，对宝宝牙床的发育和牙龈的保护有特殊效果。在购买磨牙棒时要选择硬度适中，令宝宝牙齿更舒服，同时锻炼咀嚼能力的；手指形的棒状设计，也有助于锻炼宝宝的抓握能力。但家长需要注意的是，使用后要每天消毒一次。

▶ **营养蔬果主食**

❶ 营养蔬果条：把新鲜的、稍硬一些的苹果、梨、胡萝卜、黄瓜等蔬果切成手指粗细的小长条，可以让宝宝在磨牙的同时尝到新食物；还可用刻花工具或动物模子，把蔬果刻成各种形状，宝宝会更加感兴趣。

❷ 磨牙饼干：如果觉得自己烘培太过麻烦，可以直接去超市里购买婴儿磨牙饼干。这种饼干的质地比较坚硬，非常适合宝宝磨牙，同时也便于抓握，是非常让人放心的磨牙食物。

❸ 烤馒头：把馒头切成 1 厘米左右厚度的薄片，放在平底锅里烤一下，不要加油，烤至两面微微发黄、略有一点硬度，而里面还是软的程度。然后再将馒头片切成适合宝宝抓握的条状，不仅可以磨牙还有益健康！

第130天

选好凉席，凉爽度夏

炎炎夏日，宝宝不能吹空调或吹电扇，不少爸爸妈妈甚至认为凉席也不能睡。其实，宝宝是可以睡凉席的，但方法必须得当，否则宝宝可能出现腹泻、肠胃不适等症状。

▶ **选择草席**

草席就是用麦秸做成的凉席，这种凉席质地松软，吸水性好，宝宝睡在上面不会被刺伤，不过选择时还是要多查看，尽量选择光滑无刺型的。一定不要选择竹席，竹席太凉，随着昼夜温差变化，宝宝很容易受凉。

▶ **不要让宝宝直接接触凉席**

不能让宝宝直接睡在凉席上，应该在凉席上铺上棉布床单，以防过凉，还能避免小宝宝蹬腿擦破皮肤。另外，不要将凉席直接铺在地上，这样对宝宝健康非常不利，即使是木质地板也不好，正确的方法应该是放在床上。

▶ **要注意凉席的清洁卫生**

使用前一定要用开水擦洗凉席，然后放在阳光下暴晒，以防宝宝皮肤过敏。凉席被尿湿后必须及时清洗，保持干燥。如果宝宝出现皮肤过敏现象，要立即停用凉席，必要时找医生诊治。

▶ **特别提醒**

如在天气较为干燥的情况下，凉席不必清洗过频，一般一天一擦洗，一周一晾晒为宜。

第131天
夏季不宜给宝宝剃光头

一到夏天，经常看到路上有妈妈抱着剃了小光头的宝宝，人人看到都说好可爱，还忍不住去摸一下，"真光亮啊！"为什么到了夏天，小宝宝们就变成了小光头呢？主要是因为很多爸爸妈妈怕温度高，认为头发会增加头皮温度，使宝宝容易生痱子，就把宝宝的头发全剃光了，认为这样会更凉快。真是这样的吗？

▶ 减少了头发的保护功能

头发，可以保护宝宝的头部，当头部受到意外袭击或外界物件的伤害时，浓密而富有弹性的头发首当其冲，可以防止或减轻头部的损伤；另外，头发有帮助人体散热，调节温度的功能。给宝宝剃光头实际是减弱了人体散热功能。对于体温调节功能没有发育完全的宝宝，头发的作用是不容忽视的。

▶ 容易引发头皮感染

宝宝头皮稚嫩，在剃头时容易损伤头皮及毛囊组织，即使是技术熟练的理发师，剃发后也没有出血，但是头皮上已留下了肉眼看不见的创伤，皮肤上的各种细菌可乘机入侵，引发感染，严重者会引起败血症。如果细菌侵入宝宝头皮发根部破坏了毛囊，还会影响头皮的正常生长。

▶ 增加晒伤几率

剃光头之后，宝宝的整个头皮都暴露在外面，如果防晒工作做得不好，很容易受到阳光的侵犯，导致晒伤，甚至引起脑部损伤。

专家建议，父母在给宝宝剃头时最好是用剪而不是剃。

第132天

给宝宝选择合适的衣服

▶ **衣服要宽大、透气**

5个月的宝宝活动量大了，宝宝的生长发育也较为迅速，所以衣服要选择宽大、透气的棉布或棉针织衣服，避免妨碍宝宝的呼吸和活动。另外，宝宝的内衣要柔软透气，要经常换洗。

▶ **不要做太多的纽扣和装饰物**

衣服最好不要钉扣子，即使有扣子，也要经常检查是否牢固，扣子的位置也应以不会弄伤宝宝为原则；衣服上的装饰物要少，装饰性的小球一定要去掉。检查宝宝的内衣裤有无脱下的线头，不少宝宝的小手、小脚被内衣的线头缠伤，引发感染。另外，妈妈要注意袜子内面的光爽度，袜子内侧有些线头还很长，应及时修剪掉，避免损伤宝宝的小脚丫。

▶ **不同季节的穿衣需知**

春秋季节，宝宝可穿棉布单衣裤，上衣衣领要低，以免摩擦到宝宝的脖子。夏季，宝宝只需穿背心式短衣、短裤即可；冬季，宝宝穿棉衣，里面要有衬衣，以便勤换洗；可穿连脚裤，也可穿毛绒袜，以免脚心受凉。

▶ **宜选择淡色，忌鲜艳**

颜色很鲜艳的布料往往都含有很多化学染色残留，容易导致宝宝患皮肤病，所以在选择时应慎重。同时也应该注意，一些过于发白的衣料其实是添加了荧光剂的，这需要妈妈们在选择时加以辨认。

▶ **做工宜精细，忌粗制滥造**

小衣物的制作，应该精巧细致，毛边少，缝合仔细，线头清除，这样才能保证宝宝穿着舒适，不被粗制的衣料刮伤。

第133天

宝宝伤口的护理

▶ **处理伤口前准备工作**

处理伤口前，先将患儿置于适当位置。

将患儿置于便于护理人员操作的位置，并尽量与患儿讲清目的。这样，既能取得患儿的合作，又可以避免患儿因害怕或疼痛而发生晕厥等意外。

▶ **清洗和消毒伤口周围的皮肤**

如伤口周围的皮肤太脏并夹杂有泥土等，应先用清水洗净，然后再用75%酒精或0.1%新洁尔灭溶液（一种常用消毒液）消毒创面周围的皮肤。要由内往外，即由伤口边缘开始，逐渐向周围扩大消毒区，这样越靠近伤口处越清洁。如用碘酒消毒伤口周围皮肤，必须再用酒精擦去，以避免碘酒灼伤皮肤。应注意，这些消毒剂刺激性较强，不可直接涂抹在伤口上。

▶ **清洁伤口**

伤口要用棉球蘸生理盐水轻轻擦洗。生理盐水可以自制，用1000毫升冷开水加食盐9克即成。在清洁、消毒伤口时，如发现大而易取的异物，可酌情取出；如发现深而小又不易取出的异物切勿勉强取出，以免把细菌带入伤口或增加出血；如有刺入体腔或血管附近的异物，切不可轻率地拔出，以免损伤血管或内脏，引起危险，现场不必处理。对于后两种情况，都应尽快去医院救治。

伤口清洁后，如伤口较小，可涂上红汞，也可撒上消炎粉；如伤口创面较大，就不要涂撒上述药物，应及时去医院治疗。

第 134 ~ 135 天

警惕婴儿缺铁性贫血

▶ 缺铁性贫血的症状

轻度贫血症状，体征不明显，待有明显症状时，多已属于中度贫血。

中度贫血主要表现为上唇、口腔黏膜及指甲苍白，肝脾淋巴结轻度肿大、食欲减退、烦躁不安、注意力不集中、智力减退。

明显贫血的表现为心率增快、心脏扩大，常常合并感染等。

化验检查血中红细胞变小、血色素降低、血清铁蛋白降低。

▶ 缺铁性贫血的原因

摄入不足：胎儿最后三个月从母体获得的铁最多，可供出生后 4 个月之内用，一旦贮存的铁用尽，就必须从饮食中得到补充。

生长过快：宝宝由于生长发育过快，铁的需要量也增加。

其他原因：慢性疾病如腹泻等，亦可引起铁吸收不良；经常慢性感染，引起食欲不振，使铁供给不足和吸收障碍，也可造成缺铁性贫血。

▶ 具体预防

坚持母乳喂养。母乳中的铁含量虽然不高，但吸收率较高。

根据宝宝的喂养、发育及月龄，适时、及时添加营养辅食，如蛋黄、肝泥、动物血、鱼泥、肉末等，以补充母乳中铁元素的不足。

及时添加绿色蔬菜、水果等富含维生素 C 的食物，维生素 C 可以促进铁的吸收。

为宝宝制作辅食时，可选择铁锅、铁铲，切忌使用铝锅做饭，铝可阻止人体对铁的吸收和利用。

定期检查血色素。

第 **136** 天

有计划地对宝宝进行运动训练

▶ **靠坐训练**

大部分宝宝在 5 个月时独立坐还会出现身体前倾的状态，妈妈可以让宝宝练习靠坐。靠坐前，妈妈可以先将宝宝放到腿上，扶着宝宝的腋下让他坐一会儿。再将宝宝放到有扶手的沙发或椅子上，让宝宝继续练习。如果宝宝靠不住，可辅助宝宝练习。

靠坐训练每天可以进行数次，但每次时间掌握在 5~8 分钟为宜，宝宝的脊椎发育还不完全，支撑力弱，长时间坐会加重负担，引起脊柱变形，发生驼背或脊柱侧弯，影响外观及活动功能，严重的还会影响内脏器官的发育。

▶ **柔软下肢训练**

宝宝的下肢短而且腿部柔软，经常一抬腿可达到脸部，妈妈可以在给宝宝做按摩或亲子被动体操的时候，经常握住宝宝的双脚向上点触宝宝的脸颊，做仰卧腿的动作，来增强宝宝下肢的灵活性。

▶ **推爬训练**

妈妈可以在宝宝趴着的时候用手撑抵住宝宝的脚掌，有意识地推助宝宝向前爬行。虽然这不是宝宝真正意义上自主地爬行，但一样可以练习宝宝腹部、背部、颈部及上臂的配合能力。让宝宝练习推爬不要在过软的床上进行，可以在有一定硬度的地垫或地面上进行，这样才会给宝宝良性的感觉刺激。

▶ **感觉统合刺激**

宝宝的小脖子已经非常灵活了，俯卧的时候，已经可以用上臂支撑起身体自由地观望周围的环境了。妈妈把宝宝抱在怀里，轻轻旋转身体，给予宝宝前庭觉的刺激，同时促进宝宝平衡能力的发展，为接下来的坐、爬做准备。

第 137 天

学会缓解母子分离焦虑

▶ **宝宝的焦虑**

如果产假期间完全由妈妈一手照料宝宝的饮食起居，照顾时间越长、宝宝月龄越大，分离焦虑表现得越明显，表现为焦躁、哭泣、拒食、打乱已经建立的饮食和睡眠规律等。

▶ **妈妈的焦虑**

从分娩到哺乳喂养，母子之间形成了相互依赖的共生关系，一旦分离会产生心理不适。从"如胶似漆"的几个月一下子到一天七八个小时见不到，让妈妈产生了心理空白；担心保姆照顾不好宝宝；想起嗷嗷待哺的小生命不能随时得到母亲的关照，妈妈就会"百爪挠心"，内心充满了内疚和歉意。

▶ **如何缓解母子分离焦虑**

理解分离焦虑是正常现象，宝宝的眼泪是一种宣泄和过渡，妈妈的过分自责和内疚只会延长彼此的焦虑时间。分离焦虑需要一个循序渐进的过程，别指望有立竿见影的妙招，这需要家人的配合。帮助宝宝建立与其他看护者的依恋关系，比如父女、爷孙等，"温暖、舒适、安全"可缓解宝宝的分离焦虑；通过柔软、温暖的触觉感受的玩具或带有妈妈体味的几件衣服来缓解宝宝的分离焦虑；建立告别仪式：拥抱亲吻宝宝、告别后去上班，仪式化的程序使再见更轻松；妈妈下班后通过大量的爱抚、交流、游戏、共处，来弥补宝宝分离产生的焦虑感；妈妈重新设计人生和职场规划，重新定位家庭和工作关系，便于摆脱分离焦虑。

第 138 天

宝宝出汗多不是病

▶ **宝宝为什么会汗多**

宝宝生长发育特别快，代谢比较旺盛，再加上活泼好动，体内产生的热量多，出汗自然也会比较多，以散发体内的热量。有些宝宝稍微一活动就出汗，如果只是单纯地出汗，平时还爱活动，兴奋活泼，饮食正常或偏多，生长发育良好，没有其他不适，宝宝就是健康的。

对于宝宝入睡后，上半夜出汗较多，到下半夜出汗就少了，这种情况也无需担心，因为宝宝的神经系统发育还不够健全，交感神经在睡眠时仍然处于兴奋的状态，所以在刚睡着时容易出汗，随着神经兴奋渐渐消失，几个小时后会慢慢停止发汗。

▶ **宝宝多汗怎样护理**

勤换宝宝的衣服和被褥，并随时用干燥柔软的毛巾给宝宝擦汗。

宝宝身上如有汗，应避免直吹空调或电风扇，以免受凉。

多给宝宝喝水，补充失去的体液。汗液中除了盐分外，还会有锌，经常出汗也会造成宝宝体内缺锌。所以，饮食上应多加注意，保证宝宝代谢后能及时补充能量和营养。

▶ **识别病理性多汗**

佝偻病、结核病、病后虚弱时也会出现多汗现象，要注意区分。一般来说，发色枯黄伴随经常性多汗的宝宝，应做佝偻病检查；脸色发白、长期干咳伴随多汗的宝宝，需要做肺结核检查。

第139天

宝宝灵敏的小耳朵

▶ 宝宝对声音的正常反应

在宝宝的成长过程中，有些刺激是不可缺少的，这是宝宝适应外界环境的必要训练。宝宝从妈妈温暖的子宫中出来后，所要学习的第一课，就是增强感官的敏锐度，听觉是其中重要的一部分。受到惊吓只是宝宝对较大声音的正常反应，爸爸妈妈不要过于紧张，给宝宝时间慢慢去习惯。

▶ 给宝宝一个自然的有声世界

生活中，充满着各种各样的声音，人说话的声音、汽车驶过的声音、开门关门的声音、电视的声音、风声、水声……要让宝宝有机会常常听到这些声音，学习适应外界的环境。因此，除了如工程施工、装修等这样过于嘈杂的声音以外，不需要刻意隔离宝宝。

▶ 创造丰富的声音环境

听觉是宝宝的重要能力。为了促进宝宝的听觉发展，除了生活中自然发出的声音外，爸爸妈妈还可以为宝宝打造一个充满动人声音的环境。

让柔和曼妙的音乐自然地流淌在空气中，这能刺激宝宝的听觉，还有利于宝宝保持良好的情绪。

和宝宝玩会发出声音的玩具，像音乐盒、铃鼓、捏一下就会叫的小球或橡胶娃娃等，吸引宝宝转头注视，甚至想伸手去抓，这对宝宝的听觉、视觉和动作的发展都大有裨益。

爸爸妈妈要多对宝宝说话，给他唱歌，对他笑，陪他玩，这些所产生的效果不仅能促进听觉，对宝宝将来的语言学习有帮助，还有助于建立牢固的亲子感情。

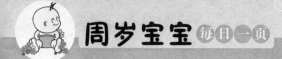

第140天

宝宝肠套叠是怎么回事

▶ 了解肠套叠

肠套叠，是指肠管的一部分套入另一部分内，形成肠梗阻。肠套叠分原发性及继发性两类。宝宝肠套叠几乎全为原发性（肠道本身无疾病的），尤其是正处于需要加辅食的年龄，容易因饮食改变等原因造成肠蠕动不规则，从而导致肠套叠。肠套叠的危险在于，套叠肠管如果压迫时间超过24小时，会使套入的肠管血液循环受阻，可能进一步发生肠坏死，甚至威胁生命安全。

▶ 肠套叠的病因分析

婴幼儿肠套叠的发生与他们的消化系统特点有关。这个时期的宝宝生长发育迅速，需要添加辅食来保证营养摄入，而此时胃肠道的发育尚不成熟，消化功能较差，各种消化酶分泌较少，使消化系统处于"超负荷"工作状态。如果吃了不易消化的食物或刺激性的食物，就会增加胃肠负担，诱发肠蠕动紊乱，导致肠套叠的发生。

婴幼儿肠套叠的发生跟他们的肠道特点也有很大关系。婴幼儿期，宝宝肠道的回盲部系膜尚未固定完善，使这一部分容易出现游离度过大，从而发生肠套叠。

此外，宝宝的肠管比成人相对地长一些（成人的肠道长度是身体的4.5倍，新生儿为8倍，婴儿是6倍）。这样的生理特点也使婴幼儿时期的宝宝比较容易发生肠套叠。

▶ 发生肠套叠的症状

阵发性哭吵：阵发性较有规律的哭闹是肠套叠的重要特点，大多数病儿突然出现大声哭闹、有时伴有面色苍白、额出冷汗，持续约10～20分钟后恢复安静，但隔不久后又哭闹不安。

呕吐：哭闹开始不久即出现呕吐，吐出物为乳汁或食物残渣等，以后呕吐物中可带有胆汁。如果呕吐出粪臭的液体，表明肠管阻塞严重。

果酱样血便：病后 6～12 小时，病儿常会排出暗红色果酱样血便，有时为深红色血水，轻者只有少许血丝。

腹部肿块：在肠套叠的早期，当宝宝停止哭闹时，仔细检查他的腹部，可以在他的右上腹或右中腹摸到一个有弹性、略可活动的腊肠样肿块，向肚脐部轻度弯曲。

▶ 肠套叠的急救要点

❶ 肠套叠一经发现，必须立即送医。

❷ 在送医过程中需立即禁食禁水，以减轻胃肠内的压力。

❸ 在途中，爸爸妈妈应注意观察病情变化，如呕吐物、大便的次数、大便的量等，以便在向医生讲述病情时做到尽可能详细。

▶ 肠套叠的治疗

有手术疗法和非手术疗法两种。

❶ 非手术疗法：

空气灌肠复位法。宝宝患病不超过 12 小时，全身情况良好，可做空气灌肠复位。超过 24 小时，全身情况明显较差，如腹胀严重者，禁做空气灌肠。

钡剂灌肠复位法。将钡剂灌入直肠内，通过荧光板，观察肠套叠阴影，确诊后，按规定增加压力，使肠套叠复位。

灌肠后，一般会让宝宝口服炭末，然后观察其能不能随大便一起排出。如能随大便排出，证明复位成功。

采取非手术疗法的时候需要注意给宝宝保暖，防止着凉、腹泻，饮食要以半流物质为主，以免造成套叠的再次发生。

❷ 手术疗法：对肠套叠比较严重的宝宝，应采取剖腹复位套叠肠管的手术疗法。手术后，家长要定时帮宝宝变换体位，宝宝的饮食要以稀、少、清淡并富于营养为原则，量与质要逐渐增加与改变，才有助于肠功能的恢复。

第 **141** 天

选择适合宝宝的玩具

名称	建议活动	培养技能
浴室玩具（包括沉浮玩具）	洗澡时放在澡盆或浴缸里，便于宝宝抓握，增加洗澡乐趣，同时便于宝宝建立影像，与相应词语进行联系	手眼协调能力 认知能力 语言能力
软性积木	把玩积木、抓握积木 家长为宝宝搭积木，做出新造型，宝宝观察，启发思维	精细动作发展 认知能力 语言能力
软性球类	抓握 滚动追踪	手眼协调能力 视觉追踪
能发声会动的玩具、毛绒玩具	认识玩具的名称，如小狗、小猫、小靠枕等能抱着的、温暖、柔软的毛绒玩具 能发声、发光的电动玩具	认知能力、语言能力 触觉发展 因果关系，认知，语言
不倒翁	摇晃、尝试摆弄 观察、推倒	手眼协调 认知能力（因果关系）
适合宝宝特点的图书、挂图	读书 看图认物	语言能力 认知发展

第 **142** 天

宝宝撒娇的解读

▶ **撒娇带来愉悦**

对妈妈怀抱依恋，是因为体验到与人接触的快乐，以对妈妈的体验为基础，孩子会逐渐发展积极与别人接触的社会性。所以，能充分感受到妈妈疼爱的宝宝，以后能对社会交往更具有信心。

▶ **撒娇是情绪表达**

在与妈妈的交往体验中，婴儿逐渐学会表达自己的要求，也学会回应妈妈的要求，渐渐培养出宝宝与周围人的回应能力。撒娇，是宝宝表达自己的一种方式，如果妈妈能很好地给予回应，让宝宝在情绪上得到安定，这种表达可以得到更好的发展，并开始发展语言能力。

▶ **撒娇是安全感源**

宝宝在挑战新事物时，需要很大的勇气，如果遭遇失败或困难时，能具备马上得到帮助和鼓励的安全感，会有继续挑战的勇气。妈妈在身边时，宝宝常常会愿意试着走路，试着探索周围环境，是因为孩子知道妈妈随时都会来帮助自己。因此，依恋的形成对运动技能和学习新知识相当重要。

▶ **撒娇可获得感情弥补**

下班回到家，辛劳忙碌的妈妈总有许多事要处理，宝宝却黏得很紧，似乎一刻不愿离开。这时不妨把家务事情放一边，先抱抱宝宝玩一会儿，补偿与孩子分处的时间，满足孩子撒娇的精神需求和情绪教育补偿。要注意给宝宝撒娇以温柔的回应，让孩子拥有甜蜜稳定的依恋情感，这对于健全宝宝的心理成长有深远的影响。

第 143 天
开始认识日常事物

▶ **认知从日常物品开始**

宝宝已经不再满足于婴儿床上的范围，他需要拓展更大的空间、认识更多的事物。从 5 个月开始，妈妈可以有计划地教宝宝认识周围的日常事物了。

一般来说，宝宝最先认识的是眼前变化的东西，比如能发光发亮的、音调有变化或者会动的东西，灯、会动会叫的电动小狗玩具、能发出声音的 CD 机等。

宝宝的认物一般分为两个阶段：一是听到物品名称后学会注视，二是理解语义后，学会用手指。

妈妈此阶段可为宝宝准备一些方便拿取、安全结实的物品，比如球类玩具、动物玩具、能发出声音的小乐器（如小鼓、铃铛、小钢琴等）。

玩具、家居摆设、日常用品、身体器官、小动物等，都可以纳入宝宝认知的范围。

▶ **具体操作方法**

先学会集中宝宝的注意力，经过练习，让宝宝学会在妈妈说出物品名称时知道注视。

有两种方法练习，一种是每天认识几种物品（不超过 3~5 件），连续重复几天，直到宝宝认识为止；另一种是每天认识一种物品，学会后再认识下一个。

宝宝认识物品的速度会随着训练逐渐加快，越感兴趣认识的东西越多。

每天至少练习 4~6 次，观察宝宝的兴趣点，如果宝宝有些不耐烦，即刻停止练习。

方法可以灵活掌握，只要适合宝宝的、易于宝宝愉快接受的，都可以尝试。

第 144 天

婴儿形体语言的解读（一）

▶ 懒洋洋

解读：吃饱了！

妈妈最怕宝宝饿着，但过量喂食显然也不是好事。怎样才能判断宝宝已经吃饱了呢？其实也很简单。当宝宝把奶头或奶瓶推开，头转一边，一副浑身松弛的样子，多半已经吃饱，不要再勉强宝宝吃。

▶ 喊叫

解读：烦恼！

1 岁以前的宝宝，在嘈杂的环境中很容易受到干扰，但苦于不能说，只好用尖叫、哭闹表达自己的烦恼。家人可以带孩子去安静的地方散步，或是给点好玩的东西让孩子安静下来。同时，也要做好榜样，再怎么烦恼和生气也不要在家里高声喧哗吵闹，宝宝的学习能力可是惊人的哟。

▶ 表情严肃

解读：缺铁。

宝宝的笑脸，是营养均衡状态的"晴雨表"。从发育进程看，一般在出生后 2~3 个月便能在父母的逗引下露出微笑。有些宝宝笑得很少，小脸严肃，表情呆板，多半因体内缺铁。遇到这种情况，最好连续一个星期给孩子补铁。

▶ 表情爱理不理

解读：我想睡觉。

玩着玩着，宝宝的眼神变得发散，不像刚开始那么灵活而有神，对外界的反应也不太专注，还时不时打哈欠，头转向一边，不太理睬妈妈，这表示宝宝困了。这时就不要再逗孩子玩，要给宝宝安静而舒适的睡眠环境。

第 145 天
婴儿形体语言的解读（二）

▶ 瘪嘴

解读：有需求。

孩子瘪起小嘴，好像受了委屈，这是要开始哭的先兆。有经验的父母会知道孩子是用这种方式来表达要求，至于孩子是饿了要吃奶，还是尿布湿了要人换，或寂寞了要人逗，要根据具体情况来进行判断。

▶ 小脸通红

解读：大便前兆。

判断孩子大便的时机，可以减少父母的日常的辛苦量。如果看到孩子先是眉筋突暴，然后脸部发红，而且目光发呆，是明显的内急反应，要赶紧准备让宝宝排大便。

▶ 乱咬东西

解读：长牙难受。

宝宝到了长牙期，会把乱七八糟的东西塞进嘴巴，乱咬乱啃，不给就闹。长牙那种又痒又痛的感觉很难忍受，抓到什么咬什么，是宝宝逃避难受的方式。千万别把玻璃制品之类或锋利的器具放在宝宝的手边，避免伤害。可以给宝宝吃一些饼干，帮助孩子长牙，也很安全。

▶ 吮吸

解读：饿了。

喂哺过一段时间以后，宝宝小脸转向妈妈，小手抓住妈妈不放。用手指一碰面颊或嘴角，便马上把头转过来，张开小嘴做出寻找食物的样子，嘴里还做着吸吮的动作。这说明孩子饿了，赶紧给宝宝喂吃的。

第 146 天

宝宝爱照镜子

▶ 照镜子促进宝宝发育

照镜子是宝宝自我认识的过程。宝宝 5 个月时，还不能意识到镜子里的人就是自己，出于好奇，他会摸镜子里的人，或者拍打以吸引"对方"的注意，他还会模仿镜子里人的动作。这些动作可以提高宝宝的运动能力，还能促进他视觉、触觉、听觉的发育。一般来说，宝宝到了 1 岁多时才能意识到镜子里的就是自己。

▶ 和宝宝做照镜子的游戏

妈妈可以和宝宝玩一个照镜子游戏，让宝宝指一指镜子里"小朋友"的鼻子在哪里，眼睛在哪里，嘴巴在哪里，让宝宝对五官做更加细致地观察，可达到训练宝宝手眼协调性的作用。告诉宝宝镜子里的"小朋友"就是他自己，并向着镜子里的小朋友呼唤宝宝的名字。这样有利于宝宝自我意识的形成，并可起到刺激宝宝大脑发育的作用。

▶ 注意方法和技巧

作为一种训练方法，一般可将镜子挂在距宝宝眼睛 15 厘米处，以宝宝可以平视为宜。不能太远、太近或太高、太低。等宝宝头颈能竖起来后，可以经常把宝宝抱到镜子前，逗他与镜子中的自己碰碰头、拉拉手。不过需要注意的是，镜子是易碎品，宝宝照镜子时，一定要在旁边看护。

第 147 天
让有韵律的儿歌陪伴宝宝

▶ 宝宝喜欢有韵律的儿歌

宝宝喜欢有韵律的儿歌，是因为 5 个月的宝宝音乐能力中关于韵律和音调的辨识能力已经开始发展，他们喜欢欢快而有韵律的节奏，更喜欢妈妈念儿歌时活泼、亲切而又不失幽默的表情、口型和动作。

每天至少给宝宝念一两首儿歌，每首儿歌至少重复 3 ~ 5 遍；可选择朗朗上口、贴近宝宝日常生活的儿歌，也可以选择些有韵律的童谣；妈妈在念儿歌时要表情丰富，如能配合动作就更好了，这样才可以让宝宝眼、耳、脑、身体并用，有效地刺激和学习。

▶ 韵律儿歌推荐

名称：好斗的小公鸡。

目的：有韵律的儿歌有助于宝宝语言的发展；灵活宝宝腿部肌肉；增强亲子感情。

玩法：宝宝舒服地躺在一块柔软的毯子上，最好让宝宝光着小腿，妈妈有节奏、有韵律地说儿歌，边说儿歌边按摩宝宝的小腿：

小公鸡，几条腿（双手同时有节奏地按摩宝宝的两条腿）。

一条腿，两条腿（分别有节奏地按摩左腿和右腿）。

原来它有两条腿（同时有节奏地按摩宝宝的两条腿）。

抬左腿，抬右腿（分别抬起宝宝的左腿和右腿）。

伸长脖子斗一斗（屈起宝宝的两条腿，在床上点两下）。

小公鸡，小公鸡（双手同时有节奏地按摩宝宝的两条腿）。

真好玩，真好玩（同上）。

第148天
把握宝宝语言发展敏感期

▶ **语言发展规律**

语言的发展是一个极其复杂的过程，需要经过一段相当漫长的时间，才能渐渐地成熟起来。通常，宝宝从不会说话到会说话要经历三个阶段，即学会发音——理解语言——表达语言。这时的宝宝明显变得活跃起来，发音明显增多。

宝宝先学会听，理解别人说话，然后才开始说。宝宝的"听"和"说"遵从同样的顺序：先烙印在宝宝潜意识里的是单个的音乐，然后是词语，逐步至完整的句子。

妈妈应了解宝宝的语言发展规律，针对宝宝不同的发展阶段给予相应的训练和帮助。

▶ **从听懂自己的名字开始**

在不懂语言的含义时，语音对于宝宝只是一组特殊的声音。虽然宝宝听到妈妈说话也会凝神地看妈妈，但那时候只是出于对语音的本能敏感和对妈妈声音的愉悦感。

从第5个月开始，宝宝就进入语言的敏感期，他从无数次的听和看中，渐渐领悟到语音和周围事物有一定的对应关系，进入到真正的语言学习时期。通常，宝宝首先领悟的对应关系就是自己和自己的名字。

▶ **叫宝宝的名字看宝宝有无反应**

宝宝早就能听到声音回头去看，但能否理解自己的名字，可以用以下方法进行观察。带着宝宝去街心花园或有其他宝宝的地方，妈妈可先说其他宝宝的名字，看看宝宝有无反应，然后再说宝宝的名字，看他是否会回头。

第 149 ~ 150 天
本月宝宝体格发育标准

　　5 个月宝宝的各项能力都有所增长。下面让我们一起来了解 5 个月宝宝的生长发育标准情况。

体重	男宝宝体重平均为 7.8 千克左右，正常范围是 6.9 ~ 9.5 千克。女宝宝体重平均为 7.2 千克左右，正常范围是 5.7 ~ 8.8 千克。人工喂养的宝宝体重增长更快，本月可增加 15 千克左右，甚至更多。
身长	男宝宝身高平均为 66.3 厘米左右，正常范围是 60.1 ~ 71.2 厘米。女宝宝身高平均为 64.8 厘米左右，正常范围是 60.4 ~ 69.2 厘米。
头围	男宝宝头围平均为 42.8 厘米左右，正常范围 40.4 ~ 45.2 厘米。女宝宝头围平均为 41.8 厘米左右，正常范围 39.4 ~ 44.2 厘米。
胸围	男宝宝胸围平均为 43.0 厘米左右，正常范围 39.2 ~ 46.8 厘米。女宝宝胸围平均为 41.9 厘米左右，正常范围 38.1 ~ 45.7 厘米。
长齿	一部分宝宝已经开始长门牙了，一般先冒出 2 颗乳牙。但多数宝宝还没有长牙，不过没关系，小宝宝开始长牙的时间差异都很大，正常出牙时间范围是第 4 ~ 12 个月龄段。
囟门	前囟门可随着头围的增加而略变大，但一般不大于 3 厘米、不小于 1 厘米，也不向外突出。此时宝宝的后囟门已经闭合。

第6个月

长出漂亮可爱的"小白牙"

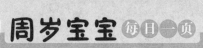

第 151 天

宝宝长牙期的营养补充

宝宝长牙时，必需的营养素有：

营养素名称	作用	含量丰富的食物
钙	牙齿的主要组成成分	虾仁、鱼松、蛋黄粉、牛奶、奶制品
磷	牙齿生长必不可少，坚固牙齿	肉、鱼、奶、豆类、谷类、蔬菜
蛋白质	缺蛋白质会造成牙齿排列不齐、牙齿萌出时间延迟及龋齿	鱼、肉、蛋、豆制品、牛奶
维生素 A	缺少会导致出牙延迟，影响牙釉质细胞发育	动物肝、鱼肝油、鱼卵、牛奶、禽蛋、核桃仁、菠菜、胡萝卜、油菜
维生素 C	缺乏可造成牙齿发育不良，牙骨萎缩，牙龈容易水肿"出血"	圆白菜、大白菜、菠菜、番茄、山楂、土豆
维生素 D	缺乏会引起出牙延迟，牙齿小且牙间隙大	牛肝、猪肝、鸡肝、鲱鱼、鲑鱼、沙丁鱼、鱼肝油、牛奶

第 **152** 天
妈妈自制辅食注意事项

▶ **食物应易于消化吸收**

除了要注意食物的软硬度外，有些食物宝宝不易消化吸收，如牛肉、墨鱼、章鱼等最好等宝宝较大以后再吃。此外，即使宝宝满周岁后，蔬菜或肉类也要切成小丁状，否则宝宝不易咀嚼吞咽。

▶ **切菜板和刀具须消毒或清洁**

彻底清洁厨房和做食物的用具，以免污染宝宝食品。不需要特别为宝宝准备一份专用切菜板或刀具，只要将处理生食与熟食的器具分开，并彻底清洁，用热水或沸水烫过即可，在做辅食前，双手也应先洗净。

▶ **避免调味料或刺激物**

一点点的盐是可以的，但要注意太油、太咸、太甜都不好，不要用人工调味料，刺激物或香料更不要加，不要以爸爸妈妈的口味来衡量宝宝的味觉。

▶ **食物要天然、新鲜**

能够现买现做并在当天吃完是最理想的状况，但对要上班的父母来说似乎是不可能的，但至少须掌握食物储存不超过 3 天，清洗干净，烹煮到全熟，特别是肉类，避免食物中毒或者过敏。不要让宝宝吃上顿剩下的食物。

▶ **食物温度不宜过高**

以温度适中的食物为佳，宝宝试着自己用手抓食物来吃时，以免被烫到。

▶ **食物品种要多变**

一成不变的菜肴，宝宝也会吃腻的。多下点心思，或是参考食谱，可以在烹调方式或外观上作变化，色泽鲜艳漂亮的蔬菜也能引起宝宝的食欲。

第153天

本月喂养以母乳和配方奶为主

▶ **不要减少母乳喂养的次数**

这个月母乳分泌如果仍然很好，除了添加一些辅食外，没有必要减少宝宝吃母乳的次数。如果母乳不够吃，可以通过添加蛋、菜等辅食，来满足宝宝的需要。

▶ **辅食添加有技巧**

6个月的宝宝一天的主食仍是母乳或其他乳品、乳制品，并循序渐进地增加辅食品种。辅食添加品种有：

❶ 粥、烂面条、烤馒头片、饼干、瓜果片等，可以促进宝宝牙齿的生长并锻炼咀嚼吞咽能力。

❷ 杂粮：杂粮的营养丰富，有益于宝宝的健康生长，因此可以让宝宝吃一些玉米、小米等杂粮做的粥。除此之外，粉状的粗粮还可以用来制作点心和软煎饼或者发糕，豆类还可以用来制作汤和甜食，这些妈妈都可以做给宝宝吃。

❸ 动物性食品：可以给宝宝吃整只鸡蛋了，还可增加肉松、肉末等动物性食品。

如果宝宝总是把喂进去的辅食吐出来，或用舌尖把辅食顶出来，就暂时停止这种辅食的添加，改换另一种类，或等1周后再重新添加。不要因为宝宝不爱吃辅食就认为宝宝厌食，给宝宝吃药；也不要因为宝宝不吃辅食，就填鸭式地喂宝宝，把宝宝逼成厌食宝宝。

第 **154** 天

宝宝为什么不爱吃辅食

- 宝宝仍然依恋母乳。

- 母乳还比较充足，宝宝吃不下辅食。

- 厌食配方奶的时期刚刚结束，宝宝这时很喜欢吃配方奶。

- 辅食太没味道了。

- 喂完奶后，没过多久就喂辅食，宝宝根本没有食欲。

- 宝宝不喜欢吃市场上的半成品辅食。

- 宝宝不喜欢喂辅食过程中使用的餐具。

- 喂辅食时烫过宝宝或呛到过宝宝等。

- 喂宝宝辅食所使用的奶瓶、小勺、小杯、小碗等，曾经喂过苦药。

- 抱着宝宝喂奶，却在喂辅食时让宝宝坐在小车里；妈妈抱着喂奶，却让爸爸或其他人抱着喂辅食。

- 很早就缺铁了，已经没有什么食欲了，什么也吃不出味道来，有厌食的倾向了，缺锌也是一样的，连奶都不想吃了，就更别提辅食了。

- 当发现宝宝爱吃某种辅食时，爸爸妈妈就多喂宝宝那种辅食，上顿下顿地让他吃同一种辅食，等到他吃够了，就什么辅食也不想吃了。

- 当宝宝睡得迷迷糊糊的时候，把奶嘴塞进宝宝的嘴巴里，让宝宝在迷迷糊糊中把辅食喝进去，对此，宝宝非常反感。

- 宝宝吃得太卖力了，应该歇歇了。

- 宝宝真的患病了。

第 **155** 天

断奶过渡期的饮食安排

▶ **选择合适的断奶时机**

断奶意味着宝宝生活习惯的改变，因此，断奶季节的选择要慎重。夏天宝宝出汗多，胃肠消化能力弱，食物容易腐败变质，从而导致宝宝腹泻、消化不良；冬季气候寒冷，宝宝容易着凉、感冒甚至罹患肺炎。

断奶最好选择在春暖或秋凉的季节。另外，成功的断奶是一个非常顺其自然的过程，不要搞突然袭击，尤其不能到最后时突然母子分离，这对宝宝心理健康很不利；体弱的宝宝可适当推迟断奶的时间，以免降低宝宝身体的抵抗能力。

▶ **断奶过渡期的饮食安排**

断乳期饮食安排不当往往是引起宝宝营养不良、体弱多病的重要原因，故父母应高度重视这个时期的食品选择。自宝宝 6 个月起，妈妈应该逐渐减少哺乳的次数；可先减去 1 次，由牛奶、豆浆或鸡蛋羹代替；以后再根据宝宝的适应情况减少喂奶的次数，同时将宝宝的口味由单一逐渐变为多样。为了保证宝宝获得充足的营养，断乳后一定要调配营养丰富的食物，每日供给 250～500 毫升的牛奶或调好的豆类代乳粉等。

除一日三餐外，可在上、下午各加 1 次点心，三餐的主食可为各种谷物做的稠粥、软食等，还要保证一定量的鱼肉、瘦肉、蛋类、豆制品以及各种蔬菜和瓜果类食物。

▶ **专家提醒**

随着代乳食品的增加，宝宝的喝奶量相应减少，但究竟减至多少则是由宝宝自己决定。

第 156 天

避免宝宝过早起床的对策

早起对于大人来说是个习惯，可对于 6 个月的宝宝来说，每天五六点就闹着要起床可不是好事，这多半表示宝宝晚上休息不够，而且还打扰到精力不足的爸爸妈妈，这时要怎么办呢？爸爸妈妈不妨参考以下办法：

▶ 避免晨光直射进来

宝宝对光线比较敏感，早上天一亮就会醒来，可以将宝宝卧室的窗帘弄得厚一些，以更好地隔离光源，不让早晨的阳光直接照进宝宝的卧室，如果这样宝宝还是天微微亮就哭，可以在他醒来后看得到的地方如床边放一些安全的玩具，这样宝宝一睁眼就看到玩具，能降低哭闹的概率。

▶ 不要让房间能听到噪音

宝宝对噪音非常反感，如果睡觉时能听到噪音，他必然会哭闹，因此宝宝的房间一定要隔音，尤其是当居所面对大街时，睡前一定要关紧窗户，宝宝的房间尽量远离街道，以免早晨的噪音惊醒宝宝。

▶ 控制白天睡觉时间

这个月的宝宝可以每天睡 15 小时左右，在不让宝宝过于疲惫的基础上，可以让宝宝白天睡得少一点。爱早起的宝宝醒来 1~2 小时后往往要睡个回笼觉，这时可以尝试延缓宝宝再度入睡的时间，慢慢地从每天延长半小时一直到 1 小时，以至能延迟宝宝早上醒来的时间。

▶ 晚上别让宝宝睡得太早

道理与控制白天睡觉时间一样，可以从每天让宝宝推迟半小时睡觉，一直到把宝宝睡觉时间延迟 1~2 小时，睡得晚起得自然会晚，宝宝早起的毛病就可以克服了。

第157天
宝宝的睡眠问题

▶ **出现睡眠问题的原因**

6个月的宝宝进入到分离焦虑或陌生人焦虑期，容易形成睡眠问题。

过分活跃或不够活跃的生活作息都可能造成睡眠障碍。

父母过分敏感，不了解要给宝宝快速眼动睡眠和非快速眼动睡眠转换之间留有时间，打扰宝宝连贯睡眠，久而久之形成睡眠问题。

过分依赖别人帮助入睡，而不能独立主动入睡也会造成睡眠问题。

▶ **睡眠问题的迹象**

经常晚上清醒，长时间大声啼哭，午夜还能保持警惕、清醒状态。

对就寝时间和婴儿床产生恐惧。

在床上1个小时以上还不能安静入睡。

睡眠不足或睡眠质量差的表现——易怒、焦躁、进食少、难以集中注意力、过多啼哭。

▶ **给父母的建议**

保证合理适量的运动，同时也保证宝宝有安静的时间、单独的玩耍和与父母互动的时间，过多或过少的刺激都会导致宝宝的睡眠出现问题。

多抚摸、拥抱、亲吻宝宝，让宝宝建立安全感，消除因分离焦虑产生的睡眠障碍。

帮助宝宝建立规律的作息时间表，并学会观察记录，随时找出原因所在并加以调整。

了解宝宝睡眠规律，不轻易打扰宝宝的连贯睡眠。

第 **158** 天

宝宝适合光脚还是穿鞋

▶ **光脚好处多**

宝宝尚未走路前，是没有必要穿鞋的，虽然有时候他的小脚丫摸起来凉凉的，但光着脚对他没什么不好。

即使宝宝能站立和行走后，光着脚也是有诸多好处的。宝宝的脚底生来是平的，如果在站立和行走时能有力地使用双脚，则能使脚底逐渐略拱起来，还能促进脚部和腿部肌肉的发育。如果总把脚裹在鞋子（特别是鞋底过硬的鞋子）里，则容易使宝宝的脚底肌肉松弛，造成平足。

宝宝在室内或者在室外安全的地方（如温暖的海滨沙滩上）光着脚行走。脚底可得到充分的刺激，能促进全身的健康。

▶ **半软底的鞋更合适**

如果室内温度低或地板特别凉，就有必要给宝宝穿鞋了。这时候，鞋子可起到保暖、保护和装饰的作用。

鞋子要略大一些，使脚趾不感到挤压，但也不能大到一抬脚鞋就要掉下来的程度。

宝宝的脚长得非常快，妈妈应每隔几周就摸摸宝宝的鞋子，看看还能不能穿。判断的标准是在宝宝站起来的时候，脚跟后应该有一个手指的空隙。

注意让宝宝穿防滑鞋，方便宝宝练习站立和行走。

透气性也很重要。宝宝的新陈代谢快，脚流汗较多，鞋不透气，很容易滋生细菌。

第 **159** 天

如何增强宝宝机体免疫力

锌参与免疫功能，对免疫功能具有调节作用，故缺锌后可致细胞免疫功能下降，身体抵抗能力减弱。给宝宝补充充足的锌可增强他自身的免疫力。

母乳所含的锌的生物利用率比较高，牛奶喂养的宝宝就应该尽早添加富含锌元素的辅食。另外，在断乳期辅食添加应充足，喂养要适当，以免引起宝宝缺锌。

▶ **营养补充方案**

动物性食物含锌丰富且吸收率高。含锌量高的食物有牡蛎、蛏子、扇贝、海螺、海蚌、动物肝、禽肉、瘦肉、蛋黄、蘑菇、豆类、小麦芽、酵母、干酪、海带、坚果等。

▶ **营养缺乏症状**

主要表现为宝宝生长发育迟缓，身材矮小。缺锌的宝宝普遍食欲差，有异食癖、皮肤色素沉着等现象，还会在皮肤和黏膜的交界处及四肢末端发生皮炎。0~6个月的婴儿缺锌，脑胶质细胞就要减少15%，将直接造成终生不能修复的损害。幼儿期缺锌会影响神经行为发育和动作发育的改变，对宝宝智力的发育损害也是无可挽回的。此外，锌缺乏还会使宝宝免疫力降低，增加腹泻、肺炎等疾病的感染率。患有佝偻病和贫血的宝宝多有缺锌现象。

▶ **过量危害**

补锌过多可使宝宝体内维生素C和铁的含量减少，并且抑制铁的吸收和利用，从而引起缺铁性贫血，生长停滞和免疫力下降。锌元素过多还会引起中毒，表现为恶心、呕吐、急性腹痛、腹泻和发热。

第 160 天

宝宝发热的家庭护理

▶ **及时降温**

家庭护理患儿，每天要测量体温、脉搏和呼吸 4 次，必要时可多次反复测量，并详细做好记录。发现体温高达 38.5℃ 以上时，应当给孩子降温。采取物理降温法，用冷湿毛巾或裹冰块的毛巾敷在额部，同时，用温水浸湿毛巾，轻轻揉擦颈部，四肢从上而下擦到腋窝、腹股沟处，动作要轻柔，不可过重，半小时后再测体温。要注意，高热寒战或刚刚服用过退热药时不能冷敷。

▶ **药物退热**

对疾病有明确诊断，物理降温效果不明显的，可服用退热药。如果退热药服用后出现大汗淋漓，要给患儿饮用口服补液补充流失的体液。汗后更换湿内衣以防受凉。如果发现患儿面色苍白、皮肤湿冷和呼吸急促等症状，是虚脱表现，要及时请医生处理（药店一般有包装好的家用口服补液；家庭自制口服补液比例约为：食盐 1.75 克，白糖 10 克，温开水 500 毫升。盐约为一啤酒瓶盖的一半，白糖两小勺，水约为一啤酒瓶。盐与糖的比例 1：6 左右）。

▶ **饮食调理**

发热期间，宜选用高营养、易消化的流质食物给孩子吃，如豆浆、藕粉、果泥和菜汤。体温下降，病情好转后，改为半流质食品，如面条、粥类，佐以高蛋白质、高热量菜肴，如豆制品、蛋类、鱼类以及各种水果和新鲜蔬菜。完全退热进入恢复期后，再哺以正常食品。

第161天
宝宝罗圈腿要纠正吗

▶ **宝宝出现罗圈腿是正常现象**

宝宝从出生一直到6个月，双腿看起来都是罗圈腿的模样，这是正常现象，6个月以内的婴儿两下肢的胫骨朝外侧弯曲，6个月到1岁时会逐渐变直，一般来说，爸爸妈妈不用担心宝宝罗圈腿的问题，更不要试图用捆绑双腿的方法让宝宝的腿变直，这不仅无济于事，还影响髋关节的正常发育。

▶ **合理喂养和护理宝宝，可以预防出现罗圈腿**

营养均衡，蔬菜水果可多吃一些。

多去户外活动，多晒晒太阳。

不要过早过久地站立、学步，尤其不要过早使用学步车，以免宝宝腿部承受力量过重而造成变形。

不要穿较硬的鞋，尤其是学步时，否则宝宝脚部无法自然挪动，影响腿部正常发育。

▶ **宝宝6个月后怎样判断是否罗圈腿**

让宝宝仰卧，然后用双手轻轻拉直宝宝双腿，向中间靠拢，正常情况下宝宝两腿靠拢时，双侧膝关节和踝关节之间是并拢的，如果间隙超过10厘米，很可能是罗圈腿，这时应引起重视，带宝宝去医院检查，必要时要进行骨科矫正治疗。

第 **162** 天

宝宝闹夜的原因

到了这个月，宝宝闹夜的情况开始多起来，如果新手爸爸妈妈能用冷静的态度来对待宝宝闹夜，尽可能地寻找出宝宝闹夜的原因，多想办法平息宝宝哭闹，宝宝闹夜的情况就会有所减轻，乖宝宝的日子就会早日到来。如果面对宝宝闹夜时，新手爸爸妈妈焦躁不安，并把相互抱怨、生气、吵架、烦恼、无可奈何等不良情绪传递给宝宝，宝宝就会越闹越凶，闹夜也会持续更长的时间。

▶ 有可能是宝宝白天受到了惊吓

这个月的宝宝对周围事物的兴趣越来越浓，所以让宝宝受惊吓的事物也相应增多，如果宝宝夜里睡觉时梦见白天受惊时的场景，就会突然大叫或哭闹起来。

▶ 不爱动的宝宝易哭闹

如果宝宝爱动，白天睡眠时间短，夜间就会睡得较沉；如果宝宝不爱动，白天运动过少而睡觉较多，这样的宝宝夜间就会睡不安稳，所以会常常突然大哭起来。如果宝宝每晚哭闹频繁，需要检查一下宝宝白天的活动，看看是否是活动较少。如果属于上述情况，就要逐渐改变宝宝的睡眠规律。

▶ 接种疫苗惹的"祸"

有的宝宝在预防接种时害怕打针从而受到了惊吓，不仅白天哭闹得特别厉害，而且夜间也会常常突然大哭起来。如果出现这种情况，多半是因为宝宝夜里梦见自己在打针。

第 163 天

怎样指导宝宝玩玩具

▶ **玩具是宝宝的游戏道具**

宝宝在这个阶段，除了日常生活之外，就是"玩"了。玩的过程，不仅"刺激"了宝宝的感官肢体发展，还能"启发"宝宝的认知能力。可以说"玩"是宝宝成长中的一桩大事。

而"玩具"所扮的角色，正是促使宝宝游戏的媒介。宝宝借助玩具进行游戏同时也是一种学习，所以，玩具在宝宝的成长过程中，是不可取代的角色。

▶ **指导宝宝玩玩具的方法**

❶ 提前指导。玩具买回来后，父母应先看说明书，弄清楚玩具的玩法，然后再教给宝宝。如上发条的玩具，应教会宝宝往哪个方向旋转开关，电动玩具应让宝宝学会自己打开开关等。

❷ 观察指导。有了新玩具，宝宝一般都爱不释手，想自己动手玩，这时候，父母应放手让宝宝玩，然后在旁边观察，发现宝宝遇到困难或不知所措时，及时给予帮助和指导。

❸ 参与指导。新玩具买回后，父母和宝宝一起玩，在玩的过程中予以指导、示范。教的过程中，父母要有耐心，由易到难循序渐进，让宝宝感到有乐趣，这样学起来更快。不要忘了在宝宝玩玩具时给予宝宝鼓励和称赞。

记住不要把孩子交给玩具了事，当孩子在玩玩具时，父母应该多花点时间和功夫陪孩子玩玩具。因为，父母或同伴是所有玩具都不可替代的最好的"玩具"。

第 164 ~ 165 天
加强宝宝的手部能力

6个月的宝宝，在精细动作上，手部的抓握能力已经相当强，不但可以牢牢地抓住东西，而且还会自己伸手去拿。因此，可以在此时锻炼宝宝的手部能力，加强精细动作方面的锻炼，以使宝宝的动作智能发育得更完善。

▶ 滚小球

爸爸妈妈要和宝宝一起坐在地面上，和宝宝保持着面对面的姿势。首先爸爸妈妈要把球滚给宝宝，然后拉着宝宝的手，告诉他怎样把球再滚回来。宝宝会觉得很有趣，只要对他稍加鼓励，他就会很快学会将球滚回来的。在游戏进行过程中，一旦宝宝学会将球抛出很远，就意味着他已经开始喜欢上这个游戏了。这个游戏的互动性比较强，一方面可以改善宝宝的情绪，让他更加愉悦地享受和别人互动游戏的感觉，另一方面也能促进宝宝和别人的互动交往能力。

▶ 扔掉再拿

准备一些容易抓握的小玩具，如小积木、小塑料玩具等，让宝宝坐着，先给他两个小玩具，一件一件地给，让他两手均拿着玩具，然后再给他玩具，宝宝会扔下手中的一个，再拿起另外的一个，犹如"狗熊掰棒子"。反复给他玩具，让他扔掉再拿，两只手循环训练。

在宝宝抓取玩具时，让宝宝练习从满手抓到拇、食指抓取。刚开始父母可拉着宝宝的拇指和食指捏玩具，训练一段时间后宝宝会慢慢自己用食指和拇指捏小东西。父母也可给宝宝一些豆子或珠子让宝宝捏，但要注意别让宝宝吞进嘴里。

第166天

宝宝出现口臭怎么办

宝宝的消化器官发育、酶的功能还不完善，消化液分泌也不充足，胃及肠道内黏膜柔嫩，消化功能还比较弱。此时，如果爸爸妈妈不能正确的喂养孩子，什么都给孩子吃，使孩子饮食不当，只会损伤肠胃，使宝宝出现口臭等消化不良的表现。

▶ 若宝宝口中有怪味

若是因为刚吃了口味重的食物，可以让宝宝喝点水，或用干净的纱布帮宝宝清洁口腔。

▶ 排便是否正常，有无严重的便秘症状

若宝宝有严重便秘，请注意均衡饮食，并养成良好的排便习惯；若便秘情形一直没有改善，请找儿科医师。

▶ 以上原因都排除后，宝宝仍有口臭怎么办

请找儿科医师检查，看宝宝身体是否代谢出了问题。

口臭问题除了极少数是因为先天代谢问题引起消化不良之外，其他70%的口腔气味问题是生活习惯偏差所引起，包括饮食不均衡、口腔清洁没做好、排便不正常等。主要源自三个器官，消化道（如消化不良、便秘）、呼吸道（如鼻塞）、口腔（如龋齿），只要找出根本原因，对症施治，口臭烦恼自然就会消失。

▶ 专家提醒

正常情况下，婴幼儿是不会有口臭的。口臭不是一种独立的疾病，却有可能是一种或几种疾病的警示信号，应当引起重视。

第167天
把尿打挺儿，放下就尿的烦恼

▶ 6个月的宝宝，大小便仍是无条件反射

这个月的宝宝，大小便还是无条件反射，只要膀胱内尿液充盈，信息就传到大脑有关中枢，中枢再通过传出神经刺激膀胱，膀胱就收缩排尿了。大便的刺激部位不同，但道理是一样的。宝宝吃奶后，胃壁肌肉活动刺激整个肠道运动，肠道运动或直肠充满又对肛门内膜产生压力，使肛门口开放，小腹的腹肌也受到某种程度的刺激，产生向下的挤推运动。

这么大的宝宝，还不会主动地通过小腹肌运动来挤压排便，更不会意识到大小便来临，这是由于宝宝的神经系统发育尚未完善，对大小便是不能自主的，全靠先天的生理机能自动排便。宝宝通过声音，或通过把尿、坐盆的动作建立起来的条件反射，不是宝宝学会了控制大小便，而是妈妈学会了观察宝宝排泄的信号。

▶ 把握不好排便时间可能会带来反作用

家长应注意细心观察，及时捕捉宝宝排便的信号，让宝宝养成规律排便的习惯。如果家长可以判断出宝宝马上就要大便了，那么可以让宝宝坐便盆；如果不能把握大致的时间，就不要长时间地把着宝宝了，这样有可能会造成宝宝的能力衰退。如果宝宝还没有发出排小便信号，家长却总是把小便，那有可能让宝宝建立一种非主观意识的排尿反射，当妈妈一把的时候，尽管宝宝膀胱并没充盈到排尿的程度，宝宝也会不由自主地排尿，从而导致尿频。

总的说来，把尿打挺儿，放下就尿，这不是由宝宝造成的，而是妈妈造成的。

第168天

宝宝的天然免疫要用完了

到了第6个月，宝宝从母体里带来的有用物质差不多要用尽。不光是铁、叶酸、叶黄素等营养物质，连一些免疫物质也要耗光了。

▶ 宝宝的免疫力在逐渐耗尽

刚出生时，宝宝的免疫系统还不完善，早期体内的免疫球蛋白主要是在胎儿期经胎盘从妈妈那里获得的，但是从妈妈那里获得的免疫物质是有限的，会随着宝宝的生长而被用完，一般经过3~4个月已消耗得较多，到第6个月，这些免疫物质就被逐渐耗尽。

但是，这时候宝宝自身的免疫系统还不成熟，无法产生足够的免疫球蛋白，免疫力处于"青黄不接"的状态，一旦接触环境中的致病菌，宝宝就难以抵抗。所以，这个月的宝宝比较容易生病。

▶ 应对措施

宝宝这时不仅免疫物质要用完了，而且由于肢体活动的增加，宝宝与外界的接触更多，增加了感染病菌的机会。因此，妈妈应该采取以下措施：

❶ 坚持母乳喂养。母乳能给宝宝更好的免疫力，这时候的母乳虽然不像初乳有那么强的免疫作用，但同样富含活性免疫球蛋白，能很好地给宝宝补充免疫物质，而且它的成分是随着宝宝的成长不断变化的。母子间的这种直接联系能给予宝宝最有效的帮助。

❷ 加强宝宝的清洁卫生。

❸ 避免宝宝接触家庭内外患病的人。

第169天

宝宝的视觉障碍测试

▶ **单眼遮盖试验法**

用于辨别单眼视力情况。如果被遮盖的眼弱视或失明时，婴儿不会出现反抗；被遮盖的眼没有问题时，患儿会躁动不安，出现反抗动作。重复测试数次，可以得出正确判断。

▶ **光觉反应**

孩子出生时就有光觉反应，见到强光会引起闭目、皱眉；2个月时对光觉反应已很强。如果孩子对强光照射无反应，说明视觉功能可能存在严重障碍。

▶ **注视反射和追随运动**

婴儿出生后的第2个月，就能协调地注视物体，在一定的范围内眼球随着物体运动；3个月时能追寻活动的玩具或人，头眼反射建立，即眼球在随着注视目标转动时，头部也跟着活动；4～5个月开始能认识母亲，看到奶瓶等物时表现出喜悦。如果这些本能和条件反射没有出现，则说明可能视力不佳或有眼球运动障碍。

▶ **瞬目反应**

从出生后的第2个月起，婴儿除了能协调注视物体外，当一个物体很快地接近眼前时会出现眨眼反射，又称瞬目反应，这是保护眼角膜免受伤害的一种保护性反射。它不一定要求婴儿能看清物体，只要有光觉就可完成。如果瞬目反应消失，往往提示孩子存在严重的视觉障碍。

第170天

如何搞定爱哭的宝宝

▶ **抱起宝宝或唱歌给宝宝听**

方式：宝宝最喜欢妈妈温柔说话的声音，轻柔的语调绝对会比命令式的语气有效得多。

适用时机：宝宝受惊吓时、宝宝撒娇时。

▶ **给宝宝一个新玩具**

方式：新鲜的事物可以满足宝宝的好奇心，暂时转移宝宝的注意力。

适用时机：宝宝要赖哭泣时、宝宝找不到妈妈时、宝宝睡前哭闹时、宝宝肚子饿但喂奶时间还没到时。

▶ **播放轻柔音乐**

方式：播放轻柔的音乐或妈妈在怀孕期间经常听的音乐，都能起到安抚宝宝情绪的效果。

适用时机：宝宝睡前哭闹时、宝宝到陌生环境感到不安时、宝宝在陌生环境过夜时。

▶ **规律地轻轻摇晃**

方式：将宝宝抱起，轻轻摇晃宝宝的身体，或是让宝宝躺在婴儿床或摇摇椅中，轻轻摇晃婴儿床或摇摇椅，也能让宝宝感到舒适而停止哭泣。

适用时机：宝宝想睡觉时。

▶ **带宝宝散步**

方式：可使用背巾或婴儿车，带宝宝到附近公园或楼下走走，宝宝看到新鲜的事物，就会转移注意力而停止哭闹。

适用时机：宝宝醒来哭闹时、宝宝生气时。

第171天

宝宝患流感的调理

▶ **病因及症状**

流行性感冒是一种上呼吸道病毒感染性疾病。6 个月至 3 岁的婴幼儿是流感的高危人群。流感病毒可由咳嗽、打喷嚏和直接接触而感染，传染性很强。

流感症状通常在病毒感染后 1～3 天出现，主要表现为发烧（常超过39℃），还会出现干咳、鼻塞、疲劳、头痛，有时候会出现咽痛或声音嘶哑。症状往往在发病后 2～5 天最为严重。

▶ **家庭护理**

发热期间要让宝宝充分休息，天冷时可以在中午打开门窗，保证空气新鲜，但要给宝宝盖好被子，避免受凉。

每天用淡盐水给宝宝漱口，年龄较小的宝宝可用消毒棉签蘸温盐水进行擦拭，以减少继发细菌感染的机会。

可用冷敷法给宝宝降温，以免出现高热惊厥。

密切观察病情，患病后 2～4 天如有高热、咳嗽、呼吸困难、口唇发青等情况，应及时到医院就诊。

▶ **如何预防**

加强锻炼，均衡全面地摄入营养，增强体质；养成良好的卫生习惯；居室保持良好的通风，避免去人多的公共场所。

▶ **饮食调养方**

饮食宜清淡、易消化、少油腻；多给宝宝喝酸味果汁，如山楂汁等，以保证水分供给，并提高食欲；多给宝宝吃富含维生素 C、维生素 E 的食物和水果，如苹果、橘子、土豆、地瓜、黄瓜等。

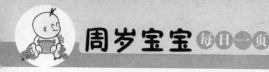
▶ 食疗方案

❶ 板蓝根饮

适用范围： 除新生儿外的宝宝。

原料： 板蓝根、鲜芦根各30克，葛根15克，生甘草5克，鲜姜数片。

做法： 将上述材料加1升水，放到锅里煮沸，再煮20分钟左右，待温度合适后让宝宝热饮。每天分2次服用。适用于流感高烧、咳嗽。

❷ 生姜红糖饮

适用范围： 除新生儿外的宝宝。适用于高烧无汗的流感。

原料： 生姜15克，红糖20克，葱白3根。

做法： 将生姜、葱白切丝，用500毫升水加姜丝、葱丝煮沸后加入红糖，趁热一次喝完。喝完后让宝宝卧床盖被发汗，以出微汗为度。

❸ 姜丝可乐

适用范围： 除新生儿外的宝宝，但要适量。

原料： 可乐1瓶，鲜姜2~3克。

做法： 姜去皮切碎，放入一大瓶可口可乐中，用汤锅煮开，稍凉后趁热喝下，防治流感效果良好。

❹ 蒜泥蜂蜜饮

适用范围： 除新生儿外的宝宝。

原料： 蒜泥、蜂蜜各适量。

做法： 将等份的蒜泥与蜂蜜混匀后，用白开水送服。每次一大匙，每天4~6次，治疗流感效果很好。

❺ 葱白麦芽奶

适用范围： 除新生儿外的宝宝。

原料： 葱白5根，麦芽15克，熟牛奶100毫升。

做法： 葱白洗净切开，与麦芽放杯中加盖，隔水炖熟后去葱白及麦芽，加入熟牛奶。

第172天

亲手为宝宝做辅食

▶ **鸡蛋羹的制作**

将鸡蛋打入碗中，加入适量水（约为鸡蛋的2倍）和少许盐，调匀，放入锅中蒸成凝固状即熟。鸡蛋羹可直接用小勺喂给宝宝吃，软嫩可口，营养价值高，含丰富的蛋白质、脂肪，尤其是蛋黄中含有卵磷脂及铁、钙、磷、维生素A、维生素D、B族维生素，可营养大脑，又能满足宝宝对铁的需要。

▶ **水果藕粉的制作**

准备藕粉50克，苹果（或香蕉也可以）75克，清水250毫升，将藕粉加适量水调匀，备用；苹果去皮，制成泥。小锅加入清水，烧开后改小火，倒入调匀的藕粉，边煮边搅拌。煮至透明后，加入苹果泥稍煮片刻，温凉后即可喂食。水果藕粉含有丰富的碳水化合物、钙、磷、铁和多种维生素等营养物质，具有健脾开胃、补血止泻的功效。

▶ **玉米豆腐萝卜糊的制作**

准备黄玉米面2匙，豆腐1小块，胡萝卜2片，清水1杯，香油少许。把胡萝卜蒸熟后压碎，豆腐压碎。将压碎的胡萝卜和豆腐及玉米面一起放入煮开的水中。用中火，边煮边搅拌，煮至菜和面熟后，淋上一点点香油，即可食用。胡萝卜含丰富的维生素A，豆腐含丰富的蛋白质、钙，玉米面中含丰富的微量元素，营养丰富，有利于预防夜盲症等疾病，对于小儿软骨症有辅助的治疗作用。

第173天

为宝宝选购图书

当宝宝可以集中注意力去关注事物的时候，父母可以开始给宝宝讲故事、朗诵儿歌，同时给宝宝买一些能令他产生兴趣的图书。

▶ 阅读图书，发展宝宝语言能力

有的父母发现，别人的宝宝能说会道，对答如流，自己的宝宝却笨嘴拙舌，不会应对，殊不知，书籍与宝宝的语言发展有着密切的联系。

书籍是发展宝宝语言能力的有效中介物。书籍会让宝宝对语言产生浓厚的兴趣，并能发展宝宝的语言表达能力。多读、多看会增加宝宝的词汇量，宝宝在书籍中会发现很多有趣的事物、新奇的世界。从而宝宝会对新学的词汇特别感兴趣，而且能活学活用。

父母在指导宝宝观察画面时，可边讲边用手指点画面上相关的人、物，引导宝宝有意识地进行观察。

▶ 为宝宝选购图书时应注意

图书纸张的光洁度要好，但又不能反光，以免影响宝宝的视力。一些印刷粗糙的书籍对宝宝的视觉发展有不良的影响。画面的形象要大，应选择一页一幅图的书。画面上的人物形象应是可爱、夸张的，画面色彩应鲜艳美观。

宝宝图书的纸质应该厚实一些，让宝宝自己翻看的书可选择撕不烂的图书。书角要圆弧设计，以免伤着宝宝。

▶ 专家提醒

选择适合宝宝的图书。每天要让宝宝指认几种动物和物品。每天 1～2 次，每次时间不能太长，要反复练习。

第**174**天

坐对宝宝的意义

6个月的宝宝大都能不借助任何支持独自坐着了。可以说，"坐"是宝宝成长中一个重要的里程碑。

▶ **"坐"的意义**

坐的重要意义之一就是将宝宝的双手解放出来，宝宝坐起来时，双手在视线的控制下，可以发展更多的手部动作，对于宝宝手眼协调及精细动作的发展尤为重要。

坐与躺着相比，视野范围扩大了，不像躺着时只能面向屋顶或从侧面位置观察世界，坐起来更有利于全方位地观察物体的主体；头部的灵活转动，也有助于宝宝形成全面、立体的方位知觉。因此，坐起来更有利于宝宝感知觉的发展。

坐对于宝宝的运动、认知、感知觉、生理、心理的发展都有着重大的意义和影响。

▶ **从靠坐到独坐**

训练目的：锻炼宝宝头颈、腰、背肌肉的支撑及配合能力。

训练前提：拉宝宝坐起后宝宝的头部能支撑、不前倾。

练习方法：用被子或靠垫在宝宝背部支撑，让其坐起来，给宝宝一个玩具，让宝宝靠坐着玩玩具，鼓励宝宝尽量多地尝试探索玩具的不同玩法；每日练习数次，每次不要超过7分钟；在靠坐的基础上，逐渐撤去支撑物，妈妈要观察宝宝是否感到疲劳和不适应，如果出现头或身体向后倾，应马上让宝宝躺下休息；逐渐延长宝宝独坐的时间，每天数次，随着宝宝肌肉的支撑和配合能力的提高逐渐延长独坐的时间。

第175天

佝偻病的预防

▶ **什么是佝偻病**

佝偻病是由于体内维生素 D 不足引起的，维生素 D 不足会导致全身钙、磷代谢失常，使钙、磷不能正常沉着在骨骼的生长部分，严重的可以发生骨骼畸形。宝宝患佝偻病一般表现为：抵抗力低下，烦躁不安、易激惹、夜惊，吃奶或哭闹时出汗特别明显，睡觉时汗多，可浸湿枕头，有的宝宝出现方颅、前囟门大、10 个月还不出牙等症状。

▶ **佝偻病的预防方法**

❶让宝宝多晒太阳。预防佝偻病的关键是补充足量的维生素 D，最好的办法就是晒太阳，可以说，宝宝佝偻病不仅仅是缺钙，还有缺"晒"。皮肤里的 7 - 脱氢胆固醇经紫外线照射可转变为维生素 D，促进钙的吸收，使骨骼坚硬。

❷服用维生素 D。维生素 D 的日需量为 400 国际单位，父母应该注意让宝宝每日服维生素 D400 国际单位或每月 1 次服 5 万 ~ 10 万国际单位或每季 1 次服 20 万 ~ 30 万国际单位。同时适量添加钙粉。冬天已患佝偻病时，适量增加药量。

❸ 注意宝宝断奶前后的饮食。宝宝断奶前后应多食维生素 D、钙、磷和蛋白质丰富的食物，如蛋黄、肝、乳类、鱼、虾、肉等。另外，可以选择维生素 AD 强化奶粉，每瓶含维生素 A500 国际单位，维生素 D150 国际单位，如果您的宝宝在断母乳后饮用这种强化奶，再注意晒太阳，就可以避免佝偻病的发生。

第176天
做好乙肝、流脑疫苗的接种

▶ **乙型肝炎疫苗的接种**

接种乙型肝炎疫苗后可预防乙型肝炎。宝宝出生后2~3天内应接种第一针乙型肝炎疫苗，第二针是在宝宝满月时，这个月接种第三针，这样才能在体内产生抵抗乙型肝炎病毒的能力。如果第三针不接种，其对乙型肝炎病毒的免疫效果就不好，对乙型肝炎病的抵抗力也会降低。

▶ **流脑疫苗的接种**

注射流脑疫苗是为了预防流行性脑脊髓膜炎（简称流脑）。流脑是由脑膜炎双球菌引起的急性呼吸道传染病，在冬、春季发病和流行。脑膜炎双球菌最容易侵犯的是6个月至2岁的小宝宝，所以6个月以上的宝宝可以开始接种流脑疫苗。

▶ **疫苗接种时应注意**

❶ 打疫苗前，应给孩子洗一次澡换件干净衣裳。

❷ 向医生说清孩子的健康状况，对发热、各种急慢性传染病及恢复期、器质性疾病的儿童应暂缓接种，等以后补种。经医生检查认为没有接种"禁忌证"方可接种。

❸ 有明确过敏史和免疫功能缺陷的婴幼儿不予接种。

❹ 孩子打过预防针后，要在接种场所休息15~30分钟，接种后如出现高热或其他接种反应，要请医生及时诊治。

❺ 回家后要避免剧烈活动，对孩子细心照料，注意观察，多喂些开水，如孩子有轻微发热，精神不振，哭闹等，一般在1~2天就会好的。如反应加重，应立即请医生诊治。

第 177 天
逗宝宝"说话"

▶ **说笑逗引**

抱起孩子，与宝宝面对面，用愉快的口吻和表情与宝宝说笑和逗乐，使宝宝发出满意的"呃——啊——"声或笑声。

▶ **玩具逗引**

用孩子喜爱的玩具、图片逗引孩子发声，一旦逗得高兴了，宝宝兴奋得手舞足蹈时，自然会发出各种不同的声音。

▶ **户外活动**

在户外活动时，遇到让宝宝感兴趣的人或物体时，宝宝也会高兴地咿呀作语。

▶ **轮流逗引**

家庭成员轮流逗乐宝宝，当然宝宝在妈妈的怀里更爱笑，更爱笑出声音来，快乐的亲情逗乐，会令四肢和全身松弛，身心愉快。家庭游戏适宜体现活泼的气氛，但要注意不要对孩子有任何勉强。如果宝宝情绪不好时应当停止，而且要注意效果，不要乐极生悲，过分逗得孩子哭闹。

▶ **经验分享**

不要经常压制宝宝的情绪释放，让宝宝有机会尽情地大哭、喊叫，过度的限制可能会使宝宝变"乖"，但同时也使宝宝丧失了生活的激情与活力。

不要在宝宝面前变成"严父慈母"，他更喜欢同样幽默、风趣、自然、快乐的爸爸妈妈。

第 **178** 天

宝宝学会"察言观色"

▶ **宝宝变成"小可人儿"**

6个月的宝宝，越来越让家人喜欢了。每次爸爸妈妈下班回家，宝宝都会十分激动，当妈妈拍拍双手时，宝宝马上欢快地张开双臂想投入妈妈的怀抱；爸爸和宝宝做游戏时，宝宝会积极参与，将充满口水的小嘴巴贴在爸爸的脸上，表示着自己对爸爸的喜爱；对奶奶亲切的话语和照料报以微笑；看到有人严肃的表情时，会不安地躲进妈妈的怀抱；如果有人板起脸来，哪怕是小声地呵斥，都会给宝宝带来恐惧和不安，以哇哇大哭来进行抗议。

▶ **会"察言观色"好处多**

能察言观色，说明宝宝已具备了初步的观察、理解及判断能力，是智能提高的一种表现。

宝宝通过观察大人的表情，进行判断和分辨，理解大人传达的是赞成还是批评，宝宝会有意做妈妈喜欢的事情，因此，"察言观色"有助于宝宝社会性的提高，让宝宝学会善解人意，与人配合，为宝宝今后建立更多、更丰富的社会关系打下基础。

▶ **给父母的建议**

认生期的宝宝最爱的人就是妈妈，妈妈的教养方式决定了宝宝的发展方向。

平时，妈妈的态度要明朗，表现出善恶分明，用不同的表情让宝宝知道怎样做会使妈妈高兴，让宝宝通过察言观色来调整自己的行为。

比如，妈妈辛苦做的辅食宝宝一口气吃光了，妈妈不要吝啬，赞赏地给个拥抱和微笑，信息被宝宝接收到，宝宝的食欲就被大大地调动了，为了让妈妈高兴，宝宝每次吃辅食都会很给妈妈"面子"的。

第 179 ~ 180 天

本月宝宝的体格与能力测评

▶ 体格标准

体格指标	男宝宝	女宝宝
体重	6.5~10.3 千克	6.0~9.6 千克
身长	63.4~73.8 厘米	62.0~72.0 厘米
头围	41.3~46.5 厘米	40.4~45.2 厘米

▶ 具备的能力

❶ 运动能力——能扶着站起来：6 个月的宝宝已经会翻身了，开始会坐，但还坐得不太好，如果扶着他，能够站得很直，并且喜欢在扶立时跳跃。6 个月的宝宝还喜欢伸手去拿放在他面前的玩具，并塞入自己口中，凡是他双手所能触及的物体，他都要用手去摸一摸。

❷ 视觉能力——对视线所及的东西非常感兴趣：6 个月的宝宝视力发育有了很大的进步，凡是双眼所能见到的物体，他都要仔细地瞧一瞧，不肯轻易放弃主动摸索的大好时机，不过必须是距他身体 90 厘米以内的物体。

❸ 听觉能力——能敏锐地分辨熟人和陌生人的声音：6 个月的宝宝听力比以前更灵敏了，能够分辨熟人和陌生人的声音，如果具备一定的环境条件并经过一定的训练，宝宝还可以分辨出动物不同的声音来，总的来说，这个月宝宝具备了分辨不同声音的能力。

第7个月

开始认生，
对爸妈更依恋了

第181天

宝宝开始黏人了

▶ **半岁后的宝宝爱黏人**

半岁之后，宝宝进入依恋建立期，形成了对父母特殊的、明显的依恋及对生人的恐惧。尤其一到晚上，宝宝更是黏人，很多宝宝如果没有妈妈在身边就会不断地哭闹，即便他困得不行也难以入睡。宝宝虽然小，但是他跟成人一样会很敏感，他能强烈地感受到夜晚与白天的不同。这种变化有时让宝宝无法适应，因此，这个时间段，他对亲人的依恋会更为明显。

▶ **宝宝过分黏人的对策**

先建立自己坚定应对的心态。父母与孩子分离时，要清楚知道并不是不爱孩子，而是现在不能和孩子玩，或有充分理由必须离开。不要在心里产生罪恶感，认为孩子哭闹是自己没有给予爱的安全感。

循序渐进改变宝宝。宝宝黏人是非常正常的现象，父母不要试图一夜之间改变宝宝。给宝宝时间，让他慢慢适应，一切都会走向正常。比如，在妈妈离开宝宝前，可以先给宝宝一个他喜爱的玩具，陪他一起玩一会儿。一旦发现宝宝开始投入地玩耍，妈妈就可以退出游戏，在宝宝旁边看着他，让他独自玩耍。

给宝宝足够的安全感。在宝宝没有适应离开父母时，父母要尽量多陪伴宝宝，尤其不要丢下宝宝，让他一个人独处。当不得不离开时，要用宝宝能懂的方式让他明白：妈妈的离开只是暂时的。

不要吓孩子说外面的人都是可怕的坏人、魔鬼或大野狼。

不要因宝宝黏你而处罚他。

第182天
如何让宝宝克服怕生

▶ 了解宝宝怕生的原因

❶ 互动机会少：有些父母怕孩子离开自己视线后"受人欺负"，就限制孩子的交往范围，使得孩子的活动空间很小，严重缺少和陌生人接触的机会。因此，孩子一旦见到生人，就会变得害怕，不知所措。

❷ 不安全感作祟：宝宝行为发展的第一年，会对主要照顾者产生强烈的依赖感，如果此时父母疏于关注，很容易造成宝宝对陌生人产生畏缩、不信任感，与外界沟通或接触缺乏自信心，而间接影响其日后与人相处的关系。

❸ 遗传因素：父母本身天生个性属于内向、害羞，又缺少与其他邻居、朋友联系的机会，相对的，也会影响到孩子内向、害羞、退缩的个性。

▶ 让宝宝对客人熟悉后再与之接近

如果家里来了与宝宝不熟悉的客人。可把宝宝抱在怀里，大人先交谈，让宝宝有观察和熟悉的时间，慢慢甩掉恐惧心理。这样，宝宝就会高兴地和客人交往。如果宝宝出现了又哭又闹的行为，就要立即将宝宝抱到离客人远一点的地方，过一会儿再让宝宝接近客人。

▶ 给宝宝熟悉陌生环境的时间

宝宝除了惧怕生人，还会惧怕陌生的环境。这时，爸爸妈妈要注意，不要让宝宝独自一人处在陌生的环境里，要陪伴他，让他有一个适应和习惯的过程。

▶ 多带宝宝接触外界

平时，爸爸妈妈要多带宝宝出去接触陌生人和各种各样的有趣事物，开拓宝宝的视野，还可以带宝宝去别人家做客，特别是那些有与宝宝年龄相仿的小朋友的人家，让宝宝逐渐习惯于这种交往，克服怕生。

第183天

本月宝宝的生长发育

▶ **动作发育**

如果扶着，宝宝能站立，扶立时喜欢跳跃。把玩具等物品放在宝宝面前，会伸手去拿，并塞入自己口中。本月的宝宝开始会坐了，但还坐不太稳。

▶ **语言发育**

本月的孩子的听力比以前更加灵敏，能分辨不同的声音，并能模仿着发声。

▶ **感觉发育**

半岁以后的婴儿已经能区别亲人和陌生人，看见看护自己的亲人会高兴，从镜子里看见自己会微笑。如果和孩子玩藏猫猫的游戏，宝宝会很感兴趣。这时的宝宝会用不同的方式表示自己的情绪，比如用哭、笑来表示喜欢和不喜欢。

▶ **睡眠**

宝宝一昼夜需要睡 15~16 小时，白天黑夜一般要睡 3 次，每次 1.5~2 小时，夜间睡 10 小时左右。

▶ **心理发育**

宝宝的心理活动已经比较复杂，面部表情就像一幅多彩的图画，会表现出内心的活动。高兴时，会眉开眼笑、手舞足蹈、咿呀作语；不高兴时会怒气冲冲，又哭又叫。能听懂严厉或柔和的声音。当家人暂时离开孩子时，会表现出害怕的情绪。

第 184 天
让宝宝受益的淡味辅食

▶ **重口味对宝宝的不良影响**

口水增多。宝宝的消化系统发育尚未健全，吃盐过量，易使唾液分泌减少，使口腔的溶菌酶相应减少，病毒在口腔里便有了滋生的机会，使宝宝患病的几率增加。

损害肾脏。宝宝的肾脏还没有能力充分排出血液中的钠（盐的化学名称是氯化钠），刻意吃盐会损害肾脏，更严重的是会因过多的钾流失而造成心脏肌肉极度衰弱而发生危险。

▶ **让宝宝习惯吃淡味辅食**

尽量给宝宝吃接近天然的食物，做到最初就建立健康的饮食习惯，让宝宝受益一生。

口味或香味很浓的市售成品辅食，可能添加了调味品、香精、盐或防腐剂，不宜给宝宝吃。

罐装食品因为含有大量的盐与糖，不能用来作为婴儿食品。

所有加糖或加人工甘味的食物，宝宝都要避免吃。"糖"是指再制、过度加工过的糖类，不含维生素、矿物质或蛋白质，又会导致肥胖，影响宝宝的健康。同时，糖使宝宝的胃口受到影响，妨碍吃健康的食物。

即使宝宝不喜欢吃某种口味淡的辅食，妈妈也不要放弃，宝宝接受一种新食物往往要尝试 10 次以上。

▶ 营养食谱推荐

① **蔬菜泥**

原料：油菜 20 克。

做法：油菜洗净，放入开水中焯烫几分钟；捞出焯烫好的油菜，在碗中捣烂。如果担心宝宝消化不好，可以过一遍筛网；把捣好的蔬菜泥搅拌均匀即可。

② **什锦豆腐糊**

原料：嫩豆腐 1/6 块，胡萝卜 1 根，鸡蛋 1 个，肉汤 1 大匙。

做法：豆腐放入开水中焯一下，去掉水分后切成碎块，放入碗中捣碎；胡萝卜洗净，煮熟后捣碎；鸡蛋煮熟，取蛋黄加水调成蛋黄泥；豆腐泥和碎胡萝卜放入锅内，加肉汤煮至收汤为止。放入调匀的鸡蛋泥，小火煮熟即可。

③ **海苔米糊**

原料：海苔 1 小片，米粉适量。

做法：海苔在筛网上细细磨成粉末；用温开水将米粉冲成米糊；将磨好的海苔粉倒进米糊里，搅拌均匀即可。

④ **苹果奶昔**

原料：苹果 1 个，婴儿配方奶粉适量。

做法：苹果洗净，削皮并挖去果核中的籽后切成小块；配方奶粉加适量水调匀；将苹果块与冲好的奶粉一同放入榨汁机中搅打均匀即可。

⑤ **腐竹粥**

原料：粳米 50 克，腐竹 10 克。

做法：将粳米淘洗干净，干腐竹放入盆内用冷水泡上，泡发 5 小时，待涨发后，切段；将粳米、腐竹一起放入锅中，加适量清水，煲粥。

⑥ **水果面包粥**

原料：普通面包 1/3 个，苹果汁、切碎的桃、草莓各 1 小勺。

做法：把面包切成均匀的小碎块；面包碎块与苹果一起放入锅内煮软；把切碎的桃和草莓混合物一起放入锅内，再煮片刻即可。

第185天

如何判断宝宝是否辅食过敏

▶ **宝宝辅食过敏的判断**

腹泻与呕吐是辅食添加不当时最容易出现的症状，通常宝宝的大便会比平时稀而且次数明显增多，看起来有点像蛋花汤，有时候还混有少量黏液及不消化的物质。每次添加新的食物之后，妈妈要多观察宝宝的反应，密切注意其消化情况。发现宝宝身上出现红斑或腹泻，应该去医院检查不要随便给宝宝用药膏。

大多数的妈妈认为蛋黄是最适合宝宝的食物，所以蛋黄是很多宝宝的第一餐。但约有3%的宝宝吃鸡蛋会浑身发痒，脸部和耳朵周围的皮肤发红、有分泌物，并出现湿疹等症状，这种情况很有可能是鸡蛋蛋白过敏。

▶ **如何预防宝宝辅食过敏**

❶ 有食物过敏史的妈妈，哺乳期间，要避免吃容易引起过敏的食物。

❷ 注意辅食品种的选择和添加顺序。首先给婴儿添加的辅食应是易于消化而又不易引起过敏的食物；辅食添加的顺序依次为谷物、蔬菜、肉、鱼、蛋类。较易引起过敏反应的食物如蛋清、花生、海产品等，应在1岁以后才添加。

❸ 掌握循序渐进的辅食添加。每次引入的新食物，应为单一食物，少量开始，以便观察婴儿胃肠道的耐受性和接受能力，及时发现与新引入食物有关的症状，这样可以发现婴儿有无食物过敏，减少一次进食多种食物可能带来的不良后果。

❹ 如果给孩子添加一种新的辅食，孩子反复拒绝，或者服用以后孩子出现哭闹、不舒服，或者恶心等症状，就要考虑孩子是否对这种食物过敏，因为这是一种本能的反应。

第186天

让宝宝练习用杯子喝水

从奶瓶喝水到用杯子喝水，对宝宝来说，是喝水方式的改变。因为宝宝不但要学习控制液体的流量，还要学习如何将杯子拿稳。

那么，在宝宝练习用杯子喂水时，父母应该做些什么呢？

▶ 从宽口的浅杯子开始练习

建议爸爸妈妈可以先挑选宽口径、深度较浅的杯子，让宝宝开始练习用杯子喝水。您也可以挑选附有双把手的学习杯，可以帮助宝宝稳固手腕的力量。

▶ 喝水时可以少量多次

宝宝刚开始练习时，爸爸妈妈可以在杯内倒入少量的水，让宝宝自己拿着杯子，妈妈可以用手稍微帮宝宝将杯子向上抬高，帮助宝宝学习用杯子喝水的姿势。同时，爸爸妈妈不要因为太心急而让宝宝不小心呛到，这样反而会加深宝宝用杯子喝水的恐惧感。

▶ 随时给予耐心鼓励

当宝宝开始愿意学习用杯子喝水时，爸爸妈妈别忘了要立即给予鼓励。譬如说："哇，你好棒哦！宝贝自己喝得好棒哦！"这样可增强宝宝的学习意愿，也能强化宝宝的信心。即使在训练的过程中，宝宝不慎将水杯弄翻或弄湿衣服。爸爸妈妈也不要急着大声斥责，反而可以借此机会告诉宝宝："衣服湿了怎么办呢？来，我们可以拿面巾纸擦干！"如此一来，还可以训练宝宝养成良好的卫生习惯呢！

第 187 天

宝宝添加辅食的要点

▶ **干净**

在为宝宝准备辅食时，要用到很多用具，如案板、锅、碗、勺等。这些用具最好能用清洁剂充分漂洗，并用沸水或消毒器具消毒后再用。此外，最好能为宝宝单独准备一套烹饪用具，以有效避免感染。

▶ **选择新鲜优质的食材**

最好挑选没有化学物质污染的绿色食品，尽可能新鲜，还要认真清洗干净。

▶ **单独制作**

宝宝的辅食一般都要求清淡、细烂，所以，要为宝宝另开小灶，不要让大人的过重口感影响到宝宝。

▶ **采用合适的烹饪方式**

为宝宝制作辅食最好采用蒸、煮等方式，并注意时间不要太长，以维持原料中尽可能多的营养素。辅食的软硬度应根据宝宝的咀嚼和吞咽能力来及时调整。食物的色、味也应根据宝宝的需要来调整，不要按照妈妈自己的喜好来决定。

▶ **现做现吃**

隔顿食物在味道和营养上都会大打折扣，还容易被细菌污染，所以不能让宝宝吃上顿剩下的食物，最好现做现吃。为了方便，可以在准备生的原料（如菜碎、肉末）的时候，一次性多准备些，再根据宝宝的食量，用保鲜膜分开包装后放入冰箱保存，但这样处理过的原料一定要尽快食用。

第 **188** 天

千万不要让宝宝生"虫牙"

龋齿俗称"虫牙"、"蛀牙"，是儿童最常见的牙病，宝宝乳牙自萌出后就有龋坏的可能。口腔中的龋牙细菌利用牙面残留的含糖食物代谢出酸性产物，造成牙齿脱钙形成龋洞。宝宝的牙齿如果经常受到口腔内酸的侵袭，使牙釉质受到腐蚀，变软变色，逐渐发展为实质缺损，也会形成龋洞。

▶ 龋齿的预防

❶ 刷牙是最方便易行并行之有效的预防方法。宝宝 2 岁以后，牙齿基本长齐了，就该正式开始学刷牙了。要给宝宝选择合适的牙刷和牙膏，要竖刷不要横刷。尽量使宝宝养成早、晚刷牙的习惯。

❷ 按时给宝宝添加辅食，练习宝宝的咀嚼能力。

❸ 在喂奶后给宝宝喝清水。

❹ 父母亲近宝宝前应用药物牙膏刷牙；咳嗽、打喷嚏时应避开宝宝；切勿将食物经自己咀嚼后再喂给宝宝。

❺ 少让宝宝吃零食、甜食。尤其是睡前不要让宝宝吃东西。

❻ 正确服用维生素 D 和钙制剂，增强牙齿强度。

❼ 最好半年带宝宝作一次牙齿检查。

▶ 护理方案

❶ 1~2 岁的宝宝，可用消过毒或煮沸的纱布，蘸取干净的温开水轻轻擦拭宝宝口腔两侧内的黏膜、牙床及已萌出的牙齿。坚持每次饭后、睡前各一次。

❷ 2 岁后的宝宝，除了用上述方法外，还应教会宝宝用淡盐水或温开水练习漱口，坚持每次饭后、睡前各一次。

第189天

宝宝口水长流怎么办

▶ 宝宝流口水的原因

由于宝宝吞咽功能尚未健全，吞咽口水的能力不如大人，加上口腔较短下咽不容易则外流。这就是宝宝容易流口水的原因所在。宝宝口水分泌量的增加与对腺体的刺激有关，如长牙，由乳食变半流食，均可对腺体进行刺激。所以宝宝流口水多在半岁以后，随着年龄的增长，牙齿萌出，口腔深度增加，宝宝逐渐学会用吞咽来调节过多的液体，这种流口水现象逐渐消失。由此可见，流口水对宝宝来讲不是病而是正常现象。

▶ 流口水的护理

要随时为宝宝擦去口水，擦时不可用力，轻轻将口水拭干即可，以免损伤局部皮肤。

常用温水洗净口水流到处，然后涂上油脂，以保护下巴和颈部的皮肤。

最好给宝宝围上围嘴，以防止口水弄脏衣服。给宝宝擦口水的手帕，要求质地柔软，以棉布质地为宜，要经常洗烫。

如果宝宝口水流得特别严重，就要去医院检查，看看宝宝口腔内有无异常、吞咽功能是否正常，等等。

▶ 训练宝宝吞口水

当宝宝的口水流到颈部时，爸爸可抱起宝宝，把他的小手放在自己的颈前，故意吞咽一口唾液使突出的喉头上下活动，让宝宝模仿。宝宝学会了自己吞咽口水，口水就不会再流到脖子了。此时宝宝的模仿能力还不是很强，不能一下子就学会自己吞咽口水，此时家长不要着急，有时间就可以训练宝宝的这一能力。

第 190 天
宝宝爱用手指头抠嘴了

▶ **宝宝用手指抠嘴需纠正**

由于手的灵活度越来越好，因此这个阶段宝宝可能会出于好奇，把手指头伸到嘴里抠；也有可能是因为乳牙萌出时有轻微的不适，于是用手指去抠，手指伸得很深，抠到上腭时，会引起干呕，甚至将食物呕吐出来；还有可能是因为宝宝体内缺少微量元素，若缺少微量元素就要及时补充。无论是哪种原因，都比较危险，一定要帮宝宝纠正，但纠正时要注意方法。

▶ **耐心纠正宝宝用手指抠嘴的行为**

当宝宝用手抠嘴时，父母不应该对宝宝用类似这样的言辞："抠嘴脏！宝宝怎么能抠嘴呢！""不要抠了！再抠，就打你的手！"当宝宝看到父母的严肃表情，听到对自己的严厉语气，可能会吓得大哭起来，但并不能让其记住。

这么大的宝宝还听不懂道理，但已经能看懂大人的脸色、听得出语气。当宝宝抠嘴时，如果父母把宝宝的手拿出来，看着宝宝表现出不高兴的样子，就足够了，不可超越婴儿所能接受的程度。

如果父母采取给宝宝讲道理的方式，一定要以爱为前提，态度平缓，虽然宝宝还听不懂，但却可以让宝宝开始明白做什么样的事会让父母生气，"不好"与"好"的概念会慢慢地灌输给宝宝，用手指抠嘴的行为也就自然而然地被纠正了。

第191天

和宝宝做游戏培养语言能力

▶ 宝宝刷刷刷

准备一把颜料刷或者大号的油画笔，不要买容易脱毛的。不要给宝宝穿太多衣服，以便和宝宝肌肤接触，室内温度同样也要舒适。

把宝宝抱在怀里，用颜料刷轻轻地刷宝宝的脚趾头，告诉宝宝："这是宝宝的脚趾头。"一边刷一边唱儿歌："刷刷刷，刷老大，刷老二，左刷刷，右刷刷"等。然后轻刷宝宝的脚心、脚背，并告诉宝宝："这是脚心，这是脚背。"如果宝宝很乐意，就接着刷宝宝的其他部位，刷的时候要反复念相应部位的名称，加强印象。

边刷边和宝宝对话或者唱歌，让宝宝结合听觉和触觉理解语言，认识自己身体各部位，丰富宝宝的词汇。

▶ 认识水果蔬菜

让宝宝垫着垫子坐在地板上，如果是冬天可以在床上铺一块桌布或床单等东西，让宝宝坐在上面，将一些常吃的瓜果蔬菜洗干净后放在一个筐子里，拿到宝宝面前，让宝宝观察一会儿，他会自己动手去抓握。

妈妈拿起一个橘子问宝宝："宝宝，这是什么，这是橘子吗？"然后自问自答："是，这是橘子，这是圆溜溜的大橘子，很甜的""这是黄瓜吗？对，这是黄瓜，绿绿的黄瓜"等。妈妈可以边给宝宝介绍边让宝宝摸着水果蔬菜，要注意的是不能拿着苹果问宝宝："这是吗？"这样容易让宝宝混淆，等宝宝长大一些后再做这种复杂游戏。

水果蔬菜最好选择颜色鲜艳，外表光滑，摸着舒服的。如苹果、梨、香蕉、萝卜、番茄等。让宝宝接触生活中常用的东西，熟悉生活，同时丰富语言词汇，训练宝宝联系词语和实体的能力。

第 192 天
训练宝宝咀嚼和吞咽

▶ **咀嚼训练要分阶段进行**

逐渐增加辅食是锻炼咀嚼能力的最好办法。因此，爸爸妈妈一定要根据宝宝的月龄逐步更换食物，为口腔肌肉提供各种不同的刺激，耐心地反复训练宝宝的咀嚼能力。学会吞咽，是日后摄取固体食物的重要前提。在 4~6 个月时，则是宝宝学习咀嚼和吞咽的起步阶段；而至 7~9 个月，食物质地也应由软渐渐过渡到稍硬，可以给一些磨牙的食物让孩子"磨磨牙"，让胃肠道逐渐适应向成人固体食物过渡。

▶ **宝宝咀嚼和吞咽训练**

训练重点：咬、嚼

辅食特点：半固体或固体

可选辅食：软面条、蔬菜粥、肉粥、肉泥、蒸蛋、碎水果粒、面包片、手指饼、小鱼干等。

宝宝这时的食物应由稀到稠，颗粒由细到粗，从半固体到添加少量小固体食物开始，根据宝宝的适应程度再慢慢添加固体食物的量；随着月龄的增长，宝宝可以用牙床进行较为完整的咀嚼动作，主动进食的欲望也逐渐增强，喜欢自己抓食物吃。这时，妈妈可以把切碎的固体食物直接给宝宝自己吃，刺激宝宝学习在嘴里移动食物，培养宝宝对食物和进食的兴趣。另外，还可给宝宝吃一些专门用来磨牙的小零食。

▶ **专家提醒**

有的宝宝不会咀嚼，吃时只是直接吞咽或立即吐出。这大都与父母过分溺爱宝宝或断奶过晚有关。

第193天

宝宝穿多穿少有原则

▶ **宝宝穿衣原则**

宝宝新陈代谢较快，只需比大人多穿一件衣服即可，别给宝宝穿太多，以免宝宝行动受限，反而会不舒服。

宝宝的衣物应以穿脱方便为原则，建议让宝宝穿着开襟式的连身衣，妈妈在更换宝宝衣服时也会比较轻松。等到 6 个月后，便可开始让宝宝试着穿上套头上衣。

宝宝穿着套头上衣或松紧裤时，要注意松紧度是否适中，若宝宝面露不适的表情，要赶紧替宝宝更换。

在购买宝宝服装时，最好选择浅色。穿着前应先下水充分洗涤，通过水洗可以洗去全部或大部分"浮色"。新衣服中挥发性的化学物质易溶于水，在洗涤晾晒过程中能被有效去除。

▶ **宝宝是否穿着适宜，从三方面判断**

❶ 手：若宝宝穿得过少，小手掌一定会比常温低（正常为 36 ~ 37℃），此时就要给小宝宝适量添加衣物。

❷ 脸：若宝宝出现苹果红脸，这就表示他穿得太多了，适当帮宝宝减少一些衣物吧！

❸ 体温：若宝宝穿得太多，就会出现体温上升、脸红、流汗等现象；若宝宝穿得太少，就可能出现体温下降、脸色苍白，甚至出现寒颤。

当妈妈观察到宝宝出现上述情形时，就要适时调整宝宝身上衣服的数量，以免宝宝因为忽冷忽热而感冒。

第 194 ~ 195 天

吸鼻器帮宝宝清理鼻腔

▶ **给宝宝准备个吸鼻器**

空气中的许多灰尘会随着呼吸进入鼻腔，可是小宝宝的鼻纤毛发育不完善，不能及时把鼻腔里的脏东西排出去，使小宝宝很不舒适甚至影响呼吸。而宝宝的鼻腔那么小，用小镊子去夹鼻腔里的脏东西，这样做很危险，很容易伤及小宝宝；用棉签呢，又很容易把脏东西推到宝宝鼻腔的更深处。所以最好的办法还是使用宝宝专用吸鼻器。

宝宝专用吸鼻器，在一些大的超市可以买到，它的材料以及制作的角度和尺寸都是为婴儿专门设计的，其弯度会使小宝宝倍感舒适，圆头也不会伤及皮肤，并且利于清洗。

▶ **吸鼻器的使用方法**

① 操作前要准备好用品：吸鼻器、小毛巾、小脸盆等。

② 将小脸盆里倒好温水，把小毛巾浸湿、拧干，放在鼻腔局部热湿敷。

③ 使用吸鼻器时，妈妈先用手捏住吸鼻器的皮球将软囊内的空气排出，捏住不松手。

④ 一只手轻轻固定宝宝的头部，另一只手将吸鼻器轻轻放入宝宝鼻腔里。

⑤ 松开软囊将脏东西吸出，反复几次直到吸净为止。

▶ **观察宝宝用嘴呼吸的细节**

如果鼻子里鼻涕很多，刚擦过马上又流出来，并且是清鼻涕，或干结后鼻屎堵住鼻孔，宝宝只能用嘴呼吸，这时就要提高警惕，宝宝可能患了伤风感冒。还在吃奶的宝宝常常吃几口奶就停一会儿用嘴呼吸一下，或者边吃奶边哭，很可能宝宝鼻子被鼻涕堵住，应用吸鼻器将鼻涕吸出。

第 **196** 天

预防宝宝烫伤的措施

▶ **抱孩子时不要饮用热饮料**

妈妈抱孩子喝热饮时，一不小心，就会把茶或咖啡等饮料洒在孩子身上，所以抱孩子时不要喝热饮。

▶ **做饭时不要让孩子进厨房**

妈妈做饭的时候，孩子在厨房里很容易碰到热锅或溅上热油而被烫伤，最好禁止孩子进入厨房。

▶ **给孩子洗澡时注意事项**

洗澡盆中倒洗澡水时要先放入凉水。再加热水至适宜温度为止。

▶ **桌子铺桌布勿放置热饮**

过了6个月，宝宝就会拉扯桌子上的桌布了，这样容易把桌上的热粥、热汤等东西弄洒，从而造成烫伤事故。即使孩子用手还不能够到，也不要大意。

▶ **电器使用注意事项**

把熨斗、电饭锅、暖水瓶等物品放到孩子够不到的地方。

用完熨斗、电饭锅等电器后须拔掉插头。

最好在取暖炉、电热风、暖气片周围设置栅栏。

不要长时间使用怀炉等。

▶ **专家提醒**

宝宝若被烫伤，基本上应选择冲、脱、泡、盖、送五种方式，但因宝宝的皮肤表层比成人脆弱，所以在紧急处理上仍有与大人不同之处。

第 197 天

谨防宝宝意外跌倒

▶ 宝宝意外跌倒的预防

❶ 窗边不放置椅子、摇篮和其他家具。

❷ 在给宝宝换尿布或穿衣服时，人不要离开宝宝，保持有一只手保护着宝宝。

❸ 清除家中的危险因素，如卷起的地毯、暴露的电线、栏杆间距宽大的阳台和楼梯等。

❹ 在洗手间、洗手盆前和楼梯上放上防滑垫。

❺ 要注意宝宝在有滑轮的学步车中的安全，或使用其他固定的学步车替代。

❻ 对宝宝经常活动的场地要检查是否安全，如地面是否平整等。

▶ 宝宝意外跌倒的紧急应对措施

❶ 如果宝宝受伤流血，应该先用干净的干毛巾按住受伤部位直接加压止血，并抬高受伤部位。

❷ 检查宝宝的神志。如果宝宝能哭，说明问题不大；如果宝宝神志不清，叫他名字没有任何反应，或出现呕吐，说明有可能存在颅脑损伤，一定要侧躺，以防呕吐物堵塞气管。同时立即打 120 叫急救。

❸ 检查宝宝的关节。如果宝宝胳膊、腿、手脚活动自如，说明这些部位没有骨折。如果宝宝某段肢体出现瘀肿变形，一动就哭，那就是骨折了。马上固定好骨折部位，平托着宝宝去医院。

❹ 如果出了肿包，在 24 小时内冷敷。

第**198**天

宝宝淋巴结肿大的护理

▶ **症状表现**

如果在宝宝颈下、颌下、枕后、耳前、腹股沟等部位的浅表处摸到绿豆至黄豆大的单个淋巴结体，是很正常的，并非疾病，更无需治疗。但是，受到外界病毒或细菌的感染刺激后，淋巴组织有可能增生肿大，表现为颈部、耳后、腋下或腹股沟处出现如玻璃球大小的结节，并有红肿、压痛。婴幼儿时期的宝宝淋巴结直径如超过 0.5 厘米，便可判断为肿大。

▶ **病因解析**

如果宝宝出现异常的淋巴肿大，一般是因为病菌感染。如果淋巴结中有细菌存在，会导致其发炎而肿大，甚至化脓。这是淋巴结肿大的一个常见原因。恶性肿瘤入侵也会引起宝宝淋巴结肿大。当宝宝出现持续发烧、体重减轻、食欲不佳、精神差、肝脾肿大等症状时，家长就应该提高警惕，及早送宝宝入院接受医师的诊治，以免耽误治疗。

▶ **护理方案**

发现淋巴结肿大时，首先要观察宝宝的全身情况，还要看一看宝宝的体温有没有改变，淋巴结是否在继续增大。如果全身情况很好，宝宝很活泼，不发热，胃口也很好，体重在增加，面色正常，那就可以放心。

检查一下淋巴结的部位、大小，能不能移动，压上去痛不痛。如果肿大的淋巴结只限于枕部、耳后、颈部、颌下，可以活动，没有压痛，出现于感冒期间或附近有过脓疮，淋巴结不是很大，虽然增大些，但没有继续增大，说明没有什么大病，爸爸妈妈可以放心。

第 199 天
宝宝耍脾气时该如何应对

▶ **宝宝耍脾气，父母不能耍态度**

宝宝的情感越来越丰富了，偶尔耍耍脾气并不是坏事，这说明宝宝已经开始有了自己的主见。不要一遇到宝宝耍脾气，就认为这样的宝宝应该管教，否则长大就管不了了。这是成人的逻辑，用在这么大宝宝身上是不恰当的。

心平气和地讲道理，不能宝宝耍脾气，父母耍态度。和宝宝对着干，这是造成教育失败的主要原因。温和地对待宝宝耍脾气，但温和中有智力开发，有情商培养，有教育，而不只是一味迁就。迁就只会让宝宝的脾气越来越大，以致无法改变，进入社会后受阻。

▶ **宝宝耍脾气时，父母如何应对**

❶ 有自己的原则：宝宝发脾气多数是想引起大人的注意，然后通过这种方式来满足自己的需求。这时，大人们一定要有自己的原则，不能由着宝宝的性子，一发脾气就满足他，否则只会纵容他发脾气，给他养成一种动不动就发脾气的坏习惯。当然了，至于一些小事就可以由着他，让他感受到家人的宠爱；在孩子身上，不管他对与错，自始至终都要有温情。

❷ 转移注意力：当宝宝发脾气的时候，如果是想要一些可能对他产生危险的物品或者不合适给他的东西的时候，大人就可以采用转移注意力的方式，用宝宝喜欢的玩具或者饼干之类的食物转移开他的注意力。

❸ 控制自己的情绪：有很多大人因为宝宝的一些无理要求而发脾气，这不仅没有效果反而会让宝宝更为激动，招致宝宝更强烈的"反击"。当宝宝发脾气的时候，大人一定要控制好自己的情绪，耐心跟宝宝沟通，让他感受到家人对自己的爱。

第 200 天

蚊虫叮咬的防治

▶ **蚊虫叮咬的预防**

如果刚好是在夏季，这个月的宝宝，可能没有赶上接种乙脑疫苗，所以有感染乙脑病毒的危险。蚊虫叮咬是传播乙脑病毒的主要途径，所以爸爸妈妈要为宝宝做好防蚊虫叮咬的措施。

在蚊虫出没的地区，父母该为宝宝床配上纱帐，室内每日打扫干净，外出玩耍时避开蚊虫出没的草丛、树下等处。一旦被蚊虫叮咬，要用肥皂清洗局部，涂以虫咬水等止痒药，以减轻炎症反应及皮肤瘙痒。避免宝宝抓挠，以免引起继发感染，局部反应较重或出现全身症状时应及时去医院。

宝宝的皮肤上不宜使用花露水、清凉油等。电蚊香毒性小，驱蚊效果较好，适合宝宝在室内使用。

▶ **蚊虫叮咬后的有效措施**

❶ 集中冰敷：在宝宝遭蚊虫叮咬的地方，可用湿毛巾局部冷敷 1 ~ 2 分钟或 3 ~ 5 分钟，可使该处的毛细血管收缩，以免发炎。

❷ 涂抹带有清凉感的软膏：若宝宝觉得被叮咬的部位很痒，可在患部涂抹薄薄一层带清凉感的软膏，如薄荷油、樟脑油等。

❸ 贴上纱布隔离：当宝宝红肿的情形严重，又无法立即找皮肤科医生看时，建议可先在患部贴上一层纱布作为隔离，以免宝宝搔抓使红肿症状加剧。

❹ 到皮肤科就诊：遭蚊虫叮咬后，通常过一段时间可自行痊愈，但是当患部红、肿、胀，甚至出现水疱时，就须到皮肤科就医。医生通常会根据症状及严重程度，开外用止痒药膏，若有细菌感染情形，还会加用口服抗生素治疗。

第201天

夜啼是一种"高要求"

夜啼是婴儿时期常见的一种睡眠障碍。不少孩子白天好好的，可是一到晚上就烦躁不安，哭闹或抽泣不止，这就是夜啼。孩子一般不会无缘无故地哭，如果他哭个不停，多数父母会认为是哪里不舒服，并不会想到宝宝也有"言外之意"。

▶ **夜啼，有时并非生病的表现**

到了这个月，一些原来就夜啼的宝宝，可能就会变好了；而一些从来没有夜啼的宝宝，可能会突然出现夜啼；也有一些原来就夜啼的宝宝，可能会变得更加严重了。很难确定造成宝宝夜啼的真正原因，也不太容易找到有效的解决办法。

父母感到带宝宝异常的辛苦，医生很同情这种情况，却无能为力，这是因为宝宝什么病都没有。先把这样的宝宝称为"高要求"的宝宝吧，这样父母可能会感到轻松一些。既然是"高要求"，父母就"高照顾"，也许过不了多长时间，宝宝突然就不哭了，"高照顾"也就可以恢复到正常护理的水平。

▶ **对付夜啼，父母需要耐下心来**

也许有人会说，对付夜啼的宝宝就是不去理睬宝宝，让他尽管哭个够，闹个够。这是一个消极的办法，可能会使情况变得更加糟糕。

对于"高要求"的宝宝，父母需要耐下心来，共同担当起养育宝宝的重任，而不是相互埋怨。也许正是夫妻吵架，才导致宝宝夜啼，而宝宝夜啼又反过来使夫妻育儿冲突不断。更好地对宝宝进行照顾，而不是更多地吵架，这是解决夜啼的重要原则。

第 202 天

宝宝有了新本领

▶ **为爬行做准备**

通过让宝宝趴在地板上来帮助他为爬行做准备。每天进行几次这样的活动，每次坚持几分钟。把宝宝喜欢的玩具或一本宝宝最爱看的卡片书放到宝宝的面前，当宝宝抬起头向四周看的时候，可以清晰地看到这些有趣的东西。

如果宝宝不喜欢趴着，妈妈可以躺下来，让宝宝趴在妈妈的身体上，即使宝宝不喜欢看玩具，也非常喜欢看自己妈妈的面孔。

经常做这个活动，可以帮助宝宝锻炼脖子、肩膀和手臂的力量，这是爬行必备的肌肉配合。

▶ **宝宝的早期爬行**

爬行需要双手和双膝的负重能力，重心的变换以及身体两侧平衡的协调。7个月的宝宝，即使练习了经常趴在地板上，也不可能熟练地在地板上进行手膝爬行。宝宝需要足够长的时间来练习爬行技巧。此时的宝宝有的仅仅用手臂拖动着自己，像战士一样匍匐前行，有的宝宝不会前行，只会后退，还有的宝宝会以自己的小肚子为圆心，在原地打转，样子可爱极了。妈妈们不要着急，这就是宝宝的早期爬行，相对于真正的爬行，这些早期爬行对于平衡能力的要求会相对少一些。经过一段时间的练习，当你看到宝宝用四肢支撑起身体，摇摇晃晃来回移动时，就意味着真正的爬行将要开始了。

▶ **宝宝爬行前准备**

妈妈要经常趴下身来，以宝宝的角度看看周围有没有有趣但危险的东西。将一切可能带给宝宝危险的小东西、大玩意儿都收起来，确保宝宝的安全。

第203天

宝宝有了模仿力

▶ **会模仿，好处多**

提高动作发展。妈妈为宝宝示范翻滚、撑、爬、抓、握、捏、推、敲打等大小肌肉动作，让宝宝在模仿中促进大运动的提高和手眼协调的发展。

促进认知。宝宝在模仿过程中，探索范围扩大了，认识事物的能力增强了，使宝宝的智能有了显著的增长。

促进语言发展。妈妈发出各种声音，并配合表情、肢体动作，让宝宝从中学习并模仿声音、音量、高低或节奏的变化。比如模仿各种动物的声音给宝宝听，让宝宝了解同一种声音在不同状况下也会有所不同。对于7个月的宝宝来说，父母要协助他通过模仿，将咿呀学语等无意义的声音转换为有具体内容的、能够被准确识别的语音。

提高社会性。宝宝在模仿中提高了自理能力，建立了初步的保护意识，愉悦了情绪，亲近了与父母的感情。

▶ **推荐游戏**

名称：纱巾舞。

目的：培养宝宝的模仿力、注意力及观察力；增进亲子感情。

玩法：准备一块透明的纱巾，放上一段优美的音乐，妈妈舞动纱巾，做出各种造型。接着，把纱巾放到宝宝的手里，教宝宝来回挥舞，还可以把纱巾盖到宝宝的头上。最后，放上一段欢快的音乐，做一些简单的动作：如上下、左右挥动纱巾、扔纱巾等，看宝宝会不会模仿，爸爸也可以加入到游戏中来，全家人一起游戏。

第 204 天
在游戏中训练记忆能力

▶ **坐墙头游戏：训练语言记忆能力**

这个游戏是很好的情感联系形式，通过反复演练有助于宝宝体力的发育并增强其语言记忆力，有利于宝宝语言能力的提高。

爸爸妈妈可以坐在地板上，将宝宝放在曲起的膝盖上。告诉宝宝："我们开始唱歌啦！"

小宝宝坐在墙头，笑呀笑呀笑笑笑。

小宝宝掉下墙头，哭呀哭呀哭哭哭。

随着儿歌的节奏抬起脚尖，以让宝宝有一种被弹起的感觉，当唱到"小宝宝掉下墙头"时，伸直腿让他也"掉下来"。让宝宝感觉到"掉"的感觉和"掉"这个词的联系，加深其记忆。

在进行这个游戏时，爸爸妈妈的动作幅度要适当，不要伤着宝宝。

▶ **滚球与抓球：视觉记忆能力训练**

培养宝宝的视觉追踪能力，初步感知球是可以滚动的，从而提高宝宝的视觉记忆能力。

父母准备一些彩色触觉球。让宝宝仰卧于床，妈妈站在宝宝的正前方，爸爸站在宝宝的后面。

妈妈说："妈妈的球滚到宝宝那里"，妈妈滚动自己手中的球到宝宝那里。

爸爸说："宝宝把球抓住"，爸爸和宝宝一起伸出手来接过球。

然后，爸爸和宝宝一起把球滚回到妈妈那里。

此活动可以持续进行，但要注意不要使宝宝感到疲劳。

第205天

宝宝的方向感练习

▶ **认识左右的双手**

妈妈和孩子可以一起唱儿歌：右手举高高，左手碰碰天，左手、右手，拍拍拍，右手、左手，好兄弟。根据歌词做动作，分别举起宝宝的左右手。可以让孩子通过双手的摆动来练习双手的灵活度，另一方面也可进行方位的认知。

▶ **搭积木**

给宝宝两三块积木，先搭一次给孩子示范，看一看。然后可以往上堆高或者把积木并排，排成长长的一条，然后让孩子模仿。

随着孩子月龄变化，越长越大时，搭排积木的数量可以慢慢增加。

▶ **捉迷藏**

满6个月龄后，已经有移动能力、会爬的孩子，就可以玩捉迷藏的游戏，顺便练习孩子听音、辨别方位的能力，可以在不同的地方，叫孩子的名字，让宝宝找找妈妈藏在哪里。较小的婴儿可以在较小的范围当中练习；较大的孩子，可以在整个家中安全的地方玩。在和妈妈玩捉迷藏的过程中，孩子必须要判断声音的位置、距离、远近。做得多了，则有利于发展视觉—空间感受能力。

▶ **散步**

带孩子到户外活动，散步时，对于常走的路或距离较近的地方，沿途边走时，可以边和孩子说，咱们该向左转或右转，走到某一个特别的标志性地段如超市、公园、儿童游乐园附近时，对宝宝说我们应该向左、右转而逐渐形成习惯，让孩子用小手指出左边、右边……对于大一些的孩子，还可以让宝宝带路。

第 206 天

培养宝宝数学能力

▶ 搭"皇冠"

准备三个大小不同的杯子，较小的杯子最好能套进较大的杯子。妈妈和宝宝一起坐在地板或床上，在宝宝的注视下，妈妈将最大的一个杯子口朝下放在地板上，再将较小的倒放在它的上面，将最小的放在次大的上面，构成一个"皇冠"。

然后将这个皇冠推倒，鼓励宝宝和妈妈一起重新建一个，在建造的过程中不断强调这几个杯子的大小关系，如，告诉宝宝："这个很大""这个比这个小"等，反复强调，让宝宝意识到几个杯子大小的依次关系。

选用的杯子质地应安全、易取放，可用塑料杯或纸杯。这个游戏可以帮助宝宝认识事物间的各种联系，感知物体间的大小关系。

▶ 感知"轻""重"

准备一个较重的瓷杯子和一个较轻的纸杯子，大小和形状最好相似。在两个杯子里各放一块小饼干或一个奶嘴之类的东西，在宝宝的注视下，将杯子里的东西取出来凑到嘴边做吃状，吸引宝宝，然后再放进去。妈妈可先将瓷杯子递给宝宝，让宝宝从里面拿出饼干，尽量让宝宝抱着杯子往出拿东西，妈妈告诉宝宝："这杯子很重哦，宝宝抱不起来了。"妈妈给宝宝一个轻的，将纸杯子递给宝宝，"宝宝，这个杯子很轻，宝宝抱着。"

最后妈妈将两个杯子都给宝宝，告诉宝宝："这个重""这个轻"。游戏中妈妈要有意识地强调"轻"和"重"两个概念。还可以换成其他的东西，如金属块和木头块等。这个游戏让宝宝通过感觉了解物体重量，对"重"和"轻"有初步的认知。

第207天
因果关系影响宝宝智力

▶ **宝宝什么时候会出现因果关系探索**

积极寻找声源时；仔细观察扔、丢、敲、摇、拍打物品时，到底发生了什么事情；寻找隐藏的物品，特别是当宝宝看到物品从视线中消失时。但此月龄的宝宝不会长时间地寻找隐藏的物品。当宝宝做重复的事情时可以预见产生的结果，如：当丢下物品时会预见它将落下。

花大量的时间寻找有趣的事情来研究，特别是会坐、能爬时。

愿意研究小东西和大物品的细节部分。

▶ **宝宝喜欢的因果活动**

为宝宝制造一些机会，让宝宝通过看、摸、听等活动充分探索因果关系，方法列举如下：摇晃拨浪鼓或能发声发光的物品。推倒堆好的积木塔。两块积木对敲、排列或撞到一起。

洗澡是最好的因果活动时间：把宝宝放到水里，让宝宝熟悉一下水里的环境，浴缸里再放一些宝宝喜欢的水上玩具。让宝宝按、压、拍、敲打玩具，溅起水花，观察动作之后出现的结果。接着，准备一个小喷壶，把水从宝宝的头顶倒下来，让宝宝随意地拍水、打水、玩水，寻找发现不同的有趣活动。待宝宝自由探索一段时间之后，再把宝宝横抱起来，托住宝宝的肚皮，像水艇一样在水面上缓缓地游动，妈妈嘴里还要模仿汽艇的声音："呜——呜！"让宝宝感受沉浮，增加更多新鲜有趣的探索活动。

第208天

给宝宝找个小伙伴

▶ **为宝宝创造条件结识小伙伴**

爸爸妈妈应重视宝宝的"伙伴教育"，伙伴可以让宝宝学会人际交往，让宝宝性格开朗，和小伙伴在一起也可以相互学习，让宝宝学着待人接物。小伙伴之间的教育，是其他任何教育所不能替代的。我国现在每个家庭多数只有一个宝宝，爸爸妈妈一定要多为宝宝创造条件，让宝宝能结识更多的小伙伴。

现在大多数家庭相互来往比较少，爸爸妈妈应多带宝宝走出户外，到小区里大家经常去的公园或广场上走一走，让宝宝和别的宝宝相互接触，看一看或摸一摸别的宝宝，也可以让宝宝在别人面前表演下他的新技能，夏天还可以让宝宝和其他同龄小宝宝在铺有席子的地上爬着玩，或者推小皮球玩。

与别的小宝宝玩时，爸爸妈妈一定要注意教宝宝懂礼貌，不要让宝宝抢别的宝宝的玩具，或抓咬别的宝宝。

▶ **重视宝宝的"伙伴教育"**

❶ 以身作则，培养礼貌氛围。家长是孩子的镜子，家长的一言一行直接影响着孩子的行为。所以，家长必须自己能做到礼貌待人。

❷ 耐心教导，循循善诱。给孩子讲其他小朋友的讲礼貌或不讲礼貌的故事，以间接、隐喻的方式让孩子明白注意公共礼仪是尊重他人，尊重他人的人才会受欢迎和被尊重。让孩子懂得礼貌的重要性，在潜移默化中形成文明礼貌的良好行为习惯。

❸ 利用榜样的力量。在组织的聚餐上，有意请讲礼貌且喜欢和他一起玩的小伙伴共同进餐，让同伴对他产生影响。榜样的力量是无穷的，幼儿很容易从榜样身上看到自己努力的方向，这样远比说教来得有力。

❹ 不要要求孩子迅速改变，只要有进步就应及时鼓励。

第 209～210 天
多跟宝宝做发音游戏

宝宝学说话之前还有一个重要的步骤，就是学会发音，体验从嘴巴发出声音的奇妙感觉。如何教宝宝发音呢，对于年龄小的宝宝来讲，从游戏中学习就最合适了。一些教宝宝发音的游戏就非常适合，让我们来一起看看这些训练宝宝发音的小游戏吧。

▶ 啊 – 啊、呜 – 呜

爸爸妈妈可以与宝宝面对面，用愉快的口气和表情发出"啊 – 啊"、"呜 – 呜"、"喔 – 喔"、"咯 – 咯"、"妈 – 妈"、"爸 – 爸"等重复音节，吸引宝宝注意你的口形，每发一次重复音节应停顿一下，给宝宝模仿的机会。这不仅能增强宝宝的记忆能力，还能发展宝宝的语言表达能力。

▶ 丁零零，电话来了

让宝宝靠坐在床上，妈妈坐在对面，和宝宝玩打电话游戏。妈妈拿起玩具电话，对着电话说："喂，宝宝在家吗?"然后帮助宝宝拿起电话，说："丁零零，来电话了，宝宝来接电话了!"妈妈在"电话"中要尽量使用生活常用词，以加强宝宝对这些词的理解和认识。如"饿了"、"高兴"、"漂亮"等。目的是调动宝宝说话的热情。

爸爸妈妈可以找一本图片多的书，将书里的一些容易辨识的动物、人、日常物品的图片粘到奶粉罐上，和宝宝一起玩。滚动罐子，指着不同的图片，和宝宝一起看图说话。让宝宝自己找图片："狗狗在哪里? 苹果在哪里?"经常锻炼快速准确地找到所看到的图形，可有效激发宝宝对于语言的渴望，有效锻炼宝宝对于语言的灵活度。

第8个月

在滚与爬的
世界里游戏

第 211 天
补充维生素 D 很重要

▶ **维生素 D 的功能**

维生素 D 可促进宝宝体内钙和磷的吸收，促进宝宝牙齿的健全和骨骼的生长，防治佝偻病。

▶ **维生素 D 的来源**

鱼肝油是维生素 D 最丰富的来源，乳制品中维生素 D 的含量较少，谷类和蔬菜中不含维生素 D。

含有维生素 D 的食物有牛肝、猪肝、鸡肝、金枪鱼、鲱鱼、鲑鱼、沙丁鱼、蛋、奶油等。

▶ **缺乏维生素 D 的表现**

缺乏维生素 D 容易出现小儿佝偻病，如鸡胸、O 形腿、X 形腿等；宝宝还会爱哭闹，易激怒，睡眠不好，多汗；宝宝会出现颅骨软化，用手指按压枕骨或顶骨中央会内陷，松手后即弹回；缺乏维生素 D 的宝宝头颅容易呈方形。

宝宝缺乏维生素 D，可造成出生后 10 个月甚至 1 岁才开始长牙，且牙质不坚固，容易患龋齿。缺乏维生素 D 的宝宝还容易患近视。

▶ **维生素 D 的摄取量**

婴儿维生素 D 的参考摄入量为每天 10 微克。

第212天

防止宝宝营养过剩

摄入合理的营养，对宝宝的身体发育是十分有益的，然而摄入过多的营养不但无助于宝宝的健康成长，还会给宝宝带来诸多疾病，比如高脂血症、心血管病、血管钙化等。怎么判断宝宝是否营养过剩呢？

出生后 1~6 个月：标准体重（克）＝出生时体重（克）＋年龄（月数）×700（克）。出生后 7~12 个月：标准体重（克）＝6000 克＋年龄（月数）×250，如出生后 8 个月的宝宝的体重为：6000 克＋250 克×8＝8000 克，即 8 千克。1 岁以后：标准体重（千克）＝8 千克＋年龄×2（千克）。同年龄的农村宝宝较城市宝宝轻 1 千克左右。一般认为体重超过以上标准体重的 20%~29% 为轻度肥胖，超过 30%~49% 为中度肥胖，超过 50% 为重度肥胖。

对已发生肥胖的宝宝应调整饮食，限制每天摄入量，并严格进行计算和控制。应严格限制肥肉、油炸食品、奶油食品和含奶油的冷饮、果仁、糖果及高糖饮料、甜点、洋快餐和膨化食品等的摄入量。同时要增加运动量，坚持每天下午或晚上运动一小时左右，减少过度的睡眠时间以控制体重。

对未发生肥胖的宝宝应进行科学喂养。比如，每天进食的过程中，先进低能量的蔬菜和汤，再进高能量的肉食和主食，这样可以避免过多进食。尽早建立定时进食的习惯，何时进食是相对固定的。即便前一餐吃得不够，也无需安排加餐或零食。过分依赖餐馆或超市，会使宝宝难以摄取到新鲜而丰富的均衡营养，容易成为胖胖的营养不良儿。经常运动的宝宝不容易胖，而养成懒惰的习惯就不妙了，体重难以控制。

第 **213** 天

别让宝宝赖上甜食

▶ 过多摄入甜食对宝宝危害大

8个月的宝宝对味道已经很敏感了，而且容易对喜欢的味道产生依赖，尤其是甜食，因为大多数宝宝都比较喜欢甜甜的味道，但甜食对宝宝的不利影响很大。

如果大量进食含糖量高的食物，宝宝得到的能量补充过多，就不会产生饥饿感，不会再去想吃其他食物。久而久之，吃甜食多的宝宝从外表上看，长得胖乎乎的，体重甚至还超过了正常标准，但是肌肉很虚软，身体不是真正健康。

此外，甜食吃得过多会使宝宝出现味觉依赖、龋齿、营养不良、精神烦躁、钙负荷加重等症状，不但影响宝宝的生长发育，还会使宝宝的免疫力降低，很容易生病。

如果宝宝在婴儿期就偏爱甜食，那么此后将很难使他放弃甜食，因此婴儿期应尽量少喂含糖量非常高的食物，尽量给宝宝提供多样化的饮食，控制甜食的摄入量。

▶ 适量吃甜食补充宝宝营养

不过，甜食不是绝对不能吃，合理地吃甜食可以使宝宝得到蛋白质、碳水化合物、微量元素等营养补充，但是一定要注意适度，每天进食糖量不能超过每千克体重0.5克。

▶ 专家提醒

宝宝在1岁以前，味觉还不够发达，不适合浓重的食物味道。在给宝宝制作辅食时尽量保持食物原有的味道，不添加过多的调味品，否则宝宝长大以后，口味会变得很重。

第 214 天
感冒宝宝的喂养

1 岁以内的婴儿由于免疫系统尚未发育成熟，所以非常容易患病。尤其到了寒冷的冬季更是一个严峻的考验。不少宝宝稍一着凉，喷嚏、鼻涕就接踵而至，严重的还会高烧不退。面对茶饭不思、痛苦不堪的宝宝，年轻的父母往往手足无措。俗话说"三分治七分养"，正确周到的喂养可以让宝宝尽快恢复健康，不必长时间地忍受疾病的折磨。

▶ 多补充水分

宝宝感冒了，有时候会食欲不振或腹泻，妈妈要多喂些温热、有营养的辅食，给宝宝及时补充水分。但是，如果宝宝胃口不好，一定不要强迫宝宝。在宝宝恢复食欲前，妈妈要注意观察，除给宝宝温开水外也可以给宝宝喂一些果汁。

▶ 多吃营养丰富的食物

妈妈要多做些易消化且营养丰富的辅食给患感冒的宝宝增加营养，要多使用豆腐、鱼类、肉类、鸡蛋、乳制品等富含蛋白质的食品。另外，妈妈要多选用富含维生素 C 和胡萝卜素的绿黄色蔬菜，以保护宝宝的气管和喉咙。

▶ 给生病宝宝做辅食有讲究

❶ 煮粥：最好用大米或者小米煮，煮得尽可能黏稠一些。

❷ 面食：面条里可以加切碎的各类蔬菜、肉末；刚蒸好的馒头、面包也可以给宝宝吃。

❸ 鱼类：要选择刺儿少、肉多的鱼；味道要清淡；最好清蒸。

❹ 豆类：最好选用豆腐，但要注意不能给宝宝吃凉的豆腐。

慎用抗生素

▶ 建立自己的免疫菌群

宝宝半岁以后，来自母乳免疫的"天然屏障"已经用尽，需要建立自己的免疫系统，以应对未来漫长生命期中的每一次病毒来袭。

病菌与微生物在免疫系统自建过程中的作用举足轻重。免疫系统的发育需要这些微生物的刺激，让它感受到必须进一步发展。所以，小病对宝宝的免疫系统建立有益。

▶ 抗生素会降低免疫力

抗生素，尤其是广谱抗生素，能杀死所有的细菌，包括人体内原有的有益菌，从而在治病同时导致机体功能失调。长期或大剂量使用广谱抗生素，由于体内敏感细菌被抑制，而未被抑制的细菌以及真菌则趁机大量繁殖，会引起菌群失调导致二次致病。

抗生素可以治病，也会产生不良反应，没有一个抗生素是绝对安全而无不良反应的。如链霉素、庆大霉素、卡那霉素等可损害第八对脑神经而造成耳聋。青霉素可发生过敏性休克，还会引起皮疹和药物热，因此使用抗生素应有的放矢，不可滥用。

▶ 听从医嘱选择抗生素

细菌或支原体感染，可以针对性地应用抗生素。但同时也要注意，每次引起感染的病原体不一定相同，以前有效的药物，这一次不一定有效。

抗生素发挥作用需要有个过程，不能着急，不能频繁换药。

抗生素无高级与低级之分，只有病原菌对药物敏感与不敏感之分，以价格判断药物好坏、高级低级是没有道理的。因此，家长不要一味追求价格高的抗生素，而是应该听从医嘱，根据宝宝的症状及有关化验结果合理选用抗生素。

宝宝不好好吃怎么办

▶ 宝宝不喜欢吃蔬菜

有的宝宝不喜欢吃蔬菜，原因可能是前几个月妈妈给宝宝吃的菜汁或菜汤味道比较单调，宝宝已经吃够了。妈妈应该试着给宝宝吃一口大人吃的菜，如果宝宝很喜欢吃，说明宝宝已经喜欢美味了，那么妈妈做菜时就要更讲究味道，不能再像以前那样水煮菜了。

▶ 不放盐的食品宝宝不再吃了

有的爸爸妈妈不敢给宝宝吃盐，这样是不对的。肉类食品如果制作时不放些盐，宝宝吃一顿就不会再想吃了。有的菜可以没有咸味，但有的菜没有咸味就很难吃了。爸爸妈妈要知道，不能给宝宝吃咸的，并不意味着食品中不能放盐，可以适量放些，但不能放得太多。

▶ 宝宝开始不喜欢吃鸡蛋

有的宝宝从出生后几个月就开始吃蛋黄，而且吃的都是不放盐的蛋黄。到了这个月，宝宝不喜欢吃蛋了，妈妈不用担心，可以把蛋先停一段时间，再吃时宝宝可能就喜欢吃了。而妈妈做鸡蛋的方法要不断变换，不要每天都是鸡蛋羹、鸡蛋汤，这样很容易吃腻的。

▶ 宝宝拒绝喝配方奶

有的宝宝自从开始吃辅食后，就不喜欢喝配方奶了。如果宝宝不喝配方奶，妈妈可以给宝宝吃蛋肉，蛋和肉含有丰富的蛋白质，也能满足宝宝日常所需的量。如果宝宝既不喜欢喝奶，也不喜欢吃蛋肉，只喜欢吃粮食和蔬菜，就不能从中获得所需要的蛋白质，妈妈应该鼓励宝宝吃蛋肉或奶，减少粮食的摄入量。

第 217 天
不必阻止宝宝用手抓食品

宝宝到了 8 个月，手的动作越来越灵活，不管什么东西，只要能抓到，就喜欢放到嘴里。有些爸爸妈妈担心宝宝吃进不干净的东西，就阻止宝宝这样做。爸爸妈妈的这种做法是不科学的。

▶ 爸爸妈妈莫阻止

宝宝能将东西送到嘴里，意味着孩子已为日后独立进食打下了良好的基础。如果禁止宝宝用手抓东西吃，可能会打击孩子日后学习独立进食的积极性。

▶ 爸爸妈妈这样做

爸爸妈妈应把宝宝的小手洗干净，周围放一些伸手可得的食品，如小饼干、鲜虾条、水果片等，让宝宝抓着吃。这样不仅可以训练宝宝手部技能，还能摩擦宝宝牙床，以缓解宝宝长牙时牙床的刺痛，同时能让宝宝体会到独立进食的乐趣。

▶ 推荐宝宝可抓取的食物

❶ 水果：通常宝宝都喜欢吃甜食，所以把水果去皮去核后，切成小块，都适合宝宝用手抓着吃。

❷ 蔬菜：几乎所有粗纤维少的蔬菜，只要去掉较硬的部分，煮熟后都适合宝宝手抓着吃。

❸ 鱼：对于宝宝来说，鱼不仅营养丰富，而且有利于宝宝脑部发育。三文鱼、鳕鱼、比目鱼等都适合让宝宝自己抓着吃。唯一麻烦的就是需要大人仔细地去除鱼骨。

❹ 面条：贝壳形状、车轮形状、三明治形状的意大利通心粉非常容易吸引宝宝的注意力，比起条状的面条，更加适合宝宝用小手抓食。

第 218 天

美味营养食谱推荐

❶ 蔬菜泥

原料：糙米 1/2 杯，西红柿 2 个，土豆、胡萝卜各 1/4 个，银鱼 15 克。

做法：①银鱼入沸水中焯烫，捞出后沥干、剁碎。

②糙米淘洗干净，泡水后煮粥。

③土豆与胡萝卜分别去皮，洗净，蒸软；西红柿用沸水烫一下后去皮。

④将土豆、胡萝卜与西红柿一起放入榨汁机内搅打均匀。

⑤打好的蔬菜汁倒出，淋入糙米粥后放在火上，加剁碎的银鱼再一起熬煮 5 分钟，关火凉凉即可。

❷ 草莓蜜桃泥

原料：草莓 2 颗，水蜜桃 1/4。

做法：①草莓洗净，择去蒂后再清洗一次，沥干水分备用；水蜜桃去皮、核。

②将草莓和水蜜桃放入碗内，捣成细泥即可。

❸ 鸡肝胡萝卜粥

原料：鸡肝 2 块，胡萝卜 20 克，米饭 2 大勺，高汤适量。

做法：①鸡肝清理干净，煮熟，捣成泥。

②胡萝卜洗净，煮熟，捣成泥。

③米饭倒入高汤，小火熬成粥。

④将胡萝卜泥、鸡肝泥加入粥内，拌匀略煮即可。

❹ 黑芝麻麦片糊

原料：黑芝麻少许，熟麦片适量。

做法：①熟麦片放入搅拌机中打成粉状，取出后放入碗内，加适量开水搅拌成糊状。

②黑芝麻放平底锅中炒熟，也用搅拌机打成粉状。

③将黑芝麻粉倒入调好的麦片糊中，搅拌均匀即可。

⑤ 银耳蛋羹

原料：鹌鹑蛋 2 个，银耳半朵，高汤适量。

做法：①银耳用开水泡发，除去根蒂，洗净撕成小瓣。

②鹌鹑蛋煮熟去皮。

③锅中加适量水，先放入银耳煮沸，然后倒入高汤，中火将银耳煮软烂，再放鹌鹑蛋煮片刻即可。

⑥ 菠菜猪肝汤

原料：菠菜 4 根，猪肝一小块，姜丝少许，高汤少许。

做法：①猪肝洗净，切碎。

②菠菜洗净，放入沸水中焯烫，捞出后切碎。

③锅内加水烧开，加入姜丝和高汤，再放入猪肝和菠菜，煮至肝熟即可。

⑦ 番茄鱼糊

原料：新鲜鱼肉 100 克，番茄 500 克。

做法：①鱼肉去皮及刺，放在开水锅里煮片刻，捞出后切碎。

②番茄用开水烫一下，去皮后切碎。

③将肉汤倒入锅里，下入鱼肉末稍煮一会，然后放入切碎的番茄，用小火煮至糊状即可。

⑧ 红薯小米蛋花粥

原料：小米 1/3 碗，鸡蛋 1 个，红薯半个。

做法：①红薯去皮切小丁；鸡蛋搅成蛋液。

②锅内加水烧开，放入小米烧开，然后放入红薯丁，再次烧开后转小火煮 20 分钟。

③待小米和红薯都已软烂时，浇入蛋液搅拌成蛋花即可。

第 219 天
培养宝宝早起早睡的习惯

▶ **了解宝宝的睡眠节奏**

由于宝宝个体差异，睡眠的时间和深度也有一定的差别，而且表现的形式也各不相同。就一般规律来讲，这一时期的宝宝每天上午和下午还需要各睡一次，每次 2 小时左右，一天总的睡眠时间保证 14～16 个小时。如果宝宝白天的睡眠时间比较短，每次不到 1 小时，只要晚上睡得好、睡得足，白天玩的时候也很精神，妈妈就不用太过担心。但是，为使宝宝的睡眠节奏有规律，而且能做到早睡早起，白天最好在固定的时间让宝宝睡 1～2 次，每次 1～2 个小时，晚上再睡 10 个小时以上就不会有什么问题了。

▶ **建立良好睡眠习惯 5 步法**

❶ 形成每天的睡眠时间表，宝宝每天睡眠时间和觉醒时间能够比较固定的话，无论什么时候都睡得很好。

❷ 在宝宝进行规律的睡眠日程后，要把宝宝放到床上去睡，尤其是迷迷糊糊但还未入睡时，这样宝宝能更自然地入睡。宝宝整夜睡眠的关键是能自己进入睡眠状态，这样当他夜间醒来时便可自行进入下一个睡眠周期。

❸ 建立规律的就寝前活动，比如就寝前安排洗澡、讲故事、唱安眠曲等安静而愉快的活动，这些活动一定要坚持，渐渐地，宝宝一接受这种活动便会有入睡反应。

❹ 保持稳定安全的睡眠环境，宝宝一整夜睡眠环境应一致，灯光、温度不能发生太大的变化，灯光不要太亮，房间不宜过热，宝宝在较暗、较凉爽而安静的房间睡眠效果最佳。

❺ 消退外界辅助条件，例如睡前不再给宝宝唱安眠曲等，让宝宝自动入睡。

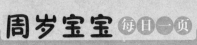

第220天
宝宝四季衣服的选择

这个月的宝宝正是学走练爬的时期，由于好动的宝宝经常出汗，再加上生活不能自理，衣服就很容易弄脏。所以，这个月宝宝的服装就要有一定的要求，而且四季也有所不同。

▶ 对春秋季服装的基本要求

外衣衣料要选择结实耐磨、吸水性强、透气性好，而且容易洗涤的织物，如棉、涤棉混纺等。纯涤纶、腈纶等布料虽然颜色鲜艳、结实、易洗、易干，但吸湿性差，容易沾上脏污，最好不要穿。

▶ 对冬季服装的基本要求

宝宝冬季的服装应以保暖、轻巧为主。外衣布料以棉、涤纶混纺等为好，纯涤纶、腈纶等布料也可使用。服装的款式要松紧有度，太紧或过于臃肿都会影响宝宝活动。

▶ 对夏季服装的基本要求

宝宝夏季的服装应以遮阳透气、穿着舒适、不影响宝宝的生理功能为原则。最好选择浅色调的纯棉衣物，这种面料不仅吸水性好，而且对阳光还有反射作用。纯涤纶、腈纶等布料透气性差，穿这类衣服宝宝会感到闷热，也易生痱子，甚至会发生静电、过敏等反应，因此最好不要穿。

▶ 专家提醒

爸爸妈妈在为宝宝选购衣服时，请尽量避免有小珠珠、纽扣等设计的宝宝衣服，以免宝宝发生吞食的意外。

第221天

从宝宝睡相看健康

异常睡眠	相关隐患	采取措施
睡觉前烦躁，入睡后易惊醒，面红，呼吸急促。	很可能预示着宝宝即将要发烧。	细心观察宝宝是否有感冒流鼻涕、打喷嚏、腹泻等症状。给宝宝喝大量的纯净温水。
睡觉时哭闹不停，不时蹬被子、摇头抓耳，小脸发红。	宝宝可能是患了湿疹或中耳炎。	及时检查宝宝的耳道有无红肿现象，皮肤是否出现红点，如果有，及时送宝宝去医院诊治。
睡觉后不断地咀嚼、磨牙。	宝宝可能是得了蛔虫病，或是消化不良。	可以去医院检查一下是否是蛔虫病；应该合理安排宝宝的饮食，不要一次给宝宝喂的太多，否则易造成消化不良。
睡着时四肢偶尔抖动，好像抽筋了一样。	可能宝宝过度疲劳，或受了过强的刺激、惊吓。	避免让宝宝在白天长时间玩耍，或是室外活动过多；不要让大人突然做一些动作故意吓唬宝宝玩。
经常在睡着后突然大声啼哭。	这在医学上称为宝宝"夜间惊恐症"。	一般是由于白天受到不良刺激引起的。所以，父母平时要让宝宝在白天保持情绪平和。
老是醒来，哭一阵才睡。	很可能是宝宝肠胃功能紊乱。	特别要留意宝宝有没有腹泻、呕吐，或进食不规律的现象。如果有，应该尽快带宝宝去医院诊治。

第 222 天

宝宝抗拒洗澡的原因是什么

▶ **父母把"洗澡"只当作洗澡**

对于宝宝来讲，他们并没有"洗澡"的概念，认为洗澡就是游戏，是戏水。所以，当他们洗澡时可能会坐在澡盆里乱扑腾，自己越玩越起劲儿。但多数父母却是为了让孩子洗澡而洗澡的，洗澡时为了洗得干净，水别撒出来，时间不能太长等等，而阻碍了宝宝游戏，致使宝宝玩得不够尽兴。当成人的想法与宝宝不一致的时候，宝宝自然会抗拒洗澡。

▶ **水温过高或过低**

婴儿皮肤正值敏感期，对水温的刺激反应比较强烈。对成人来说，2～3℃的温差没有什么感觉，但对宝宝而言，却是很大的差异。如果宝宝被洗澡水烫过或冻过，宝宝就会害怕洗澡。

▶ **宝宝曾有呛过水的经历**

大人开水龙头时，水流的声音过大，孩子受到惊吓或是滑入水中呛过水，这都会让孩子对洗澡产生恐惧感。

▶ **洗浴用品不适应**

由于宝宝的眼睛、泪腺尚未发育完善，如果给宝宝洗澡时使用品质不好且刺激性强的洗发沐浴产品，不慎流到宝宝眼睛里，会引起宝宝的不适，从而让宝宝对洗澡产生抗拒心理。

▶ **洗澡时间不适合**

在宝宝游戏还没尽兴时，突然被要求去洗澡。这时，宝宝便会抗拒洗澡。类似的情况还有，比如在洗澡之前宝宝不开心，他便会借题发挥，以拒绝洗澡的方式来表达自己的不满。

宝宝眼部安全的预防和处理

▶ 一旦进入异物，该如何处理

❶ 异物进入眼内时，先不要慌张，不要用手搓揉宝宝的眼睛。

❷ 如果是一般的异物，如昆虫、灰沙等进入眼内后多粘附在眼球表面，可以用拇指和食指轻轻捏住宝宝的上眼皮，轻轻向前提起，向眼球吹气，刺激宝宝流泪，异物即可被冲出。

❸ 如果异物在眼皮中，上述方法可能无法让宝宝停止哭闹，这时可让宝宝向上看，用手指轻轻扒开下眼皮，看看是否有异物，尤其是下眼皮与眼球交界的皱褶处，如果没有，可翻开上眼皮寻找，然后到眼皮的边缘和白眼球处寻找，找到异物后，用湿的消毒棉签将异物轻轻粘出，注意不要让宝宝乱动，不然会戳伤宝宝。

❹ 如果进入眼内的沙尘较多，可用清水冲洗，当灰粒比较大时，应立即翻开宝宝的眼皮取出，用大量清水冲洗后立即送医院处理，千万不可不作处理直接送医院。

❺ 若是生石灰进入眼睛，不能用手揉，也不能直接用水冲洗，因为生石灰遇水会生成碱性的熟石灰，同时产生热量，会灼伤眼睛，可用消毒棉签粘出，然后送医院处理。

▶ 怎样预防异物入眼

❶ 风沙大的时候不要带宝宝出门，扬尘时应用纱布罩住宝宝的面部。

❷ 打扫卫生时应及时将宝宝抱开，宝宝所处的环境应清洁、湿润。

❸ 不要将宝宝放在床上整理床铺，以免飞尘或飞絮进入宝宝眼内。

❹ 给宝宝洗澡时，避免浴液刺激眼睛。

第 224～225 天

宝宝腹痛不可乱揉

宝宝腹痛，妈妈一般都喜欢帮宝宝揉一揉，觉得一定能缓解宝宝的疼痛，这种方法对胃肠道痉挛引起的胃肠绞痛有一定效果，但是有些情况可不能随便揉肚子。

▶ 肠套叠

多见于年幼儿童，特别是肥胖儿童。由于被套入的肠管血液供应受到阻碍，引起疼痛，时间长了发生坏死。如果盲目按揉，可能造成套入部位加深，加重病情。

▶ 蛔虫病

是引起宝宝腹痛的常见原因，某种因素刺激虫体时，会使蛔虫窜上窜下地蠕动，刺激肠道引起更加剧烈的痉挛疼痛，此时按揉宝宝肚子，只会更加刺激蛔虫，甚至引发胆道蛔虫症。蛔虫还可能穿破宝宝娇嫩的肠壁，引起腹膜炎。

▶ 急性阑尾炎

在宝宝中较多见，幼儿阑尾炎早期并无典型症状，可能肚脐周围有轻微疼痛，时有呕吐、腹泻的症状，按压肚子时疼痛并不明显，宝宝的免疫功能较差，患阑尾炎时很容易发生穿孔。如果在此时按揉宝宝的肚子或做局部热敷，可能会促进炎症化脓处破溃穿孔，形成弥漫性腹膜炎。

宝宝腹痛时，父母最好尽早带宝宝去医院。

▶ 专家提醒

现代医学研究发现，"心病"同样可以缠上宝宝。精神性腹痛就是其中之一，这种腹痛的多因情绪强烈波动而发生。

第226天

宝宝出水痘了怎么办

▶ **避免宝宝抓破**

由于出水痘的部位有点痒，宝宝常常用手去抓挠，这样很容易引起疱疹糜烂化脓。因此，爸爸妈妈要给宝宝剪短指甲，保持手的清洁，一定不要让宝宝用手抓水疱。如果有必要，可给宝宝戴上手套，以防抓破后继续感染。水疱已经抓破，要及时咨询医生，在医生的指导下用消炎药膏涂抹，避免感染。

▶ **饮食生活要格外注意**

宝宝得了水痘，情绪很低落，食欲很差，因此，爸爸妈妈应给宝宝吃易消化的食物，并多吃维生素C含量丰富的水果、蔬菜，比如苹果、桃、胡萝卜等。另外，妈妈不要在宝宝出水痘期间带宝宝去公共场所，以防止宝宝发生其他感染。

▶ **注意保持宝宝的皮肤清洁**

宝宝在出水痘期间，要保持皮肤清洁。父母要定时给宝宝洗澡，洗完澡一定要用柔软的毛巾或者纱布把宝宝的身体擦干净。潮湿的条件下，细菌容易存活，很容易发生感染。洗完澡后可以给宝宝涂抹一些止痒的药膏。

▶ **让宝宝在家休养**

水痘的传染性很强，如果宝宝出了水痘，就不要去人多的地方了，最好是在家休养，直到身上的水痘完全结痂并且脱落。护理宝宝的家长或者亲友，要更加注意预防，避免被传染。一旦被传染，一定要马上隔离，因为成人出水痘可能会比宝宝更加严重。

第 **227** 天

为宝宝创设爬行环境

▶ **环境选择**

爬行的环境创设是根据宝宝的发展需要，对家中家具物品的摆设进行重新规划和布置，为宝宝开辟出专供爬行的活动空间。有条件的话，可以为宝宝创设专门的爬行活动室。

▶ **环境准备**

可在瓷砖或大理石地面上铺设软垫，注意选择织度、密度都较高的大垫子，避免选择过多细碎图案拼成的小垫子，以免宝宝活动中抠下小拼块误食，发生危险。爬行空间的地面要软硬适中，过硬会硌痛宝宝影响爬行兴趣，过软的地面会给宝宝不正确的信息刺激，不利于感觉统合能力的正确形成。

爬行练习的初始阶段，准备摩擦力小的接触面，利于宝宝爬行，待宝宝熟练之后，增大接触面的摩擦力，提供更加丰富的爬行体验。

▶ **环境安全与卫生**

妈妈以宝宝的高度来检查环境的安全性，消除爬行环境的安全隐患，不在爬行环境中摆放坚、硬、锐、小的物品；家具的锐角用软物包好；电源线、插座盒、暖水瓶远离爬行空间。每天全面检查爬行环境，更换或移开不牢固的物品，宝宝爬行时密切关注，如果宝宝在床上爬行时，一定做好安全防护。经常清洁、消毒爬行地垫和地面，爬行练习后洗过手才可以吃东西。

▶ **提高情趣**

在爬行空间里准备一些能发光、会动、能摇响的玩具，以逗引宝宝爬行的乐趣。

妈妈自制一些不同触感的爬行垫子，在感受不同刺激的同时丰富爬行体验，提高爬行乐趣。

第228天

改造爬行中的安全雷区

▶ 桌角、柜子角

雷点：桌角、柜子角非常尖锐，宝宝一不小心磕在上面很容易受伤。

改造方法：将所有的桌角或柜子角套上护垫，或用海绵、布等包起来，就算宝宝不慎撞到，也能将伤害降到最低；或暂时把这些桌子、柜子搬离宝宝爬行的空间。注意客厅的茶几上不要放置桌巾，以免宝宝拉扯，使桌上的物品倒在宝宝身上。

▶ 窗户

雷点：会爬的宝宝，探索范围慢慢扩大，若不小心爬到窗口，很可能会掉下去。

改造方法：窗户加上护栏或者防盗窗，让宝宝远离窗户，床不要放在窗边，防止宝宝爬上窗台。

▶ 电插座

雷点：宝宝爬行过程中，可能会爬到插座附近，一不小心就有触电的危险。

改造方法：将电插座的防护盖盖上，有些没有防护盖的插座应用绝缘材料封好。

▶ 垃圾箱

雷点：垃圾箱细菌很多，宝宝爬到垃圾箱旁时，可能把脏垃圾塞进嘴里。

改造方法：把垃圾箱放到远离宝宝的地方，如把它放到卫生间或厨房，然后把门关上，以防宝宝爬进去。

第 **229** 天

爬行训练 "三步走"

▶ **先练习用手和膝盖爬行**

当宝宝的两条小腿具备了一定的交替运动能力后，可在宝宝前面放一个

吸引他的玩具。宝宝为了拿到玩具，很可能会使出全身的劲儿向前匍匐爬行。开始时，宝宝可能会后退，爸爸妈妈要及时用双手顶住宝宝的双腿，使宝宝得到支持力而往前爬行，这样宝宝慢慢就学会了用手和膝盖往前爬。

▶ **再用手和脚爬行**

待宝宝学会用手和膝盖爬行后，可让宝宝趴在床上，用双手抱住他的腰，把小屁股抬高，使得两个小膝盖离开床面，小腿蹬直，前面用小胳膊支撑着，轻轻用力把宝宝的身体前后晃动几十秒，然后放下来。每天练习3~4次，能提高宝宝手臂和腿的支撑力。

当宝宝的支撑力增强后，慢慢用双手稍用力抱住宝宝的腰，来促使宝宝往前爬。一段时间后，可根据情况试着松开手，用玩具逗引宝宝独立向前爬。

▶ **尝试独立爬行**

妈妈先整理出一块宽敞干净的地方，收起一切危险物品。四处随意放一些玩具，任宝宝在地上抓玩。妈妈最好让宝宝在自己的视线范围内活动，以免宝宝出现意外。

第230天
爬行训练中的小技巧

▶ **定向爬**

妈妈用能发光、会动、能摇响的玩具逗引宝宝练习，引导宝宝向前、向远处移动爬行。

▶ **自由爬**

在爬行空间里随意散放玩具，允许宝宝在妈妈关注的范围内自由爬行，宝宝可任意爬、坐、再爬、抓握玩具玩耍等。

▶ **追逐爬**

当宝宝爬行练习一段时间后，可进行此游戏：先让宝宝在地板上自由爬一会儿，然后让宝宝停下来休息，妈妈隔开宝宝一定距离，装出很"凶"的样子喊："妈妈要来抓你啦!"然后，快速地向宝宝"爬、扑"过去，宝宝会对妈妈突然改变的表情和追逐的动作感兴趣，这时，妈妈引导宝宝快速向前爬行，妈妈追逐，追到宝宝后，挠挠宝宝的胳肢窝或后背，逗笑宝宝。

▶ **丰富爬行经验**

妈妈准备不同质感的垫子，例如：化纤地毯、瑜伽毯、柔软的床单、丝质的头巾、天鹅绒毯子或一小块凉席等，将这些垫子在地垫上排成一列，和宝宝一块一块地爬过去。

在宝宝爬的过程中，妈妈用光滑、凹凸不平、凉爽等词汇来形容宝宝爬过的垫子；待宝宝爬过后，妈妈可以重新排列垫子的顺序；事先检查要爬行的织物垫子，不要有尖锐的东西伤到宝宝。

宝宝爬行过程中，一定注意触觉和词语的配对，让宝宝能将爬过的织物垫子与带来的感觉有效地联系起来，丰富触觉体验的同时刺激语言的发展。

第231天
训练宝宝的知觉能力

▶ 宝宝探险

准备一个坐垫，每次给宝宝换尿布时，都尝试着换一个地方，找一个新奇有趣的地方，"宝宝今天想去哪儿换尿布呢？"然后抱着宝宝和干尿布在房间里或阳台上走走转转，找一个还没用过的地方，最好是能让宝宝看到景物，这样才能分散他的注意力，如"哦！我们去阳台吧，那里有阳光，有小鸟的叫声呢！"妈妈可以一边给宝宝换尿布一边给宝宝介绍新环境周围都有哪些东西。

这个游戏解决了宝宝讨厌换尿布的问题，同时，随着不断的新环境探索，宝宝的活动空间变大了，对空间也有了更好的了解，有利于宝宝的空间知觉发育。

▶ 动物排队

准备5个小动物玩具，如：小兔、小狗、小猫、小鸭、小象及一块布片。先用小动物玩具引起宝宝的兴趣，然后用神秘的语气对他说："今天有几个小动物来我们家做客，你想知道它们是谁吗？"

然后拿出五个小动物，全部随意散放在桌子上，指导宝宝把小动物排成横竖都三位的一个小方队。指着方队告诉宝宝："猫咪在中间，小狗在猫咪后面，兔子在猫咪前面，小象在猫咪的右边，鸭子在猫咪左边。"重复告诉宝宝这种动物的方位关系。宝宝对空间方位感比较灵敏了，父母可以试着以物体为中心教宝宝认识方位，提高宝宝的空间知觉能力。

第 **232** 天

宝宝总是晃动小脑袋正常吗

▶ 宝宝摇头晃脑时父母多观察

宝宝摇头晃脑可能是调皮，也可能预示着疾病，单从摇头晃脑的动作难以判断是哪种情况，还需要爸爸妈妈细心观察，必要时要进一步进行身体检查。

正常的摇头晃脑是宝宝的一种模仿与学习的表现，宝宝对四周的人和事物有高度的兴趣，若看到别人有这样的动作，他便会模仿，也可能是发现摇头晃脑可以引起别人的注意，于是经常晃动以吸引注意。

一些常见的疾病也是宝宝脑袋晃动的原因，比如患中耳炎或外耳炎时，宝宝会用摇晃脑袋来减轻耳朵不舒服的感觉，通常伴随抓耳朵的动作，有时脸部皮肤炎或湿疹也可能让宝宝不舒服而摆动头部，或尝试用脸去摩擦别的东西。

▶ 适时带宝宝到医院检查

若是无法准确判断宝宝晃动脑袋是否为病态，应带宝宝到医院检查。爸爸妈妈平时要多注意以下几方面的问题，以备身体检查时向医生提供更准确的信息。

几个月时开始摇头晃脑，发作的频率如何，是否越来越频繁。

有没有特定的发作时间，一次会摇多久。

摇头时如果尝试跟他玩，是否有反应，会不会中断摇头的动作。

周遭是否有人会摇头逗弄他，宝宝是不是常看电视。

宝宝几个月可以开始坐或爬，以前常生病吗？

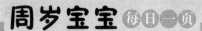

第233天

接种麻疹疫苗

▶ 麻疹疫苗

麻疹疫苗是一种减毒活疫苗，打麻疹预防针的主要目的，是让这些毒性很弱的病毒进入宝宝的体内，在体内经过一次轻微的麻疹病毒感染，在体内产生相应抗体，从而对麻疹有了抵抗力。麻疹疫苗接种后所产生的免疫力可持续四至六年，而不能保持终身。因此，接种麻疹疫苗后6年还应加强接种一次。

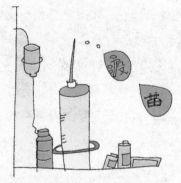

▶ 接种后的注意与反应

接种时，在宝宝的臂外侧进行皮下注射。接种后宝宝要注意休息，注意保暖，多喝开水，不要让宝宝洗澡，也不要做一些较为激烈的活动。接种麻疹疫苗后反应很轻，仅少数的宝宝在接种后6～10天可有发热，但体温不会超过38.5℃，持续2天即消退。宝宝的精神、食欲均不受影响。

也有的宝宝在接种后，发热的同时可出现皮疹，多见于胸、腹及背部的皮肤，皮疹数目不多，并且1～2天内即消失，皮疹消失后也不像患麻疹那样皮肤上留有褐色斑。因此，不需要做任何处理。在注射的局部一般无不良反应。

▶ 不宜接种麻疹疫苗的情况

❶ 对青霉素或鸡蛋有过敏史或类过敏反应的宝宝。

❷ 伴有发热的呼吸道疾病、活动性结核病的宝宝。

❸ 有原发性和继发性免疫缺陷的宝宝，或接受免疫抑制剂治疗的宝宝。

第 234 天

宝宝耍赖皮如何应对

生活中，宝宝们爱耍赖皮是常有的事。对于宝宝们耍赖皮常常让父母们感到无可奈何，尤其是在一些公共场合更是让父母们丢尽了脸面。宝宝们为什么喜欢耍赖皮？父母们又该如何应对呢？

▶ 耍赖皮是在调节情绪

周岁之前，孩子的任务就是学会生理性的自我调节，包括负面情绪的调节。如果孩子表现出的消极情绪达到前所未有的激烈程度，就表明孩子到了应该学习调节情绪的时期了，父母对此要正确理解。

▶ 妈妈首先要稳住情绪

当妈妈看到孩子因为无法调节情绪而采取过激行为时，先要稳定住自己的情绪。如果妈妈也表现得情绪激动或愤怒发火，孩子就会受到更大的刺激，很难平静下来。在孩子发脾气或表现出愤怒的时候，妈妈应该默默注视孩子，等他自己舒缓情绪。

▶ 要让宝宝明白，有些事情不可为

8 个月宝宝已经知道控制自己的行为。这时，凡是他的合理要求，家长应该满足他，而对于他的不合理要求，不论他如何哭闹，也不能答应他。比如，宝宝要扭动电视机的按钮、玩电灯的开关等，家长就需要板起面孔，向他摆手，严肃地告诉他"不行"，要使宝宝节制自己的行为，知道有些事可以去做，而另一些事不可以去做。

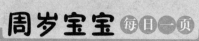

第235天
对孩子说"不"

▶ **适时对宝宝说"不"**

婴儿学会爬行，并且随着月龄的增长，行动范围扩大，随之而来的危险也不断增加。宝宝在家里兴奋地到处爬，发现稀奇的东西就想冲上去，用自己刚刚会使用的认识方式，摸一摸……突然听到妈妈一声断喝"不行，很烫"吓得一哆嗦，慌忙地缩回正要靠近炉火的小手，然后会很诧异地看着妈妈。

平时很慈祥的妈妈一反常态地严厉，会让宝宝的眼泪在眼眶里转，委屈得快要哭出来。

制止孩子的手上动作、不至于让宝宝被烫伤，并不是"不行"这句话，而是语调一反常态的气氛。因为妈妈这一声喝阻不是轻易说出来的，对于已经能自由活动却没有判断能力的孩子来说，如果不能及时赶到宝宝身边时，这一句"不行"、"不准"至少能起到暂时的制止作用。

要制止孩子做的事，必须严厉。如果不是非做不可，妈妈们当然不会说。临到出危险之前一声喝止，吓得孩子哭起来。然后，妈妈可以抱起宝宝，等到孩子哭声止息平静下来以后，拉着宝宝小手靠近火炉感受热度，对孩子说"看，很烫吧？不小心被烫到会很痛！"

▶ **让宝宝接触被禁止信息**

正如前人曾用针尖来教会孩子顶端尖细的东西很可怕一样，虽然有时候危险要实际经历才了解到可怕性，但及时用语言传达出禁止的信息，却能让宝宝意识到世界上存在着各种被禁止的危险事物。随着孩子的逐步成长，以社会的各种规范为基础的被禁止行为越来越多，这个时期，就应当让孩子开始认识到，这个世界上还有被禁止做的事，开始初次接触到规则和制止自己行为的"不"字。

第236天
多给宝宝鼓励与表扬

▶ **不要吝啬对宝宝的表扬**

宝宝喜欢接受表扬，渴望得到关注和肯定。对于宝宝每一个小小的成功、每一个小小的进步，爸爸妈妈都要给予表扬，营造一种正面积极的亲子气氛。这种积极的教育方法能使宝宝健康愉快地成长。表扬的力量是巨大的，在爸爸妈妈的表扬和鼓励下，孩子积极的表现会越来越多，消极的行为会越来越少，发生奇迹般的进步。

▶ **表扬要由衷而真实**

尽管鼓励比施加压力或批评的方法有效一千倍。但是，父母要学会鼓励，善于鼓励，因为鼓励的方法如果不正确，有时可能适得其反。

称赞孩子是最好的勉励，但称赞必须由衷，而且要真实。有人认为，在称赞中长大的孩子会有自信。然而，虚伪地称赞孩子，很可能适得其反，会使孩子对真与假、好与坏无法分辨，却使孩子学会了虚伪。

▶ **表扬要及时，有一致性**

在宝宝有好的表现时要马上表扬。及时的表扬是宝宝表现好的行为后所期待的，不要让他失望，而且表扬要体现出一致性。让宝宝很容易领会自己的行为是对还是错。

▶ **根据具体行为进行表扬**

指出宝宝做得好的地方加以表扬，要具体明确，不要用简略的"宝宝真棒"一概而论。例如："宝宝真棒，能自己穿衣服了"。就事论事表扬他，让宝宝明白是因为自己能够自理而得到了表扬。表扬越具体，宝宝越容易明白哪些是好的行为，越容易找准努力的方向。

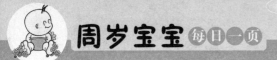

第237天

锻炼宝宝手部活动能力

宝宝手脚的活动能力对宝宝的生长发育起着莫大的作用，如何使宝宝的手部动作能力更协调，这需要父母耐心而到位的训练，正确的动手能力培养不仅可以使宝宝小手灵活，同时还能促进大脑的发展。

▶ **让宝宝触摸各种质感的物品**

让宝宝经常触摸或移动果蔬、布娃娃、木头、塑料、金属等各种不同质地的物品，在这个过程中熟悉它们，提高感觉能力。

▶ **让宝宝活动手指**

给宝宝一些小物品（如小糖豆、爆米花等）玩。可以锻炼宝宝手指的活动能力。宝宝在不断地尝试和抓握中，就能学会"捏取"这一动作。开始可能会用拇指、食指的侧面夹取，慢慢会发展到用拇指和食指相对捏起。这样的练习要不断重复，每天训练几次。

宝宝在拿取小物品时，旁边一定要有人陪同，以免他将小物品塞进口、鼻中发生危险。宝宝玩够了离开时要将小物品及时收好。

▶ **提供指拨玩具**

宝宝用食指伸入洞内钩取小物品。如果棉被或睡袋有破缝，宝宝甚至会钩出棉花塞入嘴里，在这个过程中，宝宝慢慢学会了独立使用食指。

配合宝宝这个能力的出现，要及时给宝宝适当的指拨玩具，让宝宝的食指发挥最大的功能，比如指拨转盘、拨球滚动、按键等。小药瓶也有用，但瓶口直径要大于2厘米，防止手指伸入后拔不出来。

第 238 天
教宝宝搭积木

搭积木对于培养宝宝的空间想象能力和现实生活中的数学概念大有益处。在玩的过程中，提高了宝宝手眼协调性、抓握能力和搭高物体的综合能力。

▶ **搭积木的方法介绍**

妈妈要先给宝宝正确的示范，搭 2 ~ 4 块积木，让宝宝模仿着搭。在搭的过程中，每加一块都夸奖他，用激励的语言让宝宝爱上搭积木。

先用大积木垫底，再依次用较小的积木，或磁性积木以保证他容易成功。这样宝宝在成功中体验到了快乐，良好的情绪刺激促进他往更高的求知欲发展，满足他获得成功的需要。

如果宝宝不感兴趣，妈妈可先搭 2 ~ 3 块积木，只让他搭最后一块，必要时手把手地教他搭，搭好后，立刻表扬他，并可让他推倒作为鼓励。妈妈也可以先手把手地教他，然后换成语言指导。

在宝宝学会搭 3 ~ 4 块积木后，要及时巩固成果。保持兴趣很关键，而良好的兴趣是可以培养的。一定要变换方式让宝宝愿意继续玩。

▶ **搭积木时的注意事项**

爸爸妈妈在陪宝宝玩游戏，特别像搭积木这样会运用比较多玩具的游戏过程中，一定要注意培养宝宝自觉收拾积木的良好习惯。因为习惯会陪伴宝宝一生。即使宝宝的动作很慢，爸爸妈妈们也一定要耐心地等着宝宝自己收拾完，哪怕是从收拾了一点点开始，也要及时地表扬一下。如此经过多次强化，宝宝就会有意识地去做这件能够得到表扬的事情了。玩积木的时候，最能激怒宝宝的就是积木"哄"的一声全倒下来，这时多数宝宝会拿积木发脾气；看到这种情况，如果父母能够鼓励宝宝重新开始，勇于面对困难，久而久之，将会培养宝宝勇于克服困难、积极进取的健康心理。

本月宝宝的生长发育

> **动作发育**

8个月的孩子各种动作开始有了意向性，会用一只手去拿东西。会把玩具拿起来，在手中来回转动。还会把玩具从一只手递到另一只手，或用玩具在桌子上敲着玩儿。仰卧时，会把自己的脚放在嘴里啃。8个月的宝宝不用人扶，能独立坐几分钟。

> **语言发育**

会发出各种单音节的音，会对玩具说话。

> **睡眠**

孩子每天需要睡上15～16小时，白天睡两三次。

> **心理发育**

宝宝已经习惯在浴盆里洗澡了，总是喜欢玩水，用小手拍打水面；如果扶持孩子站立，会不停地蹦，嘴里咿咿呀呀地像叫爸爸、妈妈，脸上经常会露出幸福的微笑；如果当着孩子的面把玩具藏起来，能很快找出来；喜欢模仿大人动作，也喜欢让大人陪他看书、看画、听"哗哗"的翻书声。

宝宝还会常常模仿父母教孩子时发出的双连复音，而且有50%～70%的孩子会自动发出——"爸爸"、"妈妈"等音节。开始，宝宝并不知道是什么意思，但见到家长听到叫爸爸、妈妈就会很高兴；叫爸爸时，爸爸会亲亲；叫妈妈时，妈妈会亲亲，孩子就会渐渐地从无意识发音发展到有意识地叫爸爸、妈妈，这标志着宝宝已经步入了学习语言的敏感期。父母亲要敏锐地捕捉住这个教育契机，每天利用宝宝愉快的时候，给宝宝朗读图书、念儿歌、说说绕口令等。

第9个月

牵牵小手，宝宝也能扶站了

第241天
给宝宝喂饭的技巧

宝宝出生后，给宝宝喂饭似乎已成为每个家长的天职。作为家长，在给宝宝喂饭的过程中，要想到何时停止，做什么样的饭菜宝宝会更感兴趣，什么时候要让宝宝自主进食……这事关孩子的身心健康和智力发育，家长不能不关注。

▶ 让宝宝与大人围桌吃饭

宝宝已经是饭桌前必不可少的家庭成员之一了，不像以前只是偶尔来凑凑数。妈妈也不能总是抱着宝宝一起吃饭，为了让宝宝养成良好的进食习惯，应该给宝宝准备必要的座椅和餐具了。

为了安全，最好给宝宝用专门的儿童座椅，座椅要与饭桌同高，以便宝宝能看到桌上的饭菜，能看着大家吃饭。

这时候宝宝对吃饭的兴趣是比较浓的，他们一到吃饭时间，就好像饿得要命，饥不择食，很愿意按你的摆布好好坐着吃饭，这样和大人坐在一起吃饭的习惯就养成了。

▶ 制定营养食谱

宝宝看到满桌子的饭菜，说不定会喜欢吃哪一个菜。所以除了专门为宝宝做一两个菜之外，全家人的日常菜谱都必须好好审视一下了。

科学健康的食谱应该是囊括一切营养成分的全谱系，是一个色彩缤纷的营养世界。它富含蛋白质、脂肪、膳食纤维、淀粉、糖分、各种维生素、矿物质，有着完美的营养搭配和结构，对于维持生命健康（尤其是对正在发育的宝宝来说）起着至关重要的作用。

第 **242** 天

养成良好的饮食习惯

▶ **养成好的饮食习惯，父母很关键**

在吃饭时，父母不要和孩子逗笑，不要分散孩子的注意力，可以让孩子自己试着拿小勺子，开始等着用勺子吃东西；不要因为孩子吃得到处都是就坚持要喂哺孩子。每一个孩子的成长都要有这么一个过程，但如果孩子只是拿着勺子玩，而不好好吃饭，就要收走手上的小勺子。

▶ **定时定量，少吃零食**

养成孩子定时定量吃东西的习惯十分重要。如果给孩子太多的零食，一会儿吃糖，一会儿吃饼干，胃里不空，到正常吃饭的时间，孩子就会没有饥饿的感觉。家庭可以通过固定时间、固定地点、特定餐具和语言来让孩子意识到要吃饭了。通过条件反射的方式来使孩子有吃饭的意识，当热气腾腾的饭菜放在桌上时，宝宝就会意识到"吃饭的时间到了"。另外，不要让孩子养成吃零食的坏习惯。

专心吃饭，培养孩子对吃饭的兴趣。许多孩子喜欢边吃饭边看电视或者边玩玩具，这对孩子的健康是很不利的。如果孩子不喜欢吃饭，父母就要培养孩子对吃饭的兴趣。在吃饭时可让幼儿自己参与，捧饭碗、拿小勺，挑选自己爱吃的食物，这样孩子既学会了吃饭，又培养了对吃饭的兴趣。

▶ **营造吃饭的愉快氛围**

有的孩子吃不下饭或不想吃饭，父母因此大动肝火，甚至辱骂批评孩子，造成孩子每次吃饭都泪水涟涟。这样，孩子就会在潜意识里讨厌吃饭，害怕吃饭。吃饭成了一件不开心的事情，难免会导致厌食。

第 243 天
防止宝宝偏食从父母做起

调查显示，我国目前有近一半的儿童都有不同程度的偏食现象。虽然每个人的饮食习惯和口味各不相同，但如果宝宝严重偏食，将会影响他的健康成长，妈妈一定要格外小心了。要了解宝宝偏食的原因并予以及时纠正，这才能保证宝宝健康长大。

宝宝是如何形成偏食的呢？

说起来这要怪罪于父母。每种没有吃过的食物对于孩子来说都是新鲜的、好奇的，不吃某种食物往往受父母的影响。孩子的模仿学习能力很强，父母平日里一言一行都逃不过孩子的眼睛，孩子会把父母的一些不良饮食习惯留在脑子里。比如父母总是买自己喜欢的那几种菜，饭桌上挑挑拣拣，就会无意中影响孩子，造成偏食。

培养良好的进食习惯。给宝宝喂食要基本定时、定量，有固定的吃饭场所；要形成愉快的进食气氛，可播放一些轻松柔美的背景音乐，但注意音量宜小些。

妈妈先洗手，给宝宝戴上围嘴或垫上小毛巾，并准备一块潮湿的小毛巾随时擦净嘴边脏物。

注意要一次喂完，不要让宝宝吃一会儿玩一会儿。

掉在地上的东西不应捡起再吃。

在宝宝开始吃饭以后，应该荤素搭配，饮食多样化，经常变花样，即一种食物可以变换几种烹调方法；注意色、香、味、形，让孩子吃得有兴趣、不厌烦，这样慢慢长大后就能不偏食了。父母以身作则很重要，要想宝宝不偏食，父母首先应该做到不偏食。

第 244 天

让宝宝用勺子吃饭

▶ 宝宝自己动手吃饭，父母要鼓励

这个阶段宝宝总想自己动手，爸爸妈妈不妨手把手训练宝宝自己吃饭。在宝宝饥饿时，爸爸妈妈与宝宝一起拿着勺，帮助宝宝把饭放在勺子上，然后试着让宝宝把饭送入口中。这个动作大多数时候都需要爸爸妈妈的帮助，经过一段时间的训练，宝宝可能学会自己将勺子送入口中，这很不容易。爸爸妈妈可夸一夸宝宝，让他自己吃几口。等宝宝累了时，爸爸妈妈要接着喂，有的宝宝可经过一段休息后自己再吃几口，这时爸爸妈妈要鼓励。

▶ 使用勺子吃饭前，可以玩一玩

教宝宝用勺子吃饭前，还可以让宝宝玩一玩勺子，这样宝宝能提早认识到勺子的作用，并且顺利地学会使用勺子，给宝宝两把干净的小勺子，宝宝可能会拿着勺子相互敲打、丢到地上，也可能放到嘴里。其实，这是孩子认识事物的一个必经过程，不必为此而烦恼。婴儿通过用勺子的敲敲打打，了解勺子的功能，能用勺子敲打出声音，也是一种新的能力。到现在，孩子已经不再满足于让妈妈喂自己吃饭，拿到勺子以后，会模仿着妈妈的动作，在碗里面乱捅一气，虽说不会用，盛不出饭来，却会兴趣盎然地尝试。

▶ 宝宝使用勺子的益处

婴儿学习使用勺子，能锻炼大脑、眼睛、手、嘴等多个身体部位的灵活性和协调能力。对于孩子勇于探索尝试，培养自主能力也十分必要。引导教会孩子自己动手使用勺子吃饭以后，孩子的成功感和兴趣会大增。父母要不失时机地注意培养孩子侇用杯子和碗等餐具。

第 **245** 天

乳汁不再是宝宝的主食了

▶ 宝宝的饮食结构在改变

9个月时，在宝宝的饮食中，各种面类、蔬菜、水果、谷类的食物逐渐增多，饮食从流质到半流质，最后过渡到正常的固体饮食，这是宝宝身体成长的需要，同时也是宝宝咀嚼能力、吸收能力、消化能力发展的重要表现。所以在这个时期，即使母乳再充足，也不能作为宝宝的主食了。

▶ 断奶要提前准备

宝宝爱吸吮母乳已经不再是为了解除饥饿，更多的是对母亲的依恋。如果已经没有奶水了，就不要让宝宝继续吸着乳头玩。这个月虽然没有面临断奶的问题，但为了以后顺利断奶，可以做些必要的准备。这时特别要注意，不要强硬地断母乳，避免在喂养上和宝宝发生冲突，这样才有利于向完全断奶过渡。正常来讲，至少要满1周岁以后再断掉母乳。

▶ 减少母乳的次数

断奶的时间和方式取决于很多因素，每个妈妈和宝宝对断奶的感受各不相同，选择的方式也因人而异。开始断奶时，要减少母乳的次数，首先断掉临睡前和夜里的奶。大多数的宝宝都有半夜里吃奶和晚上睡觉前吃奶的习惯。宝宝白天活动量很大，不喂奶还比较容易，最难断掉的，恐怕就是临睡前和半夜里的喂奶了。不管妈妈选择什么样的断奶方法，建议可以先断掉夜里的奶，再断临睡前的奶。

▶ 专家提醒

如果喂养得合理，宝宝能适应多种多样的食物，到1～1.5岁时就可以不用吃母乳了。

第 246 天

警惕宝宝食物中毒

随着宝宝一天天长大，能够吃的食物越来越多，身体也没那么娇嫩了，家长偶尔会忽视对宝宝的关注，对排除宝宝周围的危险意识没那么上心了，吃东西也比以前随便了。这时很有可能会出问题，有的宝宝就在这个时候出现了食物中毒。

一旦情况发生，专家提醒父母，要掌握基本的小儿误服毒物、误吞异物的现场急救常识，往往能在关键时刻为孩子争取更多宝贵的时间。

▶ 中毒后，父母首先要辨明毒物

很多家庭都摆放着消毒剂、漂白水、去污粉等各种化学清洁用品，这些瓶瓶罐罐一旦摆放不当，很容易让家中的宝宝误服各类化学毒物，危及生命。还有，宝宝吃了某些带致病菌或毒素、毒质的食物同样会发生中毒；如毒蕈、皮蛋、四季豆是较为常见的可能引起中毒的食物；其他如某些果仁、未腌透的青菜、发芽的马铃薯、某些鱼、贝类等都有可能含有毒素。

一旦发生上述情况，父母首先要辨明宝宝吃的是什么药或毒物，如果不清楚，就要将药品或毒物的包装及宝宝的呕吐物一同带往医院检查。

▶ 宝宝中毒后的紧急处理

发现宝宝有食物中毒的现象时，如未发生呕吐，可用手指或筷子、牙刷柄等包上软布，压迫宝宝的舌根，或轻搅他的咽喉部，促使发生呕吐，把毒物尽快吐出，喝些盐水，反复催吐并立即送往医院治疗。早一分钟把毒物从胃里清洗出来，对宝宝的生命和治疗效果有极大的好处。

第 **247** 天

缓解宝宝大便干燥的食物

▶ 几种缓解大便干燥的食物

❶ 胡萝卜：胡萝卜有双重功效，生吃性凉、清热祛火，熟吃性温、止泻收敛。

❷ 红薯和花生：把红薯和花生煮熟，做成花生红薯泥给宝宝吃，对缓解大便干燥有很好的作用。

❸ 香蕉：9个月的宝宝可以吃整根的香蕉了，不用每次都给宝宝吃香蕉泥，如果宝宝大便经常干燥，可坚持每天让宝宝空腹吃根香蕉，不但预防便秘，还可增加营养。

❹ 小米粥拌红糖：大家只知道小米粥拌红糖是月子饭，其实宝宝吃了对缓解大便干燥很有效果。

▶ 对症缓解大便干燥食谱

❶ **松子仁粥**

原料：大米100克，松子仁30克。

做法：大米煮粥，熟前放入松子仁，煮至粥成食用。

功效：对大便干燥，排便困难有一定疗效。

❷ **香蕉粥**

原料：香蕉1小段，配方奶粉2勺。

做法：将香蕉剁成泥放入锅中，加清水煮，边煮边搅拌，成为香蕉粥。奶粉冲调好，待香蕉粥微凉后倒入，搅拌匀。

功效：香蕉中含有丰富的钾和镁，其他维生素和糖分、蛋白质、矿物质的含量也很高，此粥不仅是很好的强身健脑食品，更是便秘宝宝的最佳食物。

❸ **胡萝卜山楂汁**

原料：新鲜山楂 1 ~ 2 颗，胡萝卜半根。

做法：山楂洗净，每颗切四瓣；胡萝卜半根洗净切碎。将山楂、碎胡萝卜放入炖锅内，加水煮沸，再用小火煮 15 分钟后用纱布过滤取汁。

功效：山楂富含有机酸、果胶质、维生素及矿物质等。其中维生素 C 含量比苹果高 10 多倍。与胡萝卜搭配的山楂汁可健胃消食生津，能够增进宝宝食欲。

❹ **白萝卜生梨汁**

原料：小白萝卜 1 个，梨半个。

做法：将白萝卜切成细丝，梨切成薄片。将白萝卜倒入锅内加清水烧开，用微火炖 10 分钟后，加入梨片再煮 5 分钟取汁即可食用。

功效：白萝卜富含维生素 C、蛋白质等营养成分，具有止咳润肺、帮助消化等保健作用。

❺ **苹果沙拉**

原料：苹果 20 克，橘子 2 瓣，葡萄干、酸奶酪各 5 克。

做法：将苹果洗净，去皮后切碎；橘瓣去皮、核、切碎；葡萄干温水泡软后切碎。将苹果橘子、葡萄干放入小碗内，加入酸奶酪，拌匀即可喂食。制作中，要把原料切碎，块不宜大，以适应婴儿的咀嚼能力。

功效：此沙拉具有助消化、健脾胃之功效，尤适宜消化不良宝宝食用。

❻ **白菜绿豆饮**

原料：大白菜根数个，绿豆 30 克，白糖适量。

做法：先将绿豆洗净，放入锅中加水，用中火煮至半熟；再将白菜根洗净，切成片，加入绿豆汤中，同煮至绿豆开花、菜根烂熟，即成白菜绿豆汤，饮时加入白糖调味即可。

功效：此汤主要有清热解毒作用。用于小儿风湿感冒出汗不止，周身困重、发热口渴、小便短赤等症。

❼ **红薯糊**

原料：新鲜红薯 200 克，大米 50 克。

做法：红薯洗净，切小块；大米淘洗干净；将锅里加适量清水，把红薯块与大米放入锅中，煮成稀粥即可。

功效：促进消化功能，有利于排便。

第 **248** 天

给宝宝挑一双合适的学步鞋

▶ **尺寸**

宝宝的脚趾碰到鞋尖，脚后跟可塞进大人的一个手指为宜，太大与太小都不利于宝宝的脚部肌肉和韧带的发育。

▶ **面料**

布面、布底制成的鞋既舒适，透气性又好；软牛皮、软羊皮、绒布制作的鞋舒适而且安全。不要用人造革、塑料做的鞋，不仅不透气，还易滑倒摔跤。

▶ **鞋面**

鞋面要柔软，最好是光面，不带装饰物，以免宝宝行走时被牵绊，以致发生意外。

▶ **鞋帮**

刚学走路的宝宝，穿的鞋子一定要轻，鞋帮要高一些，最好能护住踝部。宝宝宜穿宽头鞋，以免脚趾在鞋中相互挤压影响发育。鞋子最好用搭扣，不用鞋带，这样穿脱方便，又不会因鞋带脱落，踩上跌跤。

▶ **鞋底**

会走的宝宝可以穿硬底鞋，帮助端正走路姿势，但不能太硬（把鞋底弯曲，鞋尖能接触到鞋跟就好），以胶底、布底、牛筋底等行走舒适的鞋为宜。鞋底要富有弹性，用手弯可以弯曲，防滑，稍微带点鞋跟，可以防止宝宝走路后倾，平衡重心；鞋底不要太厚。

▶ **专家提醒**

学步期小宝贝的脚丫1年可长0.8～1厘米，所以替他们挑鞋时，合脚的标准里应比脚的长度再多1～2厘米，并用鞋垫作为辅助。

第 249 天

宝宝患了百日咳

▶ 病因解析

❶ 传染源：患病宝宝是本病唯一的传染源，自潜伏期末至病后 6 周均有传染性，发病第一周传染性最强。

❷ 传播途径：病毒主要是通过飞沫传播。

❸ 易感人群：普遍易感，但婴幼儿的发病率最高。因为母亲没有足够的保护性抗体传给婴儿，所以 6 个月以下的宝宝发病较多。

▶ 防病胜于治病

❶ 隔断传染源：及早发现患病宝宝并进行隔离，隔离期为自发病起 40 天或出现痉咳后 30 天。密切接触者应隔离检疫 2 ~ 3 周。

❷ 切断传播途径：宝宝的卧室要经常进行室内通风换气，保持空气新鲜。

❸ 主动免疫：接种常用百白破（百日咳、白喉、破伤风）三联疫苗。

❹ 被动免疫：可给予百日咳多价免疫球蛋白作被动免疫，还可用红霉素作药物预防。

▶ 护理方案

❶ 宝宝卧室空气要新鲜。不要在室内吸烟、炒菜，以免引起宝宝咳嗽。

❷ 给宝宝穿暖和，到户外轻微活动，可以减少阵咳的发作。

❸ 宝宝患上了百日咳会出现呕吐，呕吐后要补给少量食物。

❹ 饮食宜少量多餐，选择有营养较黏稠的食物。患百日咳宝宝的宜食食物：大蒜、胡萝卜、萝卜、刀豆、冬瓜、梨、金橘、罗汉果等。

❺ 防止宝宝劳累、受凉、情绪激动等不良刺激，减少阵咳的发作。

❻ 最好多抱抱宝宝，使其得到心理安慰，也可减少痉咳。

第250天

纠正不良的口腔习惯

▶ **咬物**

一些儿童在玩耍时，爱咬物体（如袖口、衣角、手帕等），这样在经常咬物的牙弓位置上易形成局部小开牙畸形。

▶ **偏侧咀嚼**

常见一些宝宝在咀嚼食物时，常常固定在一侧，这种一侧偏用一侧废用的习惯形成后，易造成单侧咀嚼肌肥大，而废用侧因缺乏咀嚼功能刺激，使局部肌肉萎缩，从而使面部两侧发育不对称，造成偏脸或歪脸。

▶ **张口呼吸**

后果是可使上颌骨及牙弓受到颊部肌肉的压迫，限制了颌骨的正常发育，使牙弓变得狭窄，前牙相挤排列不下引起咬合紊乱，严重的还可出现下颌前伸，下牙盖过上牙。

▶ **舔舌**

多发生在替牙期，可使正在生长的牙齿受到阻力，致使上下前牙没有互相接触或把前牙推向前方，而造成前牙开牙畸形。

▶ **下颌前伸**

一些婴儿喜欢含空奶头睡着吸，这样奶瓶压迫上颌骨，而婴儿的下颌骨则不断地向前吮奶，长期反复地如此动作，可使上颌骨受压，下颌骨过度前伸，可形成前牙反颌，下颌骨前突的畸形，俗称"地包天"。

第 251 天

宝宝乳牙的清洁

到第 9 个月，绝大多数宝宝都长牙了。牙齿对宝宝的成长十分重要，影响着宝宝的进食和说话。健康整齐的牙齿能帮助宝宝摄取丰富的营养，帮助宝宝学会正确的发音，妈妈一定要重视保护宝宝乳牙的健康。

▶ 乳牙如何清洁

宝宝能吃固体食物前，一般不需要专门给宝宝清洗牙齿。哺乳或喂饭后可以给宝宝喂些温开水清洁牙齿。

宝宝开始吃固体食物后，就要每天一早一晚给宝宝刷牙了，八九个月大的宝宝，妈妈可以用套在手指上的软毛牙刷清洁，不必用牙膏，但要注意让宝宝饭后漱口。

随着宝宝乳牙长齐，就应使用儿童牙刷和牙膏了。

▶ 刷牙习惯从现在开始培养

从宝宝长牙开始到 3 岁，妈妈最好每天为宝宝刷牙，且仔细地从里到外、从上到下刷。长大后，即使没有进行任何专门指导，宝宝也完全可以根据口腔的感觉掌握正确的顺序和动作。

有的成年人做不到早晚两次刷牙，那是因为儿童时期没有养成按时刷牙的好习惯。任何教育都很难改变婴幼儿时期养成的习惯。一旦我们帮助宝宝掌握了正确的刷牙方法，并养成按时刷牙的好习惯，他就会把这个习惯保持下去。对于爸爸妈妈来说，这是一项一劳永逸的教育。

▶ 专家提醒

牙槽与牙齿正常成长，颌骨才能顺利发育，如果口腔因清洁不当导致病变或出现问题牙齿，咬合不均衡，就会影响宝宝颜面的对称性。

第 252 天
宝宝头发稀黄怎么办

▶ **找到宝宝头发稀黄的原因**

在宝宝出生的时候，头发大多又黑又亮又浓密，可是，随着时间的推移，头发开始变稀黄了。宝宝出生时的发质和妈妈在怀孕期间的营养有很大的关系，而在出生以后，宝宝的发质是与自身的营养有着密切的关系。

如果出生后，营养供给不足，那么头发自然会变得稀黄；缺钙也可能会使发质变差。但是这个时候的宝宝由于营养不良引起的发质差是非常少见的。发质的好坏除了和营养有关系之外，也和遗传有着密切的关系。如果父母有发质很差的，也会遗传给宝宝，即便在宝宝出生的时候头发很黑，也会慢慢地开始变黄。

要如何判断头发是否是营养不良所导致的，可以从发质上初步看一下，虽然发黄，但还是比较有光泽的，比较柔顺的，那就不是营养不良的问题了；如果是由于营养不良，头发不但会发黄，而且还缺乏光泽，杂乱无章的。

▶ **科学应对头发稀黄**

要想让宝宝的头发长得好一些，就要注意让宝宝均衡摄取营养，要保证肉类、鱼、蛋、水果和各种蔬菜的摄入和搭配，含碘丰富的紫菜、海带类海产品食物要经常给宝宝食用。如果宝宝有挑食、偏食的不良饮食习惯，应该赶快纠正，以保证丰富、充足的营养通过血液循环供给毛根，促进头发生长。

充足的睡眠对宝宝的头发生长也很重要，睡眠不足容易导致宝宝食欲不佳、经常哭闹、生病，间接地影响头发生长。此外，适当地接受阳光照射对宝宝头发生长也非常有益，紫外线可促进头皮的血液循环，改善头发质量。需要提醒的是，在阳光强烈时不可让宝宝的头皮暴晒，最好戴上一顶遮阳帽。

第 **253** 天

预防宝宝缺铁性贫血

▶ 病因和症状

贫血是指红细胞数量减少或血红蛋白量减少。缺铁性贫血是由于体内缺少铁质而影响血红蛋白合成所引起的一种贫血。早产儿因没有从母体中吸收足够的铁较容易发生缺铁性贫血。

患缺铁性贫血的宝宝主要表现为皮肤黏膜苍白或苍黄、指甲变形、烦躁不安、精神不振、活动减少、食欲减退、时有呕吐和腹泻等。较大一点的宝宝还会出现疲乏无力、头晕耳鸣、眼前发黑等症状。

▶ 饮食调养方法

❶ 要让宝宝尽量吃富含铁质的食物。动物性食物中含铁量最高的是猪肝，此外，鱼类、肉类、大豆、绿叶蔬菜、红枣、黑木耳等也富含铁。

❷ 要注意饮食搭配。如餐后适当吃些水果，水果中含有丰富的维生素 C 和果酸，能促进铁的吸收。

❸ 叶酸和维生素 B_{12} 也是造血必不可少的物质。新鲜的绿色蔬菜、水果、豆类及肉食中都含有丰富的叶酸；香菇、大豆、鸡蛋、动物肾脏中富含维生素 B_{12}。

▶ 家庭护理

❶ 在给宝宝添加辅食的过程中，一定要注意培养宝宝良好的饮食习惯，避免偏食，少吃零食，全面摄取营养。

❷ 爸爸妈妈平时要细心观察，如果发现宝宝不爱吃东西，脸色不好，不活泼，不爱动，最好到医院检查一下。

第 254～255 天

预防八字脚，从学步开始

正常行走时，双脚大致是平行的，倘若双脚呈八字样，就是"八字脚"。"八字脚"分"内八字"和"外八字"两种，宝宝学走路时形成"八字脚"的话，成年后将很难纠正。因此，爸爸妈妈应注意观察，若发现宝宝有"八字脚"倾向，应及时预防和纠正。

▶ **宝宝为什么会形成"八字脚"，怎样预防**

❶ 过早学步、站立。宝宝腿部力量比较弱，学步和站立时，宝宝被迫双脚分开，使脚底面积加宽，以便站稳，这种姿势一旦形成很难纠正。

预防措施：不要让宝宝过早学走路，一定要等宝宝能扶着栏杆站稳了再学步，一般宝宝会爬以后才是学步的最佳时机。

❷ 忌穿皮鞋学步，尤其是硬质皮鞋。宝宝足部骨骼软，脚腕力量弱，穿硬皮鞋学步会使得步态扭曲。

预防措施：多给宝宝穿布鞋，学步时应穿布鞋或胶底鞋，不要给宝宝过早地穿硬质皮鞋，鞋应合脚，一旦鞋子挤脚，就必须更换，不能凑合穿。

❸ 缺钙。骨骼含钙低时，脚部骨质不够结实，行走和站立时因重力作用的结果，双侧关节容易向外分而形成"外八字"。

预防措施：注意给宝宝补充足量的含蛋白质、钙和维生素 D 丰富的食物。

▶ **宝宝"八字脚"的纠正方法**

爸爸妈妈可站在宝宝背后，两手放在他的双腋下，扶着宝宝沿一条较宽的直线行走，行走时特别注意使宝宝的膝盖始终向前，宝宝的脚离开地面时重心应在足趾上，屈膝向前迈步时让两膝应该有轻微的碰擦过程，这个纠正方法每天练习 2 次，长期坚持定能有效。

第 256 天

预防宝宝荨麻疹

▶ **荨麻疹的症状表现**

荨麻疹大多数为急性发作，持续数小时或数天，发作与消失都非常快。

▶ **荨麻疹常由过敏原引起**

荨麻疹发生的原因很多，其中，有一大部分是因为过敏原引起的。常见的荨麻疹过敏原包括：食物性过敏原，如鱼、虾、螃蟹、巧克力、蛋、酒精、食品添加剂及保存剂等；药物性过敏原，如青霉素、退烧药、血清、疫苗等；吸入性过敏原，如霉菌、花粉、病毒；物理性过敏原，如冷、热、压力、阳光、皮肤文身；其他如遗传性、心理性、血管神经性、接触不明物质等过敏原。

▶ **预防荨麻疹需要多锻炼**

日常生活中，爸爸妈妈除了尽量避免让宝宝接触到过敏原外，还要经常帮助宝宝锻炼皮肤，使其成为不易过敏的体质。比如适当让宝宝用冷水冲洗，平日所穿衣物只要保温即可，不需太过暖和，这样能使皮肤接受到合理的物理性刺激，以防止自律神经过敏性的亢进。

多运动也是有好处的。运动不见得会根除过敏发作，但能增强宝宝的体力，减少过敏次数。爸爸妈妈还可以通过游泳等运动项目来帮助宝宝强身健体。

第257天
宝宝喂药选对方法

▶ 给宝宝喂药，要选对方法

喂的准备：❶ 正确选择喂药时间。最佳喂药时间一般选择在饭前半小时至一小时进行，因为此时胃内已排空，有利于药物吸收和避免服药后呕吐。但对胃有强烈刺激作用的药物（如非甾体类解热镇痛药阿司匹林、扑热息痛等），可放在饭后一小时服用，以防止胃黏膜损伤。❷ 备好围嘴。喂药时，先给孩子戴好围嘴，并在旁边准备好卫生纸或毛巾，防止药物溢出，便于擦拭。仔细查看好药名和剂量，准备工作就绪，就可以开始喂药了。在喂药过程中，宝宝吐出来的药记得要及时补上。

喂药方法：可用滴管或塑料软管吸满药液，将管口放在宝宝口中，每一次以小剂量慢慢滴入。等宝宝咽下后，再继续喂。也可以把药溶入温水中，倒进奶瓶里，让宝宝自己吮吸。由于婴儿药量较少，注意不要让药物粘连在奶嘴上影响宝宝的服药剂量。如果发生咳呛应立即停止喂药，抱起宝宝轻轻拍后背，以免药液呛入气管。

▶ 父母需知道的喂药禁忌

❶ 对婴儿服药，不要直接给药丸或药片，应研成粉末，加水和糖调成稀汁后再让宝宝服下。吞药片要到4岁左右才可慢慢练习。

❷ 喂药时不能将药物与乳汁或果汁混合，会降低药效。

❸ 不要捏鼻子喂药，不要在宝宝哭闹时喂药，这样不仅容易使宝宝呛着，还会让宝宝越来越害怕，并抗拒吃药。

❹ 调和药物的开水要用温凉的，热水会破坏药物成分。

第258天
少带宝宝去公共场所

▶ 公共场所对宝宝危害大

公共场所是各类传染病广泛传播的地方，比如汽车站、火车候车厅和人群密集的商场或剧场等地方。那里的环境嘈杂，噪声大，空气又不新鲜。各种病原微生物、寄生虫卵都可能沾到手上，或吸入气管里。如带宝宝到这些公共场所，宝宝又喜欢到处看、到处摸，有时嘴里还不停地吃点什么。加之宝宝的免疫力又低，因此极易患上痢疾等肠道传染病、寄生虫病。

呼吸系统传染病，如上呼吸道感染、肺结核、流行性脑膜炎、腮腺炎和麻疹等都是通过飞沫在空气中传播的。越是人群密集的地方，含有病毒、细菌的浓度就越大，宝宝就越容易感染。因此，为了宝宝身体的健康，父母应少带宝宝到公共场所去。

▶ 带宝宝欣赏大自然

❶ 在阴暗有雨的天气中，可抱（扶）宝宝到窗前或阳台上，引导宝宝观看下雨的情景、听下雨的声音，同时反复说："滴答滴答，下小雨了，沙沙沙沙，小雨沙沙。"若下大雨，则说："吧嗒吧嗒，下大雨啦，哗哗哗哗，大雨哗哗。"利用宝宝的视觉及听觉，去感受雨滴打在窗户的声音，聆听自然的交响乐章。

❷ 妈妈可以带着宝宝去公园里欣赏盛开的鲜花，这时最好是将宝宝放在婴儿车里，然后妈妈推着宝宝一起看花。要注意告诉宝宝各种花的颜色，妈妈可以时不时呼唤宝宝："宝宝，来，看，这是月季，你看，红红的，多漂亮。"或者"宝宝，这是黄色的迎春花，像宝宝一样漂亮，对不对？"等等，从而引起宝宝的兴趣，还有益宝宝身体健康。

第259天

宝宝的知觉能力训练

▶ **看图认物**

妈妈可以给宝宝看各种物品及识图片卡、识字卡，卡片最好是单一的图，图像要清晰，色彩要鲜艳，主要教宝宝指认动物、人物、物品，等等。开始，可用一个水果名配上同样一张水果图，使宝宝理解图代表物。再认识几张图之后，就可以用一张图配上一个识字卡，使宝宝进一步理解字可以代表图和物。做到进一步强化宝宝对图形的区分能力及对应能力，锻炼智力，促进大脑发育。由于汉字是一幅幅图像，所以多数宝宝能先认汉字，后识数字。

▶ **认识三维**

爸爸先找一个大玩具，玩具的高度要超过宝宝趴下后的高度，然后放在宝宝面前，告诉他玩具的名称，并让宝宝用手摸摸。接下来，可引导宝宝绕着玩具爬一圈，再让他用手摸摸。最后，再把宝宝抱起来，让他从高处看到玩具，再把玩具的名称告诉他，让他摸摸玩具。通过这个训练，可以引导宝宝认识三维世界，可以增加他的好奇心，培养宝宝的求知欲。

▶ **小小的嗅觉大师**

准备一些空罐子，收集一些有特殊味道的东西，如香料、洋葱、蒜、橘子皮、香水等，放进瓶子里，盖上盖子。在盖子上刺几个小洞，如果没有盖子，可在瓶口覆盖一张纸，用橡皮筋圈紧，然后在纸上刺洞。让宝宝闻一闻，然后自问自答："宝宝，这是什么味道？香不香？这是橘子吗？对，这是橘子的味道，宝宝记住了吗？这是橘子……"用同样的方法让宝宝学习其他物品。

通过这样的游戏，经常让宝宝闻一闻不同物品的气味，可促进宝宝的嗅知觉发育。

第 260 天
宝宝的扶站训练

第9个月，宝宝不仅会独坐，还能从坐姿过渡到躺下。俯卧时，能用手和膝撑着并挺起身来。在宝宝坐稳、会爬后，就开始向直立方向发展。通过扶站训练能锻炼宝宝腿部和腰部肌肉的力量，为以后独站、行走打下基础。

这时，爸爸妈妈可扶着宝宝的腋下让他练习站立，或让他扶着小车栏杆、沙发及床栏等站立，同时可用玩具或食品吸引宝宝的注意力，延长宝宝站立的时间，慢慢地，宝宝就能扶站了。

此外，还可以在椅子上放些玩具，妈妈逗引宝宝去拿玩具，鼓励宝宝先爬到椅子旁边，再扶着椅子站起来。

▶ 和宝宝一起做游戏

目的：让宝宝学会控制自己的身体。为独自站立和走路打好基础。

方法：❶ 让宝宝扶着桌子站稳，妈妈站在桌子的对面或侧面，告诉宝宝："看，妈妈在这里。"

❷ 当宝宝注意到妈妈时，妈妈躲到桌子底下，然后再喊道："宝宝，妈妈在哪里？"并诱导宝宝蹲下，然后在桌子下面对视。

❸ "妈妈在这里。"妈妈从桌子下出来，站起来，"宝宝，妈妈在哪里？"逗引宝宝也跟着出来。站起来。

▶ 对父母的小提醒

这个游戏适合已经学会扶站的宝宝，除了站立和下蹲，还可以引导宝宝扶桌子做弯腰、伸腿等动作，让宝宝学习控制自己的身体。

261

第261天

新鲜的触觉刺激

▶ 到处跑的小狗熊

目的：加强触觉的刺激，认识身体促进认知，愉悦宝宝的情绪，使宝宝产生快乐心情；增进亲子感情，利于亲子关系的建立。

玩法：妈妈将宝宝抱到怀里，让宝宝的头伏在妈妈的肩膀上，妈妈边在宝宝的小屁股上活动手指，边说儿歌："小狗熊，笨呼呼，到处跑，咚咚咚，跑到东、跑到西，小狗熊跑去哪里？"从宝宝的腰部开始，妈妈的手指一直"走"到宝宝的肩膀，然后在宝宝的脖子上轻轻挠一下。当妈妈的手指在宝宝后背上"走"的时候，说："小狗熊跑去哪里？哦！在这里！肩膀上、脖子上……"手指移动到哪里，就说出身体的部位，并挠挠、抓抓或碰碰这些部位。

也可以让宝宝坐在妈妈的腿上，在宝宝的小肚子上玩这个游戏。

▶ 谁在爬

目的：增强触觉体验，丰富语言感受。

玩法：妈妈和宝宝面对面坐好，妈妈拉着宝宝的小手，用手指在宝宝的胳膊上慢慢爬行，并说一首歌谣：爬呀，爬呀，爬，爬来一只小花猫。喵喵喵，喵喵喵，就像这样叫。换另外一种动物再进行游戏。

跳呀，跳呀，跳，跳来一只小白兔。跳跳跳，跳跳跳，就像这样跳。

妈妈要变换不同的触感，丰富宝宝触觉体验，也可以鼓励宝宝模仿动物的叫声。

▶ 经验分享

触觉游戏需要妈妈用愉快、神秘、好奇的情绪带动宝宝游戏。

游戏过程中加入有趣的象声词，增加情趣。

第 262 天
宝宝流脑的预防

流脑，是流行性脑脊髓膜炎的简称，是由脑膜炎双球菌引起的化脓性脑膜炎。流行因素与室内空气不流通，缺少阳光照射，居住环境拥挤以及患上呼吸道感染等因素有关。6 个月 ~ 2 岁的宝宝是最易感染的。

▶ 流脑的症状表现

主要症状是突然高热，剧烈头痛，频繁呕吐，精神不振，颈项强直，重者可出现昏迷、抽搐。流脑根据病情轻重分为普通型和暴发型。因此，在流脑高发期，若出现类似上呼吸道感染的症状，或者突发高热、身上有出血点、头痛、喷射状呕吐、嗜睡、烦躁不安等症状，要立即到正规医院抢救治疗，以免延误病情。

▶ 提前接种疫苗

在流行前预防接种，皮下注射疫苗 1 次，接种后 5 ~ 7 天出现抗体，2 周后达到高峰。秋末冬初对 5 岁以内宝宝接种流脑疫苗，抗病能力可维持 1 年左右。

▶ 家庭预防措施

保持室内空气清新，勤开门窗通风或喷洒空气消毒剂，常晒被褥。个人勤换衣裤、勤晒衣物，平时多晒太阳，注意保暖，预防感冒。在剧烈运动或游戏后，应及时帮宝宝把汗水擦干，穿好衣服。注意口腔卫生，饭后用盐水漱口。春季多吃葱、蒜可以杀死口腔中的病菌，有预防作用。

在流脑流行季节或地区，尽量不要带宝宝去拥挤的公共场所。抵抗力低的宝宝应戴上口罩后外出，以免增加感染机会。不要带宝宝到疾病患者家去串门。

第 **263** 天

让宝宝学习"欢迎"和"再见"

▶ 学习"欢迎"和"再见"

名称：礼貌歌。

目的：加强语义的理解，促进语言的发展，礼貌教育，初步培养与人交往的能力。

方法：教宝宝边拍手边配合语言："欢迎!"反复进行刺激，直到宝宝掌握。再挥动宝宝的右臂，边挥手边配合语言："再见!"为了增强游戏效果，可以配合歌谣进行："客人来了我欢迎，拍拍小手真高兴；客人走了挥挥手，下次再来行不行。"妈妈还可以让宝宝练习其他动作，如作揖表示"谢谢"，握手表示"你好"等。随意编成小儿歌，这样既培养了宝宝的礼貌习惯，又通过儿歌对宝宝进行了语言刺激。另外，家里来客人的时候，可以让宝宝表演一番，增强宝宝的自信心。

▶ 分离焦虑中"再见"的技巧

名称：再见歌。

目的：培养良好情绪的建立，缓解分离焦虑，激发宝宝热爱家人的情感，促进语言发展。

方法：宝宝依恋自己的妈妈，会在妈妈出门时产生分离焦虑，为了避免焦虑使宝宝哇哇大哭，可通过游戏使宝宝与妈妈的告别形成一种惯例，这样宝宝就会明白再见的真正含义，降低分离焦虑。给宝宝念一首歌谣："招招手我的宝贝，妈妈离开你一会儿。说再见我的宝贝，不要伤心别落泪。再见为了再见面，晚上轻轻把家回。妈妈爱你小宝贝，招手再见笑微微。"儿歌说完后，妈妈紧紧拥抱和亲吻宝宝，重复练习后，宝宝会在妈妈上班前主动挥手表示再见。

第 264 天

精心为宝宝挑选玩具

玩具是游戏中必不可少的道具，玩具可以发展宝宝的动作、语言，并且能让孩子心情愉快，还能培养宝宝对美的感受力。根据此阶段宝宝智能发展的特点，妈妈可以这样为宝宝挑选玩具：

宝宝的表现	妈妈的帮助
当宝宝用各种感觉探索环境时	提供不同材质、外观的玩具，以及不同口感、味道的食物
同一个玩具吸引宝宝的时间并不会很长，短的只有几秒而已	可以同时为宝宝提供多种玩具，让宝宝能经常换着玩，但每次提供的玩具不能超过 3 种，避免带给宝宝过度的刺激。也可以引导宝宝玩完一种，再换另外一种，持续保持对玩具的兴趣和刺激
喜欢用眼睛、手和嘴巴探索玩具	提供一些家用物品、小物件和玩具，保证提供玩具的安全和卫生，能让宝宝通过手、眼、嘴巴对玩具进行感觉、品尝、触摸、抛掷和击打等探索
喜欢发声玩具，进行因果关系探索	提供小鼓、八音盒、拉线玩具、碰铃、铝板琴以及能移动并发出各种响声的玩具
能够学会用简单的材料和实践解决问题时	为宝宝准备可以找寻和推倒的玩具，如积木、不倒翁等。不过积木需要您来搭建，宝宝只负责推倒的工作。还可以和宝宝玩藏找玩具，让宝宝在实践中解决问题
从实践中学习，需要能培养创造性和独立性的游戏机会	让宝宝偶尔玩一些自己创造的游戏活动，并让宝宝以自己的方式来摆弄玩具

第 **265** 天

多为宝宝朗读

▶ **为宝宝朗读的益处**

培养宝宝听力的同时，训练集中注意力和观察力，有助于宝宝运用想象力。

有助于宝宝对语音、语法、语义的内在理解。

建立阅读规范（妈妈要规范地一页接一页、从上到下、从左到右地朗诵）。

利于形成读书的习惯。

利于亲子依恋关系的建立。

▶ **在生活中为宝宝朗读**

为宝宝选择图案简单、语言押韵的插图韵文书，语字清晰地为宝宝朗读。

尽可能早地让宝宝接触书籍，无论是啃书、扔书，甚至伴书入睡，都要满足他。

让朗读成为生活的一部分，使宝宝对朗读有所期待，妈妈可以在吃饭前、洗澡后、就寝前为宝宝朗读。

朗读的内容不仅局限于书本，还可以为宝宝朗读生活中的各种符号、食品的包装袋、明信片上的文字等，强化宝宝语音与语义的联系。

▶ **经验分享**

宝宝月龄小，注意力集中的时间有限，起初朗读的时间控制在两三分钟，随着朗读次数的逐渐增加，逐渐延长朗读的时间。

朗读要顺着宝宝的意愿，越小的宝宝越喜欢重复性强的内容，重复可以让宝宝获得理解和认知，妈妈要有一定的耐心。

第 266 天

探寻宝宝喜欢啃咬、撕书的心理

▶ **好奇心使然**

您是否发现，家中的宝宝总是喜欢将手里的东西往嘴里塞呢？这表示宝宝的好奇心和探索欲越来越强烈。那么，为什么宝宝一拿到东西就要往嘴里塞，甚至啃咬呢？

研究表示，人类是由猿类进化而来，运动的本能就是寻找食物和繁衍后代，因此当他们看到树上的果实、地上的植物，都会本能地放进嘴里咬咬看。宝宝出生后，外在的世界对他们来说是相当陌生且充满乐趣的，宝宝自然而然就会因为好奇而伸手去碰触、抓取物品，接着就会放入口中了。

▶ **吸引家长的注意力**

宝宝10~12个月时，已经能够握住手掌大小的物体而不掉落，甚至能够做出撕书、丢、抛等较精细的动作。

许多家长会发现，宝宝似乎热爱"撕"的动作，譬如撕书页、撕面巾纸等。从宝宝心理学来观察，宝宝做出"撕书"的动作，并不是故意要搞破坏，而是他们发现，撕纸的触感和声音是以前从没有体验过的感觉。

家长的反应也是宝宝们深感兴趣的一方面，有些宝宝做出这些动作时，会发现爸爸妈妈的反应似乎比较大，甚至会将注意力集中在自己身上，因此当宝宝想要吸引爸爸妈妈的注意力时，就会做出撕书的动作。

▶ **专家提醒**

这个月的宝宝变得更加活泼好动，但为了保证宝宝的安全和避免不良行为的形成，对宝宝的行为要有一定的约束，学会不做那些想做但不该做的事是形成自我控制的第一步，这对宝宝今后能否有成就有着密切的关系。

第267天

宝宝撕书，妈妈如何应对

▶ **准备不易被撕烂的书**

妈妈可以为宝宝准备一些由不易撕坏的材料制成的书，比如纸板书、布书，都是不错的选择。如果是那种安全的弧形边角设计，能够保护宝宝的书就更好了。

▶ **让宝宝的小手接触到不同质地的书**

妈妈平时要让宝宝的小手经常接触到不同的材质，比如丝绸、布条、纸张等，不同材质的物品对宝宝的触觉发育有很强的刺激。撕纸也是对宝宝手部动作和触觉发育的一种促进方式，对大脑发育是有帮助的。

▶ **让宝宝去撕那些没有用的书**

准备一些你认为被撕成碎片也不心疼的书籍让宝宝撕，或更为廉价的纸张——报纸或不用的废纸，以锻炼宝宝的手指动作。需要注意的是，要及时给宝宝洗手，以防油墨污染。

▶ **边粘书边和宝宝讲道理**

如果宝宝把书撕坏了，妈妈可以跟宝宝讲道理，并且要把书用胶水等工具粘好，一边粘一边告诉他书不能撕，这样等宝宝慢慢长大后就不会撕书了。

▶ **为宝宝多做爱护书的表率**

宝宝正处于模仿阶段，家长对待书的方式往往会对宝宝产生很大的影响。比如拿书时，妈妈要轻轻地翻，很工整地放好。类似这样的举动自然一些，渐渐孩子就会在潜移默化中学会。

撕书是宝宝成长过程中所必经的一个阶段，细心的妈妈只要抓住宝宝早期阅读的主要特点，并加以适当地引导就可以了，相信宝宝的成长一定会带给您很多惊喜。

第 268 天

和宝宝一起唱儿歌

儿歌在宝宝成长中不可缺少，父母要抽空给宝宝放一些儿歌听或者自己唱更好，在唱儿歌时伴有丰富的表情和动作，促进宝宝的语言学习。

▶《鲜花开》

"花园里，鲜花开，鲜花开；一朵朵，真可爱，真可爱；一个小黄鹂呀，蝴蝶纷纷飞呀；飞来飞去多呀多愉快；小朋友，快快来，快快来；拉拉手，跳起来，跳起来；多像小蜜蜂呀，亦像花蝴蝶呀；要像鲜花遍呀遍地开。"

▶《我有一个好朋友》

"我有一个好朋友，它的名字叫小花狗，白天伴我做游戏啊，摇头摆尾紧随我走，陌生地儿它去探路啊，我遇危险它来相救，我有困难它帮助啊，遇到坏人它就出手，我要睡觉它站岗啊，守在我的小床头，小花狗啊小花狗，它是我忠实的好朋友。"

▶《小鸟小鸟》

"蓝天里有阳光，树林里有花香；小鸟小鸟，你自由地飞翔；在田野，在草地，在湖边，在山冈；小鸟小鸟迎着春天歌唱，啦啦啦啦。爱春天，爱阳光，爱湖水，爱花香；小鸟小鸟，我的好朋友，让我们一起飞翔歌唱，一起飞翔歌唱，啦啦啦啦。"

▶ 小头顶大头

宝宝坐在床上，妈妈边唱歌边用头轻顶宝宝的小额头，"顶呀顶，顶小牛，我们宝宝是小牛""圆小头，硬硬的，妈妈顶不过"并让宝宝模仿妈妈念儿歌，然后问宝宝："宝宝好玩吗？宝宝谁是小牛呀？宝宝是小牛哦！"看宝宝有没有同意的信号。

第 269 ~ 270 天

本月宝宝的生长发育

▶ 牙齿

大部分婴儿已经开始出牙，有些孩子已经出了 2 ~ 4 颗牙齿，即上门齿和下门齿。

▶ 动作发育

宝宝会独坐，还能从坐姿变成躺下，扶着床栏杆站立，并能由立位坐下，俯卧时，用手和膝趴着能挺起身来；会拍手，会用手挑选自己喜欢的玩具玩，宝宝在爬行过程中可以自如变换方向；坐着玩时，会用双手传递玩具；如果玩具掉到桌子下面，知道寻找掉的玩具；有时会对着镜子亲吻自己的笑脸。

▶ 语言发育

能模仿大人发出的单音节词，有的宝宝会发出双音节词"妈妈"了。

▶ 睡眠

9 个月的宝宝每天需睡 14 ~ 16 小时，白天可以深睡两次，每次 2 小时左右，夜间如果尿布湿了，只要孩子睡得很香，可以不马上更换，但有尿布湿疹，或屁股已经淹红了的宝宝，要及时更换尿布；如果孩子大便了，也要立即更换尿布。

▶ 情绪

宝宝见到熟人，会用微笑来表示认识他们，看见亲人或者看护自己的人会要求抱，如果把喜欢的玩具拿走，孩子会哭闹；新鲜的事情会引起宝宝的惊奇和兴奋，从镜子里看见自己，会到镜子后边去寻找。

▶ 心理

这个月龄的宝宝会有怯生感，怕与父母尤其是妈妈分开，这是孩子正常的心理表现，说明宝宝对亲人、熟人与生人能准确、敏锐地分辨清楚。

第10个月

宝宝学会叫爸爸妈妈了

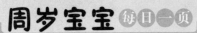

第271天

了解断奶

▶ **选择断奶的最佳季节**

宝宝断奶最好选在春季。如果准备工作没做好，再准备 1~2 个月都没关系，千万不可按照时间的要求给宝宝强行断奶。另外，最好别在夏天断奶。天气热适合细菌生长繁殖，宝宝本来就很难受，断奶会让他大哭大闹，还会因胃肠对食物的不适应而发生呕吐或腹泻症状。

最好也不要在冬天给宝宝断奶。哺乳期的妈妈，在冬季给孩子喂奶，一天需要多次解开衣服，确实不方便。有些妈妈怕麻烦，索性就给孩子断奶了。其实，冬季是呼吸道传染病发生和流行的高峰期。此时断奶，会改变宝宝的饮食习惯，使他在一段时间里会因不适应而挨饿，从而降低他的免疫力，造成细菌或病毒的乘虚而入，易发生感冒、急性咽喉炎，甚至肺炎，等等。宝宝得病后会更严重地影响食欲，抵抗力再次降低，如此反复造成恶性循环，严重影响生长发育。

▶ **做好心理和物质准备**

断奶期的心理恐惧，再加上突然的饮食结构改变，很容易让宝宝出现消化不良等疾病，同时对宝宝的心理发育和感情也有很大影响。

断奶需要一个过渡时期，爸爸妈妈一定要有充分的物质和思想准备。在宝宝的断奶期最好不要让环境产生变化，以减少宝宝的困惑。断奶时要做到有铺垫、有次序。断奶的准备包括逐渐减少母乳喂养次数，添加奶粉，添加辅食。

第272天
如何让宝宝爱上吃菜

▶ **改变烹调方式**

同样的蔬菜可以利用不同的烹调法，做出不一样的口感，并且注意色香味的搭配，才有助于提升宝宝的胃口。

▶ **变化蔬菜形状**

变化蔬菜的样式，例如切成块、丁、片、丝，或使用可爱的食物模型来改变形状。在视觉上能引起宝宝的兴趣，而且不同的形状也会带来不同的口感及风味。

▶ **与喜欢的食物配合着吃**

将宝宝不喜欢吃的蔬菜和喜欢吃的蔬菜搭配在一起，开始的时候不要加太多，让他逐渐习惯其味道或口感。

▶ **培养对蔬菜的认识及兴趣**

当宝宝较大时，可带着他一起种植蔬菜，如培育豆芽菜；也可让其参与购买、制作蔬菜料理的活动，这些都能让其多认识蔬菜。减少对蔬菜的排斥，进而提高食用蔬菜的意愿。

▶ **把蔬菜和水果当点心**

当宝宝想吃点心时，不妨考虑蔬菜和水果。也要以添加没有额外糖分的水果干（如葡萄干、蓝莓干等），增加宝宝对摄取蔬菜和水果的好感。

▶ **照顾者以身作则**

宝宝会观察和模仿照顾者或家人的饮食习惯，因此爸爸妈妈一定要以身作则，不要在宝宝面前表现出不喜欢某种蔬菜。对于宝宝不喜欢的蔬菜，可以吃给他看，鼓励他一起吃，成为宝宝学习的好榜样。

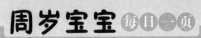

第 273 天

训练宝宝自己进餐

▶ 抓住宝宝自主进餐的机会

10 个月的宝宝，有了很强的独立意识，吃饭时总想自己动手摆弄餐具，父母千万不要错过这个大好时机。因为这个时候，正是训练宝宝自己进餐的好时机。对食物的自主选择和自己进餐，是宝宝早期个性形成的一个标志。

要尽可能地让孩子去探索和试验，不要怕麻烦；不要嫌孩子学不会使用勺子，把饭菜弄得满桌子都是，却喂不到嘴里多少，即使宝宝把饭菜沾到手上、脸上、头发上、衣服上甚至桌椅上，撒得到处都是，也没有多大关系。因为多鼓励孩子自己去做，自己去动手，锻炼孩子的自信和手指头精确运动能力，是最重要的。只要多多练习，孩子总会学着做好的。

▶ 训练宝宝自己进餐

吃饭前，妈妈最好在地上铺上一块塑料布，以防宝宝把汤水洒在地上。然后把宝宝放在专用的椅子上，并给宝宝戴上围嘴，但不要忘记将宝宝的小手洗干净。

开始吃饭时，妈妈可以准备两个碗和勺，一套自己拿着，给宝宝喂饭；另一套给宝宝，并在其中放一点食物让宝宝自己拿着吃。

▶ 专家提醒

一些工作繁忙的父母，往往怕宝宝做得慢，赶快替他做完，结果养成依赖的性格，影响宝宝各方面的成长。

第 **274** 天

平衡膳食营养

▶ 什么是平衡膳食营养

所谓平衡膳食营养，是指摄入食物中各种营养物质的含量与人机体的需要量成比例。只有这样，宝宝生长发育所需要的各种营养成分才能得到满足，使宝宝体力和智力全面发展。

▶ 怎样才能做到平衡膳食营养

平衡膳食营养，是通过各种食物的合理搭配、正确的喂养方法来实现的。谷类、肉和蛋类、蔬菜和水果及奶类，是构成平衡膳食的主要食物。谷类提供人体所需的糖类、蛋白质及 B 族维生素；肉类中的猪肉、牛肉、羊肉和禽、鱼类富含人体吸收率较高的血红蛋白铁；蔬菜水果含有多种维生素及钾、钙、磷等矿物质；奶类除含有优良蛋白质外，更是钙的优质来源。

因为没有任何一种食物，可以同时提供所有人体必需的营养素。所以，在为宝宝制定食谱时，需要注意以上各类食物的合理搭配。

同时，还需要经常变换烹调方式，尽量使口味多样化，增加宝宝的进食兴趣。比如，婴儿期食用的菜泥、肉泥，在孩子逐渐长大以后，可以改为烹调各类蔬菜、小肉丸、鱼丸、蛋羹、饺子等。还要注意要少给宝宝乱吃零食，以免影响正餐食物的摄取。

▶ 专家提醒

宝宝 10 个月的时候，辅食将正式成为主食，可以让宝宝和大人一起吃饭，但是仍然要注意喂给宝宝适合的食物。

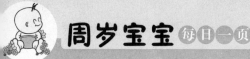

第 **275** 天

不宜嚼饭喂宝宝

▶ 不符合卫生要求

宝宝到 10 个月后，有一些家长既想给宝宝多吃吸收营养，又怕宝宝没能力去吃，所以把饭菜经自己的口中嚼碎后再喂给宝宝。俗话说"病从口入"，食物经大人的口咀嚼后喂给宝宝，很容易将大人口腔中的细菌、病毒传染给宝宝。

也许老人会说自己身体好好的，没有病，这种认识也是片面的，身体好并不等于口腔中不含有致病菌；每个人的口腔里都隐藏着大量细菌，这些细菌可通过唾液传给他人，使其患病。而宝宝的抵抗力相对较弱，一旦各种病菌乘虚而入，就会使宝宝生病，给宝宝也给家人带来痛苦和损失。

如果要给缺乏咀嚼功能的婴幼儿补充营养，把食物切碎煮烂后喂给宝宝吃就可以了。

▶ 不利于开发宝宝的咀嚼功能

宝宝处在长牙期，长期给宝宝吃特别精细的东西会影响咀嚼功能，造成牙齿长得不好；咀嚼少还会造成宝宝面部轮廓、线条长得不好看。

所以，为了宝宝的健康，父母不要给宝宝嚼饭，也不要用自己的筷子给宝宝夹菜吃，如有条件，最好将宝宝的饭菜实行分餐。

▶ 专家提醒

食物经咀嚼后，香味和部分营养已受损失。嚼碎的食糜，婴儿囫囵吞下，未经自己的唾液充分搅拌，不仅食而不知其味，而且加重了胃肠负担，容易导致婴儿营养缺乏及消化功能紊乱。

第 276 天
预防宝宝缺锌

▶ 宝宝缺锌的症状

食欲差或厌食，味觉减退；生长速度减慢，身材矮小，消瘦，下肢水肿；免疫功能降低，容易患呼吸道感染与腹泻；皮肤与黏膜交界处（如口腔、肛门、生殖器）及眼、鼻和肢端可见经久不愈的、对称性皮炎；大孩子可出现性成熟障碍；少数宝宝可有异食癖、反复发作的口腔溃疡、脂肪吸收不良及维生素 A 缺乏性夜盲症。

▶ 预防缺锌

食用加钙或铁的强化食品时更要注意锌的供给，因为大量的钙和铁会妨碍锌的吸收。

提倡母乳喂养：母乳中有含锌的配位体，有利于锌的吸收，故应尽可能喂宝宝母乳。

注意从膳食中补锌：食物中牡蛎、鲱鱼含锌量最高，每千克中含锌超过 100 毫克；其次是肉、肝、蛋类、蟹、花生、核桃、茶叶、杏仁，每千克中锌含量 20~50 毫克；麦类、鱼类、胡萝卜、土豆，每千克中锌含量 6~20 毫克。

宝宝缺锌应设法及时补充：根据程度不同，除及时添加含锌丰富的食物外，还可按医生嘱咐服用锌制剂，如葡萄糖酸锌、硫酸锌、甘草锌、醋酸锌糖浆和复合维生素锌糖浆等。通常宝宝服用 1~2 周后，食欲便可明显增加。整个疗程应维持 2~3 个月。

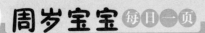

第277天
纠正宝宝边吃边玩的习惯

▶ **边吃边玩，危害宝宝健康**

影响消化吸收：正常情况下，人体在进餐期间血液会聚集到胃部，以加强对食物的消化和吸收。宝宝边吃边玩就会使得一部分血液被分配到身体的其他部位，从而减少了胃部的血流量，妨碍对食物的充分消化，使得消化机能减弱，导致宝宝食欲不振。

导致厌食：宝宝吃几口饭就玩一阵子，必然延长了进餐的时间，饭菜变凉，容易被污染，也会影响胃肠道的消化功能，加重厌食情绪。如果饮食营养长期跟不上，将导致宝宝身材矮小孱弱。

养成做事不专心的毛病：边吃边玩会使宝宝从小养成做什么事都不专心、不认真、注意力不集中、办事拖拉等坏习惯，对成长不利。

▶ **引导宝宝建立良好的饮食习惯**

设置良好的吃饭情景：吃饭前不要做剧烈的活动，要让宝宝情绪平静，端坐在椅子上，吃饭时，大人也尽量少说话，以免引起宝宝兴奋和注意。

不要将玩具等物品放置在饭桌的周围：否则，宝宝易随手拿到玩具，有玩具的吸引，宝宝自然会边吃边玩。发现宝宝吃饭节奏太慢，要及时提醒；大人可将吃饭的方式、速度示范给宝宝看，让宝宝在比较中发现自己的不当，从而加快速度。初期可添加一些宝宝喜爱的食物，但随着时间的推移，要在常态饮食环境中建立良好的饮食习惯。

给宝宝规定吃饭时间：30分钟左右即可停止宝宝吃饭。每一次宝宝吃快了，就及时鼓励，帮助宝宝形成好习惯。

第 278 天
及时发现宝宝营养不良

▶ 宝宝郁郁寡欢、反应迟钝、表情麻木

信号意思：提示宝宝体内缺乏蛋白质与铁质。

处理措施：应多给宝宝吃一点水产品、肉类、奶制品、畜禽血、蛋黄等高铁、高蛋白质的食品。

▶ 宝宝情绪多变、爱发脾气

信号意思：多与吃甜食过多有关，医学上称为"嗜糖性精神烦躁症"。

处理措施：除了减少甜食外，多安排点富含 B 族维生素的食物也是必要的，如芦笋、杏仁、瘦肉、蛋、鸡肉等。

▶ 宝宝固执、胆小怕事

信号意思：多表示维生素 A、B 族维生素、维生素 C 及钙质摄取不足。

处理措施：多吃一些动物肝、鱼、虾、奶类、蔬菜、水果等食物。

▶ 不爱交往、行为孤僻、动作笨拙

信号意思：多提示体内维生素 C 缺乏。

处理措施：在食物中添加富含此类维生素的食物，如番茄、橘子、苹果、白菜、莴苣等，这些食物所含丰富的酸类和维生素，可增强神经的信息传递功能，缓解或消除上述症状。

▶ 宝宝肥胖

信号意思：部分婴儿肥胖起因于营养不良，因为挑食、偏食等造成某些微量营养素摄入不足，导致体内的脂肪不能正常代谢，积存于腹部与皮下。

处理措施：除了减少高脂肪食物（如肉类）的摄取外，还应增加食物品种，做到粗粮、细粮、荤素之间的合理搭配。

第279天
出牙拒食的解决方法

妈妈发现，宝宝出牙后在吃奶时与以前不同，有时连续几分钟猛吸乳头或奶瓶，一会儿又突然放开奶头，像感到疼痛一样哭闹起来，反反复复，这时如果给宝宝点儿固体食物，宝宝就显得很高兴的样子吃起来。

造成这一现象的原因，是因为宝宝牙齿破龈而出时，由于吮吸奶头碰到牙龈，使牙床疼痛而表现的拒食现象。

▶ 解决宝宝出牙拒食的方法

宝宝出牙期间，可将宝宝每次喂奶的时间分为几次，间隔当中，喂些适合宝宝吃的固体食物，如饼干、面包片等。如果宝宝用奶瓶，可将橡皮奶头的洞眼开大一些，使宝宝不用费劲就可吸吮到奶汁，就不会感到过分疼痛。

但妈妈应注意，奶头的洞眼不能过大，以免呛着宝宝。如果已做到以上的喂养方法，宝宝仍然拒食，可停喂几次或改用小匙喂奶，这样会改善宝宝的疼痛状况，使宝宝顺利吃奶。

▶ 为宝宝推荐美味

❶ 浇汁蛋羹：鸡蛋1个，肉末、青菜末少量，番茄酱20克，虾皮、淀粉、香油少许。鸡蛋磕入碗内调成蛋液，加盐和温水搅匀后，上火蒸熟。虾皮剁成细末；锅内放适量清水（肉汤更佳），水开后放入虾皮末、青菜末、肉末、番茄酱同煮，最后加淀粉勾兑成浓汁。将浓汁浇在蒸好的蛋羹上，滴几滴香油即可食用。

❷ 鲜奶通心粉：通心粉20克，洋葱末、胡萝卜末、菠菜末、鲜奶各1大匙，高汤3/4碗。将通心粉切成小丁，煮软；高汤入锅中煮沸，放入煮软的通心粉。洋葱末、胡萝卜末、菠菜末煮软，最后加入鲜奶片刻即可。

第 280 天
宝宝磨牙的原因是什么

▶ **肠道寄生虫病**

宝宝如果患上蛔虫病，蛔虫产生的毒素会刺激肠道，使肠道蠕动加快，从而引起消化不良，睡眠不安，而致磨牙。另外，蛲虫也会分泌毒素，引起肛门瘙痒，影响宝宝睡眠而发生磨牙。

▶ **精神过度紧张**

如果宝宝在睡觉前过度玩耍或者白天受到了刺激，比如受到爸爸妈妈的责骂、看了打斗的场面等，就会引起精神紧张，以致压抑、焦虑不安而引起磨牙。

▶ **饮食紊乱和营养不均**

如果宝宝挑食偏食，就会形成营养不均衡，导致钙、磷以及各种维生素的缺乏，引起晚间面部咀嚼肌的不自主收缩，便会磨牙。另外，如果宝宝晚间吃得太饱，睡觉时肚子里的食物还未消化完，就会加重胃和肠道的负担，会引起睡觉时磨牙。

▶ **牙齿排列不齐**

牙齿排列不齐，咀嚼肌用力过大或长期用一侧牙咀嚼，以及牙齿咬合关系不好，发生颞下颌关节功能紊乱，也会引起夜间磨牙。而且，牙齿排列不整齐的孩子，他的咀嚼肌的位置往往不正常，晚上睡眠时，咀嚼肌常常会无意识地收缩，引起磨牙。

▶ **睡眠姿势不好**

如果孩子睡觉时头经常偏向一侧，会造成咀嚼肌不协调，使受压的一侧咀嚼肌发生异常收缩，因而出现磨牙。孩子晚上蒙着头睡觉，由于二氧化碳过度积聚，氧气供应不足，也会引起磨牙。

第281天
让宝宝多亲近水

▶ 妈妈不宜阻止宝宝玩水

宝宝爱玩水，可妈妈总是怕宝宝把水弄一身、洒一地，不让宝宝玩。其实水是一种友善的玩具，既清洁又柔软，变换无穷。能帮助宝宝发展手指肌肉和触觉、视觉等能力，增加对环境的理解，是一种促进宝宝成长的好游戏。只要布置得当，完全可以让宝宝放开了玩。

▶ 玩水有益身心

❶ 玩水能让宝宝感受到一种天生的快乐，这种快乐有助于培养宝宝乐观向上的性格。

❷ 通过玩水，让宝宝感受到水的特性，激发宝宝的想象力，开发宝宝的智力，让宝宝更聪明。

❸ 玩水能活动身体，发展动手能力，促进身体发育。

▶ 玩水有方法

❶ 在夏天，当宝宝出现烦躁不安时，完全可以将玩水作为调节的方法。发现宝宝要闹情绪或者热得不太舒服时，可以随时在卫生间接一大盆温水，放入宝宝喜欢的玩具，然后将宝宝放进盆里玩耍。

❷ 在不适合随时下水的日子里，妈妈可以准备一大块防水地垫，在盆中放入清水和鲜艳的玩具，也可以放入几条小金鱼，再给宝宝一个捞网，宝宝自己就能兴致勃勃地玩起来。

❸ 闲暇时，带着宝宝到婴幼儿游泳馆游泳，这是个满足宝宝天性、维护宝宝健康的好方法。怕水的妈妈要为了宝宝克服困难，不要因为自己而让宝宝失去了尽情玩水的快乐。

第282天
宝宝精神性腹痛的护理

▶ **精神性腹痛**

以前人们认为只有成年人才会患情绪性疾病，而小孩，尤其是婴幼儿，他们不懂事，"心病"（心理因素引发的躯体症状）是摊不到他们头上的。但现在医学研究发现，"心病"同样可以缠上宝宝。精神性腹痛就是其中之一，这种腹痛多因情绪强烈波动而发生。典型症状是腹痛无固定部位，也无明显压痛点，通常持续数分钟到数十分钟，之后缓解，一切如常。

▶ **精神性腹痛的非药物方法**

对于宝宝的精神性腹痛，通常可采用非药物方法来减轻痛苦。如采取转移注意力的方法，引导宝宝把想象力转移别处；也可以用物理方法，包括冷敷和热敷、按摩、改变体位等。当然，爸爸妈妈的情感支持也是个不错的方法，陪伴、安慰、抚摩，更会使宝宝减轻疼痛。

对于宝宝腹痛，注意调整宝宝的饮食即可。每日饮食的量和次数要有规律，不要暴饮暴食，多吃青菜、水果。

▶ **个性乐观开朗是祛病良药**

精神性腹痛多发生于神经质的婴幼儿，拥有乐观开朗个性的宝宝，就不会受到这种病的困扰。宝宝后天的个性倾向快乐开朗或者沉默寡言，从小就已被家庭的养育方式决定了。

如果妈妈对宝宝的需求是敏感的，尽量给他合理的满足，那么半岁时宝宝就会形成欢快的情绪惯性。如果宝宝的需求经常得不到满足，哭闹总是徒劳，那么宝宝就会变得沉默，情感也淡漠了。

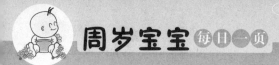

第283天

做好宝宝的防晒工作

由于宝宝的免疫系统尚未完全成熟，紫外线会破坏皮肤内正在发育的免疫细胞，因此要避免宝宝的肌肤受到紫外线的伤害，因为细胞一旦遭到伤害，破坏是会持续累积的，当伤害累积到一定程度时就会导致皮肤病变，如皮肤癌等。防晒工作应该从宝宝做起。一般建议6个月以上的宝宝外出时就应该开始采取防晒措施了，且6岁以下的宝宝应避免长时间直接暴露在阳光下。

▶ 正确选择宝宝的防晒产品

防晒产品分为物理性的和化学性的，由于化学性的防晒产品成分较为复杂，大多都含有防腐剂，因此宝宝比较容易出现过敏反应。

建议爸爸妈妈给宝宝选择刺激较小的纯物理性防晒方式，包括衣物、帽子、太阳伞等。在选购宝宝的防晒产品时，除了要先对各项产品有完整的了解外，还应对宝宝的肤质相当了解，以便在选购产品或选择防晒方法时能够有所调整。

▶ 宝宝晒伤的简便护理措施

马上带孩子躲进树荫或其他遮蔽处，并尽快帮孩子的肌肤补充水分。

此时可为宝宝用冰牛奶冷敷，大约10～15分钟，再在晒伤处涂些清凉的润肤油，帮助皮肤恢复；如果皮肤晒出水疱，应去医院处理。

晒伤后的皮肤可能会出现脱皮的现象，不要直接用手剥，等它自己慢慢脱落。

给宝宝洗个澡，在洗澡水里加一小勺苏打粉。让宝宝泡澡，这样也可以为皮肤降温，缓解红肿。洗澡时，不要用肥皂以避免刺激伤处。

第 284 ~ 285 天

预防宝宝手足口病

▶ 常见症状

发病初期会出现类似感冒的症状，发热不高，38℃左右；2 天后口部出现疼痛性小水疱，四周绕以红晕，手足部位会出现米粒大小的水疱，数目不等。手足口病在 1 ~ 2 周内可自愈，不会留下后遗症，但也不是终身免疫。

▶ 家庭护理方法

❶ 服用抗病毒的药物，如病毒唑、病毒灵等。

❷ 保持局部清洁，避免细菌的继发感染。

❸ 宝宝口腔有糜烂、吃东西困难时，可以吃一些流质食物，饭后漱口。

❹ 局部可以涂金霉素鱼肝油，以减轻疼痛，促使糜烂面早日愈合。

❺ 可以口服一些 B 族维生素，如维生素 B_2 等。

❻ 若宝宝发热，也可以用一些清热解毒的中药。

▶ 家庭预防方法

❶ 要保持室内空气流通。

❷ 要在饭前、如厕后以及处理被粪便沾污过的物品后洗手。

❸ 要保证双手被呼吸系统分泌物弄污后，立即洗手。

❹ 打喷嚏或咳嗽时要掩口鼻，并妥善清理分泌物。

❺ 要经常将儿童的玩具或其他用品彻底清洗。

❻ 应将病童留在家中，直至热度、红疹消退及水疱结痂。

❼ 不要让孩子到人群密集的地方去。

第**286**天

撞头摇晃的解决方法

▶ 关注宝宝"撞头摇晃"

对有撞头摇晃行为的宝宝，父母千万不能采取打骂的办法，这不仅无益于解除问题，反而会使问题更严重。摇摆震荡本身对宝宝的健康并无损害，也与神经或心理上的异常完全无关联。

只要宝宝平时很快乐，生气时也不会猛撞墙，就不要担心。但假设宝宝绝大多数时间在做这些动作，还加上其他异于平常的举止，如发育迟缓，或者总是不快乐，就需要去医院了。

▶ 多给宝宝一些关爱

白天也好，上床时间也好，多为宝宝提供一些有节奏性的活动。如抱着宝宝一起坐在摇椅上，或教宝宝自己坐儿童专用椅。给宝宝一些玩具乐器，甚至仅仅一个汤匙加上一个水壶，宝宝便能敲出声音。让宝宝坐秋千，陪宝宝玩拍手或做其他的手指游戏。

▶ 白天尽兴地玩

如果宝宝用头撞东西，大部分是发生在婴儿床中，就别太早放宝宝进去，等宝宝很困倦时再放进去。

上床入睡前要有足够时间让宝宝平静下来。建立一套睡前仪式（静态的游戏），比如拥抱、抚摸，轻微地一些摇晃（但不能摇到其入睡）。

为防止宝宝在小床里又蹦又跳，或者撞来撞去受伤，在宝宝的小床下面最好铺一块厚厚的地毯，让小床远离墙壁或其他家具，可能的话，周围加上一些垫子以缓解随时撞击造成的伤害。

第 287 天

宝宝咳嗽的防治

▶ **注意双足的保暖**

注意宝宝双足的保暖，给宝宝穿上合脚舒适的鞋袜。

▶ **保证室内空气新鲜**

保证居所良好的环境，以保护宝宝的呼吸道。室内空气要新鲜，定时开窗换气，空气干燥时，可用空气加湿器，室内外温差不能过大，以免宝宝无法适应而感染病毒细菌。

▶ **多去空气新鲜的地方**

多带宝宝到空气清新的公园或草地呼吸新鲜空气，活动一下，增强御寒能力。爸爸妈妈要注意的是，少带宝宝去人多拥挤的公共场所，尤其是冬季，当地流行呼吸道传染病时，应尽量不带宝宝外出。

▶ **保证充足的睡眠和水分**

充足的睡眠可以避免宝宝抵抗力下降而反复感冒，导致宝宝咳嗽，多饮水可防止咽部干燥引起的咳嗽。

▶ **喝温开水或温牛奶**

宝宝咳嗽出现时，给宝宝喝温开水或温的牛奶、米汤，可使黏痰变得稀薄，缓解呼吸道黏膜的紧张状态，促进痰液咳出。

▶ **过敏性咳嗽的预防**

注意避免宝宝过敏性咳嗽，不要食用会引起过敏症状的食物，如海产品、冷饮等，家里不要养宠物和花，不要铺地毯，避免接触花粉、尘螨、油烟、油漆等，不要让宝宝抱着长绒毛玩具入睡。

第**288**天

为宝宝挑选餐具

▶ 汤匙

10 ~ 12 个月的宝宝已经可以稳稳地握住汤匙，但是宝宝可能会用汤匙吃几口之后又开始用手抓取食物，仿佛汤匙只是一个玩具而已。这种情形在宝宝学习自己进食的过程中相当常见。即便宝宝吃得不好，经常将食物撒出，家长仍需给宝宝正面的鼓励，不要一味地责骂，这样才能让宝宝越吃越好！

▶ 饭碗

要选外形浑圆、底平、帮浅、略大且漂亮的，平稳不易撒的；或选择带盘的碗，非常适合给刚学吃饭的宝宝使用。这种碗底座的吸盘可以吸附在桌面上，避免碗移动，不容易被宝宝打翻。注意材质是否安全、容易清洗及能否加热。

▶ 挑选细则

材质。为宝宝选择餐具，材质上的要求尤其讲究。目前市面上专为宝宝设计的餐具大多是塑料餐具。这些餐具大多由聚丙烯（PP）制成。由此制成的塑料餐具能承受的温度范围在 − 20 ~ 120 摄氏度，在宝宝日常的使用和消毒中不易发生老化，在该温度范围内使用也是非常安全的。

色彩。为宝宝选择餐具，认准正规知名的母婴品牌非常重要。一般来说，知名品牌都是经过国家检测部门严格检测过的，且很多绘有卡通图案的餐具颜色大多单一且色泽浅，所用的颜色不会对孩子的健康造成影响。

款式。儿童餐具的样式五花八门：碗有圆形、椭圆形、多边形、葫芦形等；而勺子除了传统的直线形样式，还有"L"型，这种勺子方便家长在给孩子喂饭时，不必过于拐胳膊肘，便能将饭放到孩子嘴边。

第289天

男宝宝玩生殖器怎么办

▶ **不要在宝宝面前渲染**

往往家里生了个男孩儿后，亲戚朋友总爱拿宝宝的生殖器开玩笑，都要揪一揪、看一看，或者做出揪生殖器的动作，这样宝宝会单纯地开始模仿大人，主动揪生殖器给大家看，慢慢地就将揪生殖器的行为变成了一种习惯。

▶ **改穿满裆裤**

宝宝在可以表达自己的排便意愿后应当停穿开裆裤，改穿满裆裤，减少亲戚朋友拿生殖器逗弄宝宝的机会。

▶ **转移宝宝注意力**

如果宝宝有抓生殖器的行为，父母不应大声斥责，应平静对待。可以用玩具或小游戏来转移宝宝的注意力，搭积木、玩球类游戏都是很好的方式。

▶ **正确引导宝宝**

有的爸妈看到宝宝抓生殖器往往很紧张，甚至认为宝宝有心理问题，其实这是没必要的，只要平时多加引导即可。

▶ **男宝宝生殖器的清洗与护理**

给宝宝洗澡时水温控制在 38 ~ 40 摄氏度，保护宝宝皮肤及阴囊不受烫伤；宝宝的生殖器布满了筋络和纤维组织，又暴露在外，十分脆弱，切莫挤压；重点轻柔地擦洗生殖器根部；阴囊多有褶皱，较容易藏脏东西；阴囊下边也是个隐蔽之所，包括腹股沟的附近，都是尿液和汗液常会积留的地方，要着重擦拭。

医生建议在男宝宝周岁前都不必刻意清洗包皮，因为这时宝宝的包皮和龟头还长在一起，过早地翻动柔嫩的包皮会伤害宝宝的生殖器。

第 290 天

怎样预防宝宝斜视

▶ **判断宝宝斜视的方法**

在灯下，看孩子两个瞳孔里的灯影，如果灯影总是落在两个瞳孔中间的黑色部位的同一个地方，眼睛就不存在斜视的可能；如果灯影不能落在两个瞳孔的同一个地方，就有可能存在斜视。婴儿眼睛的调节能力差，有时看上去好像是不正常，好像有"对眼"，也就是人们常说的"娃娃眼"。这多出现在孩子看较近距离物体、凝视一件物体时。如果发现这种情况，父母可把物体放在离孩子远一些的地方，观察孩子是否还有对眼的现象。

▶ **宝宝斜视的预防**

注意经常变换宝宝睡眠的体位，使光线投射方向经常改变，今天头睡左边，明天头睡右边，注意调换，这样就能使宝宝的眼球不再经常只转向一侧，从而避免斜视。

卧室光线不要太亮，宝宝的小床上悬挂的彩色玩具不能挂得太近，应该在 40 厘米以上，而且应该在多个方向悬挂，避免孩子长时间只注意一个点而发生斜视。

将宝宝放在婴儿床上的时间不能太长，宝宝醒着时要带他走动走动，使宝宝对周围的事物产生好奇，从而增加眼球的转动，增强眼肌和神经的协调能力，避免产生斜视。

不要长时间在一个地方用同一个玩具逗弄宝宝，以免宝宝长久注视，眼球不动，房间内玩具不要摆得太近，隔一段摆放一个，让宝宝轮流看。

宝宝斜视一般都是生理性的、假性的，只要多加引导，日后宝宝的假性斜视会逐步消失。

第 291 天
宝宝喜欢"语言"按摩

▶ **小火车**

目的：对宝宝的胳膊、小腿进行抚触按摩，增加情趣，促进语言的发展。

玩法：妈妈和宝宝面对面坐好，拉着宝宝的小手，用手指在宝宝的胳膊上上下移动，同时说一首儿歌：小火车，呜呜呜，沿着铁轨向前冲。开过去，开回来，火车呜呜跑不停。呜——（加快速度，表示火车的快速前行）

妈妈要有节奏地进行语言按摩，按摩完两条小胳膊，再分别按摩宝宝的小腿。妈妈可以变换按摩形式，点触、抚摸、按压都可以。

▶ **小蜜蜂**

目的：按摩宝宝的全身，增加触觉体验，增强语言理解。玩法：妈妈把宝宝抱在怀里，或把宝宝放到床上，用温柔的眼神看着宝宝，做有趣的语言按摩：一只小蜜蜂，飞在花丛中（妈妈双手食指放在头顶，模仿蜜蜂触角，晃动头部）。

嗡嗡嗡，嗡嗡嗡（双手食指随意点在宝宝的身上）。

落在肚子上——（轻柔宝宝的肚子）

落在小手中——（用拳头轻捶宝宝手心）

落在小脚丫——（轻捏每个脚趾）

落在小肩膀——（敲敲宝宝的肩膀）

落在……

妈妈随意说出身体部位的名称，并随着语言进行按摩。

第292天
每天进行语言训练

▶ 让宝宝一点点积累

连续发出不同的音是一项了不起的工作。首先从肺部吐气震动声带发出声音（声源），同时必须配合发出声音的时间不断变换嘴唇和舌头的形状，这样才能最终发出我们所听到的音。毕竟宝宝的发育还没有达到能自如地发声的程度，因此，父母要多说话给孩子听，让其在听妈妈说话的过程中慢慢摸索，积累经验。

如给宝宝换裤子的时候说"换裤子了"、"把小脚伸出来"、"哎呀，不要乱蹬啊"、"好了，舒服了吧"，等等；而吃饭时则说"这是杯子"、"杯子上画的是小熊"，等等。就这样让宝宝一点点积累"说话经验"。

▶ 引导宝宝说话的技巧

宝宝从脑海中堆积如山的"明白事"到做手势、再到吐出有意义的话，只差最后一步了。爸爸妈妈除了一如既往地配合宝宝的兴趣之外，还要注意语言的选择和排列。多多使用婴幼儿短语，如"小狗狗"、"喝茶，咕咚咕咚"，等等。在这个月龄，不必担心孩子对正规语言的掌握问题，以后宝宝自然会掌握并使用正规的语言，当务之急是要让宝宝觉得交流非常简单而且非常有趣。

短语中含一个宝宝熟悉的中心词，会令宝宝觉得亲切。用短语和宝宝说话，短语中心词最好是宝宝熟悉的单词，如"汪汪来了"、"外外去"，等等。这些短语长度刚好和宝宝所能专注的长度吻合。

第293天

为开口说话做准备

▶ **运动口腔肌肉**

名称：气息练习。

目的：呼吸的控制，气息的练习，为语言发音做准备，了解因果关系，丰富认知。

方法：妈妈为宝宝准备一些重量轻的物品或食物，如棉花、羽毛、纸巾、海苔片等，再准备一杯牛奶和一个吸管。

先将吸管插入牛奶之中，让宝宝练习吹气，只有吹气时，牛奶才会产生气泡，反之宝宝就会把牛奶喝到肚子里；然后，带着宝宝玩吹气的游戏，把棉花、羽毛、纸巾和海苔吹起来，让宝宝观察现象，了解东西的轻重带来的影响，再拿些重的食品，如馒头、面包等，引导宝宝进行观察。

气息练习让宝宝的口腔肌肉得到锻炼，呼吸的调整、口腔肌肉的配合是宝宝开口说话的先决条件。

▶ **发出宝宝易模仿的声音**

名称：五只小鸟。

目的："爸爸、妈妈"是宝宝最容易发出的声音，给宝宝模仿的机会，通过儿歌促进宝宝模仿及语言的理解及表达，丰富触觉经验。

方法：握着宝宝的小手朗诵一首歌谣，几次之后，会收到意想不到的效果。

鸟爸爸（握住宝宝的拇指）；鸟妈妈（握住宝宝的食指）；还有三只鸟宝宝（分别点触另外三个手指头）；鸟爸爸吃飞虫（举起大拇指）；鸟妈妈吃毛虫（举起食指）；鸟爸爸喂宝宝（举起中指）；鸟妈妈喂宝宝（举起无名指）；剩下一只说：该我啦（举起小拇指）！经常玩这个游戏，宝宝很快就可以说部分儿歌啦！

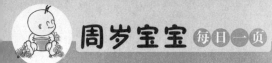

第294天

宝宝的语言积累

孩子出生后半年内，开始"打——打"、"爸——爸"地"冒话"。在双手的活动中，多次感知后，逐渐把事物和动作与相应的词语建立起了联系。特别明显的是连续重复音节，喜欢发出各种声音，音节也比较清楚。孩子喊出一串"爸爸爸爸"时，做父亲的听了会很高兴，认为孩子会叫爸爸了。其实，孩子还不会有意识地叫爸爸，嘴巴里发出的音节还并不代表有什么意义。

▶ 模仿成年人说话发音

10个月的宝宝模仿成年人说话发音，好像鹦鹉学舌，一会儿爸爸，一会儿妈妈，帽帽、哥哥……无所指地乱说一气。有时候会连续几天发同一个音，不管什么东西，都会用这一个音来替代。

到接近周岁时，孩子更会喜欢自己唠叨话，会学着成年人读书的样子，咿咿呀呀地说个不停，时而拉长音调，好像说话，又像唱歌，自个儿说得兴致勃勃，越说越起劲儿，别人一点也不明白。这是给自己用来练习的，父母们应当为孩子高兴，因为孩子认真地学习发音，值得鼓励。

▶ 学会把语音与物体联系起来

在家庭的教育下，婴儿逐渐学会把一定的语音和某个具体物体联系起来，比如问"灯在哪里?"孩子会用手指着灯，问鼻子、眼睛、嘴巴、耳朵在哪儿，都能指得很准确。

孩子说话的规律，是先听懂，然后才会说。1周岁以前，能听懂的词很多，会说的很少，想说说不出来。这时，正是需要大量积累语言信息，进而掌握语言的阶段，尤其是需要有人多多地和孩子交谈，培养词汇理解力和逐步形成表达能力。

第 295 天
让宝宝学习迈步

▶ 学步车，一个临时保姆

扶持着婴儿学习走路迈步，必须弯腰使劲，跟随着孩子走来走去，精力充沛的宝宝一旦能来回移动，会兴趣盎然，走个不停，弄得人很劳累。于是，学步车开始进入宝宝的生活。

这个月龄的孩子，会很想自己移动身体。第一次坐上学步车，宝宝会兴奋地大声欢呼；而且一旦坐上后，会乐此不疲地玩个不休不止。自由"驾驶"着学步车，在屋子里到处转来撞去，活动范围和移动速度大为增加，孩子的眼界也因此大开。使用学步车，无疑能给父母减轻体力负担，宝宝安全父母轻松。

对于现代家庭来说，父母生活节奏快，事务繁杂冗忙，学步车无疑能替代一个"临时保姆"的作用。在婴儿还没有学会走路时，选择用学步车可以随意自由活动，不必受到父母的约束，有利于孩子开阔视野，增加孩子对于周围环境的认识。而且，学步车使用方便，孩子在车里可以站，可以坐，也可以迈步走。车前面的架子上还可以挂一些孩子平时喜欢的小玩具，走累了，坐下来伸手就能拿着玩。

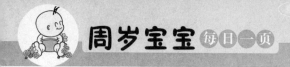

> ▶ 学步车也有不利因素

虽说学步车相对安全，但对于尚不懂事的婴儿来说，极容易发生意外，孩子一玩起来会忘乎所以，为了达到一个目标，翻车、摔跤、砸伤等事故会发生。孩子刚刚开始随意活功，缺少自我保护意识，在家庭中走来走去，可能会发生触电、烫伤、划伤、碰伤等多种事故。

婴儿尚在生长发育阶段，如果在学步车中长期地坐，坐姿不正确，会影响到体格发育。

此外，长期用学步车学走，孩子走路时只需要用身体向前轻微推动，不需要自己来掌握身体的平衡，不能锻炼婴儿的平衡能力，一旦离开车子，反而会胆小、平衡能力差，延误学习迈步走路。

因此，给婴儿使用学步车来学步，时间不宜过长，以免引起孩子疲劳。

> ▶ 正确使用学步车

一般说来，每天一两次，每次以 10 ~ 15 分钟为宜。逐渐延长时间，也不要超过 30 分钟。而且，学步车旁边一定要有人看护。

学步车和扶持行走相结合，车里坐着和车外推着走结合，注意锻炼孩子的综合平衡能力。不可以依赖学步车，尽量要让孩子经历和感受到学习走路的艰难，更加体会到学会走的乐趣，对于情绪经历和性格发展皆有益。

> ▶ 学步车自身安全

宝宝双手能触摸到的地方必须保持干净，防止"病从口入"；学步车的各部位要坚牢，以防在碰撞过程中发生车体损坏、车轮脱落等事故；高度要适中；车轮不要过滑。

> ▶ 家庭环境安全

要为宝宝创造一个练习走路的空间，宝宝不能去的地方要有障碍物阻挡；地面不要过滑，以免移动速度太快时，学步车碰到物体上会伤着宝宝；要把四周带棱角的东西拿开，避免学步空间内家具凸出撞伤孩子。宝宝手能够到的小物件都要拿走，以防宝宝把异物塞进嘴里。

第296天

宝宝学走路要经历五个阶段

宝宝10个月的时候，已能扶着床栏横步走了，这是宝宝学走路的开始，但从扶着走到独自走还需要一个较长的过程，这个过程可以分为五个阶段：

▶ **第一阶段**：10~11个月，开始练习走路

此阶段是宝宝开始学习行走的第一阶段，宝宝扶站已经很稳了，甚至还能单独站一会儿，这时可以开始练习走路了。

爸爸妈妈要注意的是，每个宝宝开始学走路的时间都不相同，甚至可能出现较大的差距，必须视自身的发育状况而定，只要宝宝在1岁6个月之前能独立走路就是正常的。

▶ **第二阶段**：12个月，练习蹲

蹲是此阶段重要的发展过程，应注重宝宝站—蹲—站连贯动作的训练，这样做可增强宝宝腿部的肌力，并可以锻炼身体的协调性。

▶ **第三阶段**：12个月以上，加强平衡

此时宝宝扶着东西能够行走，接下来必须让宝宝学习放开手也能走两三步，应着重加强宝宝平衡的训练。

▶ **第四阶段**：13个月左右，训练适应能力

此时除了继续锻炼宝宝腿部的肌力、身体与眼睛的协调度之外，也要着重训练宝宝对不同地面的适应能力。

▶ **第五阶段**：13~15个月，走得更远

宝宝已经能行走良好，对四周事物的探索逐渐增强，应该满足他的好奇心，使其得到更好的发展。

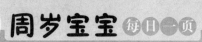

第**297**天

和宝宝一起做细致小游戏

▶ 捏小疙瘩

妈妈把宝宝抱到膝盖上，让宝宝正对着自己，妈妈握着宝宝的手，帮助她捏成拳头，并说"捏疙瘩，看宝宝能捏几下。"几次后妈妈松手，让宝宝自己捏，并且捏一下，妈妈就说"捏疙瘩咯！"然后帮宝宝打开指头，或引导宝宝自己打开食指。锻炼宝宝食指的灵活性，以及宝宝接受语言信息后与身体协调的能力。

▶ 勾取小物品

找一块不用的旧布和一小块棉花，将棉花包在布块里面，在布块上挖一个小洞，能让宝宝的拇指自由伸进去为宜。

在宝宝的注视下，妈妈先用小指头伸进小洞勾出一点棉花，用夸张的语气告诉宝宝："哇，勾出来了，多好玩呀！"鼓励宝宝用食指深入洞内勾取棉花，宝宝会很好奇地在小洞里面探索，当他勾出棉花时要及时给予鼓励和夸奖。如果家里有旧棉衣，也可让宝宝用食指从破口伸进去勾出一些棉花。还可以让宝宝在有破洞的塑料袋里勾取豆子、细绳子等小物品。这样可以充分发挥宝宝食指的功能，锻炼食指灵活性。

▶ 小巧手，找豆豆

妈妈把几种豆混在一起装在一个碗里，让宝宝找出不同的豆子，看宝宝能否又快又准地找到豆子！也可以顺便教宝宝认识一下各种不同的豆子的颜色。提高宝宝对事物的区分能力，锻炼眼力和注意力。

第 298 天

小腿练练有力气

▶ **增加爬行难度**

在爬行空间里创设障碍爬行环境，比如放上几个枕头，用两把小椅子搭成门，再准备一个大纸箱子，两边打开，做成一个隧道，方便宝宝从中间穿过；再散放一些充气玩具。逗引宝宝障碍爬行，在宝宝爬过障碍的同时，加入语言刺激："宝宝，你现在爬在枕头上。""你现在从小椅子的中间穿过，加油！""你现在从箱子隧道里面穿过，真勇敢！""你绕过了充气娃娃的左边，真棒！"当宝宝顺利爬到终点时，妈妈要及时地鼓励、亲吻宝宝。

▶ **站起、坐下训练**

宝宝已经可以非常灵活地手膝爬行了，在宝宝爬行的过程中，让宝宝有机会坐下来休息。观察宝宝爬行到家具旁边时，是否能熟练地扶着家具站起来，站一会儿再熟练地坐下去。可以有意识地训练宝宝自己练习坐上小椅子，熟练转换站起、坐下的动作。

▶ **扶物走**

宝宝一般在 10 个半月左右都能扶着家具走几步了。妈妈可以在家中设置一些小桌子、小沙发、小栏杆等，给宝宝创造扶着东西能站起来的机会，有适合的家具，才可以让站起来的宝宝扶物走几步。

▶ **独站练习**

10 个月的宝宝能独自站立 2 秒钟以上，妈妈平时可以有意识地让宝宝练习片刻的站立。引导宝宝小腿分开，背部贴墙做辅助。妈妈松开双手，让宝宝的腿部力量和身体的平衡支撑得到锻炼。此月龄的宝宝脊椎、肌肉、平衡性发展都不太好，所以，不宜久站，片刻即可。

第 299~300 天
本月宝宝的生长发育

> **牙齿**

10 个月的宝宝一般萌出了 4~6 颗牙齿，上边 4 颗和下边 2 颗切牙。但也有些正常孩子从 10 个月才开始出牙。

> **动作发育**

10 个月的宝宝能稳坐较长的时间，能自由地爬到想去的地方，能扶着东西站得很稳；拇指和食指能协调地拿起小的东西；会做招手、摆手等动作。

> **语言发育**

能模仿成人的声音说话，说一些简单的词。10 个月的宝宝已经能理解常用词语的意思，并会一些表示词义的动作。10 个月的孩子喜欢和成人交往，并模仿成人的举动。当不愉快时，会做出很不满意的表情来表示。

> **睡眠**

10 个月的宝宝每天需睡眠 12~16 小时。白天睡两次，夜间睡 10~12 小时。家长应了解，睡眠是有个体差异的，有的宝宝需要的睡眠比较多，有的宝宝需要睡眠就少一些。所以，有的宝宝到了 10 个月，每天还需要睡 16 小时，有的只需要睡 12 小时就足够了。只要宝宝睡醒之后表现非常愉快，精神很足，就不必勉强孩子多睡。

> **心理发育**

10 个月的宝宝喜欢模仿着叫妈妈，也开始学迈步学走路了。宝宝喜欢东瞧瞧，西看看，探索周围的环境。在玩的过程中，还喜欢把小手放进带孔的玩具中，并会把一件玩具装进另一件玩具中。

第11个月

做好断母乳的准备

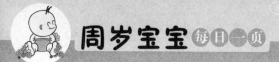

第301天
断乳前后的饮食衔接

▶ **向幼儿的饮食方式过渡**

第11个月的宝宝几乎普遍长出了上、下中切牙，能咬下较硬的食物，这时要相应地帮助宝宝向幼儿的饮食方式过渡，为宝宝添加一些软烂的米饭，给整个的水果。

▶ **断乳与增加辅食同时进行**

不要等到断乳后突然增加辅食的量或种类，而是应当等宝宝能很好地吃辅食了再断乳，断乳前后辅食添加应当没有明显变化。

▶ **食物的营养应全面和充分**

蔬果、鱼肉、蛋奶应合理搭配，要注意选择时令的蔬果，随着季节来吃；宝宝的食物应经常变换花样，巧妙搭配、烹调，要求食物色香味俱全，易于消化，以便满足宝宝的营养，适应宝宝的消化能力，并引起食欲。

▶ **饮食要定时定量**

刚断乳的宝宝，每天要吃5餐，早、中、晚餐时间可与大人一致，两餐之间应加牛奶、点心和水果，断奶初期最好保证每天饮用一定量的配方奶粉。

▶ **断奶有适应期**

有些宝宝断奶后可能很不适应，爸爸妈妈喂食要有耐心，此外还要特别注意饮食卫生，食物应清洁、新鲜、卫生、冷热适宜。刚断母乳的宝宝还不能适应辣椒、辣萝卜等刺激性食物，也不宜给断乳初期的宝宝吃油炸的菜肴。

▶ **专家提醒**

婴儿从未添加过辅食，消化道对断奶后食品没有适应能力，如果突然断奶，会给婴儿带来不利，引起消化紊乱、营养不良，影响小儿生长发育，这样的婴儿不宜断奶。

第 302 天

宝宝断奶的不适应症状

▶ **焦虑爱哭**

宝宝在吃母乳的过程中，会充分体会到妈妈温暖的怀抱以及舒适惬意和特有的安全感。如果妈妈硬性断奶，宝宝会因为没有安全感而产生母子分离的焦虑感。

▶ **体重减轻**

如果强行断奶，宝宝又不适应母乳之外的食物，就会打击宝宝的情绪，对断奶之后的新食物兴趣不大，有时候甚至拒吃。这样，宝宝脾胃功能易发生紊乱，食欲较差，营养不能满足宝宝身体正常的需求，会导致宝宝面色发黄、体重减轻等症状。

▶ **抵抗力差，易生病**

如果妈妈在断奶之前没有做好充分的准备，很多宝宝会因此养成挑食的习惯，如只吃配方奶粉、粥，不吃肉类、蛋类等富含蛋白质、矿物质的食物，这样就会造成食物种类单调，久而久之，宝宝的抵抗力会变得较弱，容易生病。

▶ **妈妈要这样做**

循序渐进，辅食逐渐多样化。给宝宝添加辅食时，要采取逐步增加的原则，并且注意观察宝宝吃后的反应，如宝宝没有什么不适，则可再增加新的辅食。如果宝宝不愿意吃新食物，妈妈可以通过改变食物的做法来增进宝宝的食欲，使宝宝对食物感兴趣。每次的量不要太多，保持少食多餐。

多安抚宝宝。如果宝宝出现断奶的不适症状，不要因为宝宝哭闹就拖延断奶的时间。在这种情况下，妈妈要对宝宝进行情绪上的安抚，多抱抱宝宝，跟宝宝说话，和宝宝玩游戏，宝宝情绪稳定了，才能逐步接受断奶的事实。

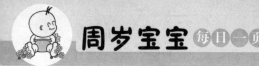

第303天

摄取肉类四大准则

▶ **考虑过敏和消化能力**

当宝宝开始添加辅食时，就可以开始酌量给肉类食物，大部分肉类食物都可让宝宝尝试。但对于过敏宝宝，就不宜太早给肉类食物。海鲜属于比较容易致敏的肉类，如虾子、贝类等，建议在1岁以后再让宝宝食用。

▶ **考虑咀嚼能力**

刚开始提供肉类食物给宝宝时，都要先做成泥状，之后视其吞咽与咀嚼能力的状况，再慢慢给块状肉类食物。在1.5～2岁就可完全转换食物的形态，当宝宝能接受固体食物时，就表示他已经适应，可以将辅食作为主要食物了。建议家长适度为宝宝在辅食中添加肉类食物。

▶ **考虑辅食新鲜度**

选购肉品时，要注意新鲜的瘦肉外观鲜嫩、有弹性，呈现鲜红色；肥肉的部分应该呈现白色，而非淡黄色或含有血丝。挑选鱼类时，也要特别注意新鲜度，因为不新鲜的鱼肉含有组织胺，容易引起机体过敏。

▶ **考虑肉类质地**

鱼肉因为质地细腻、容易捣碎，通常是家长最先给宝宝提供的动物性蛋白质；继鱼肉之后，第二种适合宝宝食用的肉类是鸡肉，因为像脂肪较少的鸡胸肉、肉质滑嫩的鸡腿肉，都适合宝宝食用；牛肉含有丰富的铁质，但肌肉纤维较为坚韧，对于宝宝而言可能不好消化，建议挑选肉质比较细嫩的部位；羊肉、鸭肉因为风味独特、质地较为坚韧，建议可晚点再食用。海鲜类则应去壳、去头尾，并剁碎食用。

第 304 天
断奶后宝宝的饮食特点

▶ **一日三餐合理搭配**

父母要保证宝宝一日三餐搭配合理，每餐不仅要有主食的摄入，还要有一定量的鱼、肉、蛋等动物性食物的摄入。

父母对宝宝食品的选择要灵活多变，如蔬菜的品种有许多，不要局限于青菜、胡萝卜、西红柿，像菠菜、白菜、土豆、豆芽、芹菜、洋葱、韭菜等都可以尝试。在食物初加工时要先洗后切。蔬菜浸泡半小时后清洗；菜应切得稍微小一点、细一点，既应适合宝宝口形的大小，又可以成为宝宝的手指食品，可以拿在手上吃。烹调的方法多采用炒、煮、焖、煨等，少用油煎、烧烤等；在调味时要清淡、少刺激，低盐、少糖、不用味精，特别注意不要以成人的口味标准来对待婴幼儿的口味。

▶ **随着季节变换食物种类**

春季多吃含钙、蛋白质丰富的食物，如虾米、肉骨头炖黄豆汤等，促进宝宝骨骼生长；夏季多吃清淡食品，如冬瓜、西红柿等；秋季多吃滋阴润燥的食物，如藕、山药等；冬季多吃富含热量、高蛋白的食物，如羊肉、牛肉、红枣、核桃、萝卜等。

▶ **根据宝宝特点做调整**

对于宝宝能吃多少，应该在满足宝宝饭量的前提下，根据情况进行调整，比如对食欲好的宝宝，父母要控制，避免宝宝吃得过多；这个月龄的宝宝仍需喝配方奶粉，如果宝宝停掉母乳后又不爱喝配方奶粉，父母就应该想办法，让宝宝喝其他种类的代乳制品；对于仍然不能接受辅食的宝宝，父母应引起重视，可以去儿科医院咨询，以获得正确的喂养指导。

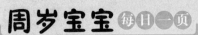

第305天
细心呵护宝宝的嗓子

长时间过度用嗓子或高声喊叫是宝宝声音嘶哑的主要原因。宝宝的声带比较柔嫩，组织比较疏松，高声喊叫会导致声带充血、水肿。由于宝宝发育尚不成熟，在心理上却在逐渐摆脱依从状态，自我表现欲强，自我控制能力弱，很容易用嗓过度伤及声带。

▶ 不良姿势影响发声

要求宝宝坐位时一定要有"坐相"，即背部挺直、头居中，这样呼吸和发声才流畅，如果弯腰驼背头向前倾，呼吸气流不会流畅，这样会使发声受到影响。

宝宝站着学说话时，头颈部必须挺直，不要把头往下压，否则会使颈部紧张度提高，致使声带拉紧，影响发声。最好是头往前方直视，颈部直起。

▶ 避免宝宝大声喊叫

当宝宝咿呀学语的时候，父母可以把耳朵凑在宝宝的嘴边，这样宝宝可以压低音量学说话，以免声音嘶哑。另外，父母说话轻柔，会对宝宝产生重要的影响，这也是保护宝宝嗓子的一个方面。

▶ 注意饮食营养卫生

要保证宝宝的营养合理，有刺激性的食物，如辣椒等，限制食用。

▶ 宝宝哭后不宜吃咸或甜食

不要让宝宝在哭泣后马上给他（她）咸的或者过甜的东西吃，因为这样会直接伤害到宝宝稚嫩的发声系统；可行的办法是，宝宝大声哭泣后，饮用温白开水喝，忌饮冷水。

不宜让宝宝吃蜂蜜

▶ 蜂蜜中肉毒杆菌对宝宝的危害

蜂蜜味道香甜，而且还可以治疗便秘，一般的人都爱吃。许多父母都喜欢在宝宝吃的配方奶粉、副食品或开水中添加蜂蜜。这种动机和愿望是好的，但好的愿望未必会有好的效果。

国外科学家发现，土壤和灰尘中常常含有一种叫肉毒杆菌的细菌，蜜蜂在采粉酿蜜的过程中，会把被污染的蜜带回蜂箱。而肉毒杆菌适应环境的能力甚强，既耐严寒，又耐高温，能够在连续煮沸的开水中存活 6~10 小时。因此，即使经过一般加工处理的蜂蜜，也仍有一定数量的肉毒杆菌芽孢存在。这些芽孢一般对成年人构不成威胁，那是因为成年人免疫能力强。然而，这些芽孢一旦进入婴幼儿体内，尤其是进入 1 岁以内的婴儿体内，它们便迅速发育成肉毒杆菌，并释放出大量毒性甚强的肉毒毒素。肉毒杆菌中毒的婴儿可出现迟缓性瘫痪、哭声微弱、吸奶无力、呼吸困难、便秘、头颈部肌肉软弱、吮乳无力、眼睑下垂、全身肌张力减退等症状。因此，不宜让宝宝吃蜂蜜。

▶ 医生建议

为防患于未然，保证婴幼儿健康成长，在孩子满 1 岁以前，不要给他吃蜂蜜及其制品。另外，蜂蜜中还可能含有一定雌性激素，如果长时间食用，可能导致宝宝提早发育。所以即使是一岁以上的宝宝，也不能随心所欲地吃蜂蜜；如果宝宝想吃蜂蜜，可以偶尔作为调味品加一点即可。等孩子到了 10 岁以后，对蜂蜜的限制就可以放宽，基本能和成人一样食用蜂蜜了。

第**307**天

正确为宝宝刷牙

▶ **正确刷牙三步骤**

让小宝贝后仰（固定后脑勺）→乳牙横刷来回 10 次（能包覆牙肉）→咬合面旋转刷 10 次。

▶ **刷牙必备三件套**

❶ 棉花棒与纱布：棉花棒与纱布适合新生儿与乳牙只冒出几颗的小宝宝，可清洁牙龈、牙床与口腔。

❷ 宝宝牙刷：当乳牙越长越多时，就可以开始使用宝宝牙刷。

▶ **贝氏刷牙六大步骤**

随着宝宝长大，就要慢慢开始教宝宝学习自己清洁牙齿。牙要刷得好，必须有正确的方法与步骤，目前最常使用的是贝氏刷牙法，步骤如下：

❶ 牙刷以 45°的斜度向着牙龈。

❷ 从右上牙齿的外侧开始，每次刷 2～3 颗牙，轻轻来回震动 10 次左右，之后往左边移动 2～3 颗牙，重复刚刚的动作。

❸ 刷完上颌外侧的牙齿后，再绕到上颌内侧的牙齿刷回来。

❹ 刷完整个上颌后就开始刷下颌的外侧与内侧牙齿。

❺ 最后刷牙齿的咬合面，此时要将刷毛深入臼齿的凹槽中彻底清洁。

❻ 若使用牙膏沫，刷完要漱口，将牙膏沫漱干净。

▶ **专家提醒**

因为宝宝年龄小，在初学时不可能马上学会漱口的动作，往往漱不好就会把漱口水咽下去。所以应该用温（凉）白开水漱口，这样就不会因喝下生冷的白开水而引起不适了。

第 308 天
如何让宝宝不晕车

▶ **宝宝晕车时的症状表现**

带宝宝外出乘坐公共交通工具时，有的宝宝在车上特别容易哭闹，即使变换姿势抱或是让宝宝看窗外的风景也无济于事，甚至还会引起呕吐，这可能是宝宝晕车的缘故。宝宝晕车还会有一些明显的症状，如手舞足蹈、流汗、面色苍白、紧紧抓住大人的衣服等，下车后又有好转。

▶ **做好有效的预防措施**

乘车前不要让宝宝吃得太饱、太油腻，也不要在饥饿时乘车，可以给宝宝吃一些可提供糖分的食物，像米饭等主食，也不要在宝宝疲劳、情绪低落时乘车，会加重晕车。

上车前可以在宝宝的肚脐处贴块生姜，能缓解晕车的症状，上车后应尽量选靠前的位置，这样可以减缓颠簸，减轻晕车症状，行车过程中可让车窗开一条缝，让新鲜空气能进来。

▶ **宝宝晕车时的应对**

平时加强锻炼，经常抱着宝宝慢慢地旋转、摇动脑袋、荡秋千等，以加强前庭功能的锻炼，增强平衡能力。

发现宝宝有晕车症状时，可以用力适当地按压宝宝的合谷穴（大拇指和食指中间的虎口处），也可用大拇指掐压内关穴（腕关节掌侧，腕横纹上约两横指处），均可减轻晕车症状。

▶ **专家提醒**

4 岁以前的孩子的前庭功能正处发育阶段，4 岁后不断趋于完善，16 岁时才完全发育成熟，所以在身体尚未发育成熟前最好不要给孩子口服晕车药。

第309天

培养宝宝的认知能力

▶ 扔东西寻找乐趣

宝宝在这一时期爱上了扔东西，如果爸爸妈妈或其他人在旁边不停地帮他捡起来，宝宝会扔得更欢，扔得更高兴，让他认为这是一种可以两个人玩的游戏，而乐此不疲。

最好将宝宝放到干净的地板上，让他自己扔，自己捡。爸爸妈妈还要教育宝宝什么东西可以扔，什么东西不可以扔，并将宝宝的扔物兴趣正确地引导到游戏和日常生活中，如和大人一起玩扔皮球、把废纸扔进纸篓等。

一般来说，宝宝会慢慢学会正确地玩玩具、翻看图书，当宝宝的兴趣和注意力逐渐转移到其他更有趣的活动中时，就不再扔东西了。

▶ 敲打东西感知物品

敲打东西，是宝宝在发育过程中的一种正常行为，也是一种探索行为。

宝宝会发现敲打不同的物体所产生的声响不同，而且会发现如果自己用力的强弱不同，产生的声响效果也不同。

如宝宝用木块敲打桌子，会发出"啪啪"的声音，而敲打铁锅则发出"当当"的声音。以手拿起东西对着敲，又会发出另外一种声音。慢慢地，宝宝就会选择要敲打的物品，学会控制敲打的力量，这些都可发展宝宝的动作协调性。

这个时期，宝宝最好的玩具就是一些如玩具锤子、玩具小铁锅、纸盒之类的东西，它们能使宝宝的个性和智力得到很好的开发。

第 310 天

宝宝总是眨眼正常吗

▶ **什么是倒睫**

细心的妈妈发现，宝宝怎么总是在眨眼睛？排除眼睑结膜的炎症因素之外，最容易被忽视的原因是倒睫。

正常情况下，人的睑缘的后缘贴附于眼球，上下睑睫毛分别向外上及外下方向呈微弯形生长，无论睁眼或闭眼，睫毛从不触及眼球。如果睫毛改变方向，倒向内侧并且接触眼球、刺激角膜，称为倒睫。

▶ **出现倒睫后的表现是怎样的**

出现倒睫，有时是一两根睫毛，有时是部分或全部睫毛都倒转向眼球。凡能引起眼睑内翻的各种原因都能造成倒睫。例如，沙眼是导致成年人倒睫的主要原因，婴幼儿则多见于内眦赘皮、小眼球、无眼球等先天性异常。

宝宝出现倒睫后，表现出眨眼次数增多，经常用手揉眼睛，异物感、畏光、流泪，甚至眼睑疼挛，并发角膜炎，时有刺痛。检查时可见睫毛接触眼球，结膜充血，角膜表面混浊，有时可见角膜溃疡。婴儿下睑倒睫最为常见，下睑、下方结膜、角膜受累较明显。

▶ **出现倒睫后的治疗措施**

发生倒睫后，首先要治疗原发病证。婴幼儿内眦赘皮所致的下睑鼻侧倒睫，因为睫毛较软，对眼球刺激症状相对较轻，在成长发育过程中能恢复正常，可以先做眼睑按摩。按摩不能恢复的，如果存在角膜损害的要手术矫正。少数倒睫的，可以用睫毛镊子拔除。要防止再生，可使用电解法破坏睫毛毛囊后再拔除睫毛。倒睫较多或同时存在眼睑内翻时，要施行手术矫正，使倒睫离开眼球。

第311天

新玩具应满足宝宝的成长需求

▶ 满足智能需要

随着宝宝对客体永久性的进一步认识，他对物体概念的理解变得很完全了。此时，让宝宝寻找藏好的物品，这样的玩具就显得更加重要了；宝宝推理能力也在急速增长着，帮助他理解因果关系的玩具将非常有益；宝宝的想象力在突飞猛进，玩具电话、玩具计算器等就成为了他的心爱之物。

如：套塔，套杯，形状分类玩具，躲猫猫玩具（一打开盖子会跳出奇异的小人)，能教宝宝识别颜色、大小、数目的套环。

▶ 满足体能需要

在体能上，宝宝也在飞速发展，熟练地手膝爬行，扶物走，使宝宝需要更多的体验，探索垫子之类的玩具正是宝宝需要的；为了锻炼宝宝成长中的肌肉，摇摆座椅、摇摇床、大龙球都是促进宝宝感觉统合的不错选择。

如：球类，爬行隧道，推拉玩具，滚动玩具，摇摆式玩具。

▶ 满足精细动作发展

宝宝精细动作的协调能力也进入到一个更高的阶段，原来令宝宝感到为难的滚动类、拼插类的玩具也可以变成宝宝的挑战项目了。

如：摇摆串珠，玩具琴，木棍串珠，简单图案的拼图玩具（由两三块拼图组成)，大块镶嵌玩具，带质地感的小球类。

▶ 满足语言发展

宝宝语言的敏感期已经开始，图书、能发声的玩具等都可以给宝宝良好的语言刺激，促进宝宝语言的发展。

如：玩具电话，图片书、布书、木书、浴室里的塑料书，说多种语言的玩具。

第 312 天
为宝宝洗头及头发护理

▶ 洗头对宝宝的益处

保持宝宝头发清洁，2～3 天给宝宝清洗一次头发，能使头皮得到良性刺激，促进头发的生长，还能避免头皮上的油脂、汗液以及污染物刺激头皮，引起头皮发痒、起疱甚至发生感染，导致头发脱落。

▶ 找到宝宝不喜欢洗头的原因

造成孩子害怕、不愿意洗头的原因，多数是因为曾经在洗头时，被洗涤剂或水误入眼、耳、鼻、口刺激，弄得孩子很难受，留下了坏印象。

因为宝宝从小一般都乐于在洗澡时玩水，而在玩的过程中洗头时，因为不能很好地配合闭眼、屏气、抿嘴，被带有洗涤剂的水呛入五官。这些不适，在洗头过程中形成条件反射，习惯成自然，宝宝会养成抗拒习惯。此外，婴儿非常讨厌水进入眼睛，洗头的时候，孩子一哭，妈妈就以为洗涤剂进了眼睛，立刻会往孩子脸上淋水，结果更让孩子不高兴。往往孩子开始的哭闹，是不愿意头发被弄湿，而越给孩子淋水，越发让孩子认为母亲有意让自己难受。

▶ 正确为宝宝洗头发

给宝宝洗头发时，要选用无刺激、易起泡沫的儿童专用洗发液，洗头发时要轻轻用手指肚按摩宝宝的头皮。不可用力揉洗头皮和头发，以免头发缠成一团不容易梳理，使头皮受损致使头发脱落。每次清洗头发以后，最好用柔软而有弹性的儿童专用发梳为宝宝梳理头发，这样可以刺激头皮，促进局部血液循环，促使头发生长。

第313天

宝宝体质的调理

▶ **气血不足体质**

倦怠嗜睡、活动力差、面色萎黄、胃口不佳、容易出汗等，这类体质的宝宝很容易出现反复性的感冒。

针对气血不足的问题，饮食调养可选用牛肉、羊肉、桂圆、五谷米、山药粥、四神汤等，少食用寒凉食物，如冷饮、冰品、西瓜等。

▶ **胎热体质**

烦闹、多啼、好动、不愿意多穿衣服、易生痱子、口渴喜饮、大便干硬、容易生眼屎，其中属于阴虚燥热型的宝宝还易出现体弱唇红、皮肤干燥、手足发热、入睡后盗汗等症状。这类体质的宝宝容易患咽喉炎，而且感冒时容易发高烧，发烧后还不容易退热。

对于胎热体质的宝宝，饮食调养的原则以清淡为主，可食用白萝卜、丝瓜、冬瓜、绿豆、芹菜、西瓜、莲藕等食物，忌食香、辣、烤、炸的食物。

▶ **虚寒体质**

脸色苍白、嗜睡、四肢容易冰冷、胃口不佳，还容易腹泻。

为了改善虚寒体质，饮食调养的原则以温补为主，可以多吃羊肉、核桃、山药、韭菜等食品，少吃寒凉性的食物。

▶ **痰湿体质**

形体肥胖、易咳嗽、多痰、容易呕吐、大便不调，易发湿疹、哮喘。

以健脾祛湿化痰为主，可多食红豆、薏仁、海带、冬瓜等食物，忌食冷饮、冰品、油腻的甜食、香辣烤炸的食物。

第 314～315 天
宝宝不宜穿开裆裤

▶ 冬季容易受凉

为了图方便，有些父母愿意让宝宝穿着开裆裤，即使是滴水成冰的冬季，宝宝身上虽裹得严严实实，但小屁股依然露在外面冻得通红。宝宝小屁股至少占身体表面积的5%以上，再加上上面的腰部，前面的下腹部和下面的大腿根都不同程度地透风受凉，因而总的受凉面积达到10%左右，易使宝宝受凉感冒，因此在冬季要给宝宝穿死裆的罩裤和死裆的棉裤或松紧带的毛裤。

▶ 穿开裆裤很不卫生

宝宝探索周围的世界，大部分是通过自己的小手。小手在探索过程中，也包括对自己身体的了解。穿开裆裤的宝宝小手会不可避免地触摸到自己的阴部，从而把其他地方的污物、病菌带到尿道和肛门。

宝宝穿开裆裤坐在地上，地表上的灰尘垃圾都可以粘在屁股上，灰尘中的细菌也很容易粘在肛门和外生殖器的表面，并在适合的条件下繁殖起来。此外，地上的小蚂蚁等昆虫或小的蠕虫也可以钻到外生殖器或肛门里，引起瘙痒，可能因此而造成感染。穿开裆裤最容易导致交叉感染蛲虫。

▶ 穿开裆裤不安全

宝宝的活动量大，但开裆裤对宝宝的阴部却起不到任何的保护作用。宝宝阴部是身体中最柔弱的部位之一，也是最容易受到伤害的部位。没有了衣服或尿布的保护，外界物体的碰、刺、夹、烫、擦等都会伤害到宝宝的阴部。蚊虫的叮咬，一些宠物，如猫、狗等的抓、咬，都会影响到宝宝的健康，有的还会给宝宝带来终身的残疾。

第316天
让宝宝适应开窗睡觉

▶ 开窗睡眠的好处

开窗睡眠实际上是空气浴的另一种应用形式，它能够让室内空气经常保持流通、新鲜，可以增强肌体对外界环境的适应能力和抗病能力。

增强宝宝的肌体抵抗力。吸入新鲜的空气，将刺激宝宝的呼吸道黏膜，增强呼吸道的抗病能力，宝宝就不易伤风感冒了。

增强宝宝的体温调节功能。开窗睡觉是锻炼宝宝的一种方式，因为面部皮肤和上呼吸道黏膜经过较低温度及微弱气流刺激后，可以促进血液循环和新陈代谢，增强体温调节功能。

有助宝宝睡得安稳。开窗睡眠可增加氧气的吸入量，在氧气充足的环境中睡眠，入睡快、睡得沉，睡眠时间延长，有利于脑神经充分休息。

▶ 开窗睡眠的方法

室外气温高时，可随时开窗睡眠。

室内外温差稍大时，宝宝入睡前，可先把窗关起，然后脱衣，待盖好被子后，再把窗户打开；起床时，也要把窗户关好，穿衣后再开窗。如室温过低，不适于睡眠全程开窗通风时，也可在睡前通风一段时间，关好窗户，再让宝宝上床睡觉。天气寒冷的季节，不宜开窗睡眠，只需按时开窗通风。

▶ 专家提醒

宝宝的神经系统发育还不健全，兴奋活动持续时间不长，大脑疲劳，所以需要充足的睡眠。在睡眠时，宝宝身体活动减弱，肌肉放松，呼吸心率减慢，大脑得到休息，否则不仅影响宝宝的生长发育，还会使抵抗力下降。

第317天
让小宝宝远离铅的危害

▶ 铅对宝宝造成的伤害

铅是对宝宝具有神经毒性的重金属元素，对宝宝的神经、大脑伤害很大，会造成智力缺陷、学习障碍、成长减缓、多动、听觉减弱、注意范围减小等。

▶ 铅的来源

含铅漆的住宅、玩具、有色彩笔；含铅的涂釉陶瓷或陶器；罐头食品、饮料或爆米花；铅矿所在地或车流量大的公路（含铅汽油的排放物）周围的土壤。含铅的漆、土壤和水是导致铅中毒的最主要途径。

▶ 铅中毒可以预防

家庭装修要选用正规品牌、质量过关、环保的材料。

使用正规品牌的儿童餐具，避免使用有色彩和图案的餐具。购买无毒、无刺激的玩具，凡是宝宝放入口中的玩具应定期清洗去除表面附着的铅尘。

父母尽量少带宝宝到车流量大的公路附近散步、玩耍，避免吸入过多的汽车尾气、铅尘。铅大多积聚在离地面 1 米以下的大气中，而距地面 75～100 厘米处正好是宝宝的呼吸带，因此，带宝宝在车流量大的路边行走时，要抱起宝宝。

保持清洁卫生，应尽可能经常地用湿抹布抹去宝宝能触及部位的灰尘，食品和奶瓶的奶嘴上要加罩。

居室内不吸烟，带宝宝远离吸烟的人群。

父母下班洗手后再抱宝宝，妈妈涂抹过化妆品后，不要亲吻宝宝。

确保宝宝饭前、午睡前和就寝前洗手。

摄取含钙、铁、锌丰富的食物，如乳制品、海产品、鸡蛋、坚果等。

第318天

开发宝宝右脑

▶ **认识左右脑**

左脑：主管逻辑思维，需通过眼、耳、口、鼻与皮肤五个感官来运作。

右脑：主要以形象思维为主，可将身体外部传来的肉眼无法看见的信息，转换为影像。

▶ **右脑开发DIY**

❶ 意象训练。

准备6张白色卡片。

用笔在6张白色卡片上分别画出6种图形，如圆形、三角形、四方形等。

首先让宝贝知道卡片上的图案，然后将卡片翻面，并随意更换位置，再请宝贝试着通过对卡片反面笔痕的触感认识正确的形状。

❷ 扩大视野训练。

右脑开发训练着重在于形象的记忆，而扩大视野训练主要就是利用教具来训练眼球转动，通过观察线条移动的路线，培养宝宝的注意力与视觉追踪的能力。爸爸妈妈可以亲手为宝宝做个训练玩具：

准备蓝色卡纸和蓝色珍珠板1张（也可选用其他颜色的纸）、各种贴纸、磁铁与钢珠。

先用笔在蓝色卡纸上画出迷宫的草图，再将珍珠板切割成长条状，用白胶粘贴在画好的迷宫草图线条上。再将起点和终点贴上贴纸就完成了。

当被磁铁吸附的钢珠在立体迷宫中游走时，宝宝的视线自然就会随着滚动的钢珠移动，这样能训练宝宝的注意力，还可提升宝宝的手眼协调能力。

第 319 天
宝宝总摔跤怎么办

▶ 最容易摔跤的宝宝

身体发育迟缓的宝宝，由于手脚功能较差，体力弱，灵活性差，面对紧急情况时缺乏应变能力。

另外，好动、注意力不易集中的宝宝和依赖性强、过分敏感的宝宝，也容易摔倒。

▶ 最容易摔倒的地方

❶ 高处。这个时期的宝宝会自己攀爬到高处，却不会自己下来。

❷ 椅子上。如果大人让宝宝坐在沙发或者椅子上，可能大人的眼光刚离开一会儿，宝宝就会突然站起来摔倒。

❸ 台阶上。如果家里有楼梯，旁边一定要加护栏防止宝宝摔下。在玄关等有台阶的地方，也要采取一定措施防止宝宝摔倒。

❹ 浴池。在浴池里，宝宝会抓住盆边缘站起来，试图自己跨出去，同样有摔倒的危险。

第320天
纠正宝宝吸吮手指的行为

▶ **弄清原因**

如果属于喂养不当，首先应纠正错误的喂养方法，克服不良喂哺习惯，使宝宝能规律进食，定时定量，饥饱有节。

▶ **转移注意力**

当宝宝将奶嘴和小手往嘴里塞时，父母可以利用说话、读故事书、唱歌等方式转移宝宝注意力。在活动过程中，不经意地将奶嘴或小手从宝宝嘴里抽出，可减少宝宝因为吮吸动作被制止而产生的抵抗行为。

▶ **把握好时机**

当宝宝感冒时，通常伴有鼻塞等症状，这时宝宝只能用嘴巴进行呼吸，而没有办法一直吮吸奶嘴或手指。父母趁机给予宝宝更多的关怀与照顾，减轻宝宝的不安，耐心帮宝宝戒除不良的吮吸习惯。

▶ **用鼓励取代责罚**

父母在帮助宝宝戒除吮吸奶嘴和小手的过程中，切不可使用责备或处罚的方式，而应以鼓励为原则，以避免亲子间的冲突，避免造成孩子严重的反抗行为和不安情绪。

如果发现宝宝开始吸奶嘴或手指，可以利用其他有趣的事物转移宝宝的注意力，无意中将奶嘴或手指抽离宝宝的嘴巴后，再称赞宝宝不吮吸奶嘴和手指的良好表现。

"哇，不吸奶嘴的宝贝看起来更可爱了！""我就知道宝宝可以做到不吸奶嘴和手指，你真是爸爸妈妈的骄傲。"这些话让宝宝知道只要他不做这些行为，父母会十分高兴并夸奖他，宝宝就可以从父母的夸奖中获得愉悦感，增加戒除不良吮吸习惯的动力。

第321天
强身健体的婴儿体操

▶ **打鼓操**

目的：发展宝宝上肢运动，增加肘关节的灵活性，同时带动大臂的发展。

做法：妈妈抱着宝宝同方向坐在地垫上，握着宝宝的双手随节拍轻敲前胸做打鼓动作。前两个八拍双臂轮流敲击模仿打鼓，后两个八拍双手同时轻敲前胸。

▶ **小钟摆**

目的：强化宝宝肩胛部肌肉和韧带的力量，给脑干良好的刺激，利于身体协调能力的发展，对妈妈腰腹部、肩部、胸部进行刺激，控制腰腹部的脂肪堆积，强化肩、上肢、胸部肌肉，美化妈妈的身体曲线。

做法：妈妈站立，双手合抱住宝宝的腋下。先做小幅度的摆动，宝宝适应后，逐渐加大摆动的幅度。

▶ **宝宝飞**

目的：加强宝宝颈、背及肩部的力量；前庭及左右大脑的刺激，使宝宝的坐姿更挺拔；加强妈妈腕、臂和腰腹部的力量，有助于产后体形的恢复。

做法：宝宝趴在地垫上俯卧抬头，妈妈一手托住宝宝的胸部，一手托握住宝宝的双脚，将宝宝托起来。妈妈双脚前后站立，使宝宝像飞机起飞那样，从下方向上方斜摆动。妈妈双脚平行站立，以腰为轴左右摆动。

▶ **经验分享**

做婴儿体操时，可以放上一段节奏明显、轻快活泼的音乐。妈妈根据宝宝的发展状况及接受情况，适当调整体操的力度，幅度要逐渐加强。体操结束后，按摩宝宝全身的肌肉，帮助宝宝放松，并亲吻宝宝以示鼓励。

第 322 天

宝宝仍然不会站立怎么办

▶ **宝宝不会站立的因素**

进入 11 个月的宝宝，大多数都已经自己能够站立了，但有个别宝宝此时还不会自己站立起来。

对至今仍不会自己站立起来的宝宝，父母要从主、客观上进行一下原因分析，一般不外乎以下几方面的因素：

❶ 体重因素：过于胖的宝宝由于身体笨重，行动费劲，比较不容易站起；但如果宝宝四肢强壮、协调性很好，即使重也可以站得很好。

❷ 锻炼因素：一个整天被妈妈放在推车里、躺椅或围栏中的宝宝，没什么机会去练习站立。

❸ 家具因素：周围的家具如果很不牢靠，或宝宝的鞋袜太滑，都有可能对宝宝学习站立产生障碍。

▶ **宝宝不会站立的解决办法**

对于过胖的宝宝，父母要适当地控制一下宝宝的饭量，既是为宝宝的现在，也是为了宝宝的将来。对于缺少锻炼的宝宝，妈妈要给宝宝提供一些自由的发展空间，这时就会发现，宝宝同样站立得很好。

把家具固定牢固，为了鼓励宝宝，在稍高的家具上摆上宝宝心爱的玩具，引导宝宝站立起来去拿。另一方面，也可以常常扶着宝宝让他站在父母的大腿上，这对建立宝宝的信心大有益处。

从发育角度看，婴儿会站立起来的平均年龄是 9 个月大，多数在 12 个月以前都能完成这个过程。如果宝宝在 1 岁时还不能站立起来，父母就应该带宝宝去看医生了。

第323天
宝宝对玩具的偏好与性格

▶ **偏爱运动玩具的宝宝**

有些小宝宝尽可能借助于球类、枪、棍等玩具做各种运动，似乎从来不知疲倦，没有一刻安稳的时候，常被怀疑为多动症。

偏爱此类玩具的宝宝，性格更趋于外向，艺高胆大、思想单纯、精力充沛。

▶ **偏爱毛绒玩具的宝宝**

毛绒玩具多是女孩的最爱，它们不仅可以当做玩具，更是宝宝的朋友和伙伴，高兴了和它说话亲昵，不高兴了拿它出气，对那些渴望关怀、性格孤僻、小心胆怯的宝宝可以起到稳定情绪的作用，某种程度上成了他们的安慰物。

所以偏爱此类玩具的宝宝，性格上更倾向于温情、细腻、依恋、感情丰富。

▶ **偏爱组装玩具的宝宝**

组装、拼插类型的玩具需要孩子有足够的耐心，而且也需要他们充分调动手、眼、脑的协调配合能力和动手操作能力，还可以充分发挥他们的想象力和创造力。

偏爱此类玩具的宝宝，通常有好的专注力，做事有耐心和韧性，有强烈的好奇心和求知欲。

第 324 天

增强宝宝说话的欲望

▶ **诱导孩子说出更多的新词**

首先，选择宝宝已理解但尚不会发音的字词。例如，宝宝已理解了"车"一词，家长问宝宝："车在哪里?"宝宝会转头去看车，但仍不会发"车"的音。在本阶段，家长就可以选择这些字词作为突破口，诱导宝宝模仿说出"车"的发音。

其次，选择那些宝宝已掌握其正确发音的字词，声母与韵母相同的字词。根据宝宝已理解的字词的声母、韵母，寻找相关的字、词，然后诱导宝宝，使宝宝尽快模仿发音。例如，宝宝掌握了"爸爸"（bà）一词，那么成人可以参考，找出具有声母 b 和韵母 a 的字词，再找出与声母相近的，作为下一步的教育内容。

▶ **及时回应宝宝说话**

"说话"的另一个重要条件是交流欲望，也就是"要对这个人说这件事"的迫切心情。发现桌子上有一只杯子，有这么一类孩子，虽然发现了杯子，心里想着"啊，是杯子，我看到了"，可是因为妈妈忙着用手机发短信，一点都不关心我，即使我告诉她"杯子，我看到杯子了"，妈妈也不会理我的。就这样，孩子一开始就放弃了尝试，交流的欲望减弱了。这种时候，无论宝宝对那个事物有多"熟悉"、多"了解"，都不会产生"要说出来"的欲望，变成"不要说话"。然后变得喜欢独自游戏，有时甚至会导致语言发育迟缓。

第 325 天

理解语言比说更重要

▶ 宝宝能理解什么

11 个月的宝宝，通常可以理解一些词汇和一小部分简单的指示，大部分宝宝是在多次的重复中，根据语境及表达者的表情、动作尝试理解更多的内容。宝宝现在可以理解家庭成员的名字、称呼，对经常食用的食品名称能够理解，理解常用物、玩具的名称，明白"不"的含义，会通过"拿"、"吃"、"要"等词汇表达自己的需求，明白"你好"、"再见"、"欢迎"的含义。

▶ 建立更多理解性语言

语言的发展分为理解性语言和表达性语言两种形式，对于小宝宝来说，表达是建立在理解的基础之上的。为宝宝创造丰富、优秀、正确的语言环境，大量优秀语言的吸收会有助于宝宝对语言的理解和表达。努力发现能够说明宝宝理解语言的信号，并通过反复地重复、交流帮助你找到促进宝宝对更多语言理解的各种方法。

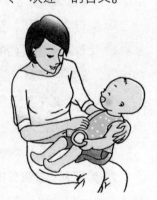

多和宝宝说话，把看到的、听到的、感受到的随时告诉他，同时让语言和动作、行为、具体事物进行联系，不对宝宝说过多抽象的语言，便于宝宝对语言的吸收和理解。告诉宝宝他正在注意到的事物，最好边做边讲，用语言解释行为，用夸张的表情及肢体动作帮助宝宝对语言进行理解。当宝宝发音时，妈妈要试着理解宝宝的意思，并和宝宝进行积极的互动，一旦和宝宝建立了语言理解的关联性，会给宝宝理解和学习语言带来更多的惊喜和动力。

第326天
宝宝说话过晚怎么办

▶ 宝宝说话晚的原因

❶ 听力障碍：因为听不到周围的声音，宝宝不具备学习发音的生理条件，因而无法用语言交流。

❷ 智力发育障碍：智力发育有障碍的宝宝语言发展也比同龄人差。

❸ 发音器官发育异常：在确认宝宝听力完全正常之外，需进一步检查宝宝的发音器官是否正常，以确定是否需要对其进行专门的发音与说话训练。

❹ 父母少言寡语，宝宝缺乏学习与模仿语言的环境。

❺ 父母对宝宝说话的要求高，一旦宝宝出现错误，父母总是急于纠正他的发音，无形中抑制了宝宝的表达欲望，就会导致适得其反的结果。

❻ 父母总是在宝宝发出需求信号之前替宝宝表达需要，因此，宝宝感觉自己无需通过语言来表达想法。宝宝学说话的动机自然就无形中受到了抑制。

▶ 改变宝宝说话晚的方法

❶ 为宝宝创造良好的语言环境：父母与宝宝之间的语言交流越多，宝宝的语言能力就越强。宝宝学习语言有一个积累的过程，因此，父母应该多和宝宝说话，即便宝宝可能无法及时回应，也不要就此放弃。

❷ 激发宝宝说话的愿望：和宝宝一起游戏，带着宝宝说儿歌或者向宝宝描述游戏过程中发生的情景；当宝宝有什么要求时，妈妈可以适当地延迟满足宝宝，"逼迫"宝宝学习用语言表达自己的需求，然后再满足他。

❸ 鼓励宝宝与年龄大的孩子玩：跟年龄大一点的孩子玩，宝宝学习语言的积极性就会在玩的过程中得到有效的激化，对促进宝宝语言表达能力的发展具有不可低估的作用。

第 327 天
为宝宝选择舒适的鞋

▶ **合脚**

学步期宝宝的脚丫 1 年可长 0.8 ~ 1 厘米，所以在替他们挑鞋时，合脚的标准是应比脚的长度再多 1 ~ 2 厘米，并用鞋垫作为辅助。

▶ **柔软度**

爸爸妈妈们在选购学步鞋时，可以试着将鞋子的前缘向上弯曲，若能达到 70° ~ 80° 的弯曲弧度即符合标准。

▶ **宽度**

宝宝的脚趾，特别是大拇趾，若存在被挤压的情形，将会影响骨骼的发育，所以建议妈妈们挑选学步鞋时一定要将宽度纳入考虑范围。

▶ **透气性**

在脱离"匍匐前进"的爬行日子里，学会直立行走的宝宝活动量大增，拥有一双透气性更佳的鞋子才能避免因流汗造成足部闷热或肌肤不适。

▶ **鞋底**

从正常的站姿与步态来说，脚跟是承受身体重量的主要部位，所以选鞋时应注意鞋底的脚后跟处是否为硬底的材质。若是额外制作再行粘贴或缝制，更要检查其坚固性，才能确保宝宝脚丫的安全。

▶ **深度**

在选择学步鞋时，建议妈妈们，让宝宝实际试穿，看看鞋身在足侧的高度，基本上以不超过脚踝为原则。因为步态尚不稳定的宝宝常会有跌倒的情形，若穿着深度高于脚踝的学步鞋会有一定的束缚力，足部如未能及时支撑，就会导致脚踝无法顺应姿势弯曲自如，而发生扭伤的事故。

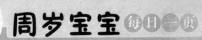

第328天

宝宝蛔虫病的预防

蛔虫病是婴幼儿最常见的寄生虫病之一。蛔虫寄生在人体内并引起的疾病称蛔虫病。若没有任何症状，则称蛔虫感染。蛔虫长期在肠道寄生，吸取了人体大量营养，影响了宝宝的生长发育。蛔虫的排泄物被吸收后，宝宝就会出现食欲不振、情绪不稳定、爱发脾气、睡觉时磨牙等症状。

▶ 宝宝生蛔虫后的一般表现

❶ 宝宝吃得多，但很容易饥饿，而且长不胖，有些宝宝有偏食甚至异食的表现，如爱吃墙上的石灰、泥土或报纸等。

❷ 出现不明原因的腹痛：一般是脐周出现阵发性疼痛，用手揉后，疼痛会缓解。这是因为寄生在肠道里的蛔虫刺激肠黏膜，促使肠蠕动，使宝宝出现脐孔周围腹部隐痛或阵痛。

❸ 宝宝经常腹泻，并逐渐消瘦：因为蛔虫靠吸取人体的营养而生存，每26条蛔虫一天就可使人体丧失4克蛋白质。

❹ 宝宝夜间睡眠不好，会出现哭闹、磨牙、流口水等症状：受蛔虫毒素的影响，宝宝脾气会变坏，甚至烦躁不安。

❺ 过敏反应：有的宝宝的皮肤会起荨麻疹等，因为蛔虫会分泌一些毒素，对身体产生一些刺激作用。

❻ 其他症状：宝宝手指甲有白斑，似点状或线条状；宝宝下唇出现单个或多个灰白色颗粒，少许发亮，略高于正常嘴唇；舌头上的斑点格外突起发红，又称"红花舌"。

❼ 喜欢吃油炸食物：特别爱吃油炸过的很香的食物。

❽ 脸上有白斑：圆形或是椭圆形的一些斑块，斑块上面有一些细小的鳞

屑，过去简称为虫斑或者是汗斑。

诊断蛔虫病不能仅仅根据一个症状来判断，但是如果有好几个症状出现，那么就可以判断患有蛔虫病。当然还可以到医院检查大便来确认，因为有的小孩会拉蛔虫，或者吐出蛔虫。

▶ **蛔虫病的预防**

防止蛔虫卵"病从口入"，要做到以下几点：

❶ 宝宝饭前便后要认真洗手。肥皂虽有去污作用，但在短时间内很难消灭蛔虫卵；用盆洗手的时候水不宜太少，最好用自来水直接冲洗。

❷ 避免生吃瓜果。生拌菜对于保证蔬菜内的营养成分有着独到的好处，但一定要注意食用卫生。应尽力冲洗干净，最好能用开水烫一下。

❸ 若宝宝处在长牙期，喜欢把玩具、手等放到嘴里吮吸，要注意这些物品的卫生。

❹ 消灭苍蝇、蟑螂，不吃被它们接触过的食物。

❺ 不要让宝宝随地大小便。

▶ **给宝宝药物驱虫的注意事项**

宝宝一年四季都可能遭受生虫虫卵感染，但夏天机会最多，而夏天感染的蛔虫卵只有到了秋天发育为成虫才能被驱除。所以，秋天是驱蛔虫的最佳时节。在使用驱虫药时，请注意以下几点：

❶ 目前我们经常应用的肠道驱虫药对肠道线虫效果较好，对虫卵、幼虫的消灭则不彻底，"漏网者"在 1～3 个月后又可发育为成虫。所以，3 个月或半年后需要再服一次驱虫药，即可消灭那些"漏网分子"，对再感染的寄生虫也有驱虫作用。

❷ 少数蛔虫感染较严重的患者服驱虫药后可引起蛔虫游走，造成腹痛或口吐蛔虫，甚至可引起窒息，此时应及时就医。

❸ 空腹服药可增加药物与虫体的直接接触，增强疗效。

❹ 两岁以下儿童禁用驱虫药。

第 329 ~ 330 天
与宝宝建立亲密联系

▶ **建立亲密联系的益处**

和宝宝建立亲密的关系，经常和宝宝进行温柔、慈爱的互动和回应，会使宝宝的好奇心和探索欲望增强，使宝宝有更大的兴趣四处活动和探究周围世界，了解更多的因果关系，获得大量的新知识。还可以促进宝宝大脑中神经元的连接、增强和巩固，有利于宝宝智能的飞速发展。

▶ **和宝宝建立亲密联系的方法**

经常拥抱、亲吻、按摩、爱抚宝宝。

帮助宝宝建立良好的生活规律，包括吃饭、睡觉、游戏、活动。尽量满足宝宝的要求，记住，2岁之前的宝宝是惯不坏的，要足够地宠他、爱他。抓紧一切时间和宝宝玩耍，哪怕是在浴室里、地板上、汽车里……善用丰富的面部表情，生活中会制造乐趣。经常和宝宝玩藏猫猫的游戏。经常对宝宝表达："我爱你，我的宝贝！"

▶ **一款亲子游戏**

名称：去赶集。

玩法：妈妈腿伸平，让宝宝坐在上面，扶着宝宝的腋下，边说儿歌，边有节奏地颠动双腿：去赶集、去赶集，买了一只小肥猪，一路小跑回家去。去赶集、去赶集，买了一只大肥猪，一路小跑回家去。快回家，快回家，一路小跑回家去。呼哧、呼哧、呼哧、呼哧，马儿累倒了……说到去赶集时，抖动双腿，好像骑马一样。说到最后一句儿歌时，妈妈和宝宝一起歪倒身体倒在地板上，让宝宝从妈妈的腿上滑下来，逗笑宝宝。

第12个月

让宝宝迈出人生第一步

第331天
周岁宝宝饮食原则

▶营养全面

1岁宝宝生长发育必需的营养素有七大类：碳水化合物、脂肪、蛋白质、维生素、纤维素、矿物质、水。这些都必须从食物中获取，但除母乳之外，没有任何一种食物能提供全部的营养素，因此，营养的全面是宝宝健康发育的前提条件。

▶食物多样

家庭的食物品种要尽量多样，每个种类也尽量多更新，让宝宝不断有新鲜感。宝宝对某种食物吃多吃少不重要，重要的是能否吃到多种多样的食物。

▶营养均衡

医学上所说的营养好的一个重点就是营养均衡。很多家长对于自己喜欢吃的就多吃，不喜欢吃的就少吃，甚至不吃，这都会影响到宝宝的饮食喜好，最终导致宝宝摄入的营养素比例失衡，影响宝宝的生长发育。

▶食品新鲜

妈妈在购买食品时尽量选择新鲜的，减少垃圾食品、合成食品、加工食品、腌制食品、冰冻食品、反复融冻食品的购买；食物的量尽量刚好，少吃剩饭剩菜。

▶烹饪美味

宝宝的味蕾非常的娇嫩和敏感，不要给宝宝吃味道过于重的食物，比如咸菜、麻辣烫、油炸食品、奶油甜点、巧克力等，一旦吃上瘾后，宝宝对于天然清淡的健康食品就不再感兴趣了。妈妈在烹饪佳肴的时候，尽量少油、少盐、少糖、少调味剂，最大限度地保留食物本身的营养素和天然味道。

第 **332** 天

宝宝本月饮食建议

　　宝宝 12 个月的时候，就应该开始断奶了。但是由于每个宝宝的身体状况和喂养情况不一样，因此，断奶的时间也不会完全相同。没有断奶的宝宝，也不要急于断奶；断奶后的宝宝和平时一样，白天除了喝奶外，可以给宝宝少量 1 : 1 的稀释鲜果汁和白开水。

　　宝宝的主食主要是软饭、烂面条、小馄饨以及米粥等，每次一小碗，每天进餐 5 ~ 6 次，要强调膳食平衡以及粗细、米面、荤素搭配。宝宝的咀嚼能力和消化能力都还很弱，吃粗糙的食品不易于消化，因此，要给宝宝多吃些软、烂的食品。

配方奶粉

　　另外，还可以搭配些肉末、碎菜及蛋羹等，每次 35 ~ 60 克，在白天两次进餐中间加喂，在增加固体食物的同时，需要注意宝宝在味觉上暂时还不能适应刺激性的食品，所以，最好不要给宝宝吃辛辣的食物。

　　营养元素的补充，主要是蛋白质。这时要注意奶类和固体食物的比例应为 2 : 3，每天应该给宝宝提供 500 毫升的乳类，在 1 岁以前断奶的宝宝最好喝婴儿配方奶粉，喝母乳的量要逐渐减少，应该逐渐增加喝配方奶粉的量。

　　▶ 专家提醒

　　有的宝宝到了 1 岁还断不了母乳，可能再过几个月，就可以顺利断掉母乳。一般情况下，宝宝到了离乳期，就会自然而然地不再喜欢吸吮母乳了。

第333天
宝宝辅食的制作与喂养

▶ **选择新鲜食材**

"好的开始就是成功的一半。"选购新鲜的果蔬是制作宝宝健康辅食的基础。选择的食材最好是当季时令果蔬，而且最好不要有农药残留和污染；在烹煮和制作前，务必要将食材洗净或用热水烫。

榨果汁时，要注意果皮的清洁；榨成的新鲜果汁要记得加入开水搅拌稀释。对于正在发育的宝宝，请尽量避免添加加工食品，因为加工食品可能含有防腐剂或色素等有害物质，这些都会累积在宝宝体内，造成不利影响。

▶ **注意烹调方式**

首先，不建议直接喂食生食，因为生食容易有细菌残留，会对免疫系统尚未完善的宝宝产生不良影响。

爸爸妈妈在制作辅食前，必须先将双手和餐具洗干净，否则遗留的细菌会让抵抗力较弱的宝宝受到感染而危害健康。对于坚果类、肉筋和菜梗等成人都难吞咽的食物，也要避免入菜。

用爸爸妈妈认为的口味标准制作宝宝辅食时，会有些许出入，宝宝的食物应尽量以简单、倾向自然为原则，不应加入人工香料或调味品。

▶ **完整的喂食技巧**

制作辅食，爸爸妈妈是最佳的把关者，先试尝其味道和口感，再喂给宝宝。爸爸妈妈在宝宝对辅食的摄取量上应稍加留意，过与不及对宝宝的健康都不利。在喂辅食时，要耐心、缓慢地喂食，切忌一次提供太多的分量而造成吞咽困难或肠胃负担。

第 334 天

促进宝宝大脑发育的食物

▶ 木耳

含有蛋白质、多糖类、矿物质和维生素等营养成分，是宝宝补脑健脑的食物。

▶ 鲜鱼

含丰富的钙、蛋白质和不饱和脂肪酸，是宝宝的健脑佳品。

▶ 蛋黄

含有卵磷脂等脑细胞发育所必需的营养物质，宝宝多食能给大脑带来活力。

▶ 香蕉

含有丰富的矿物质，尤其是钾，宝宝常食用有很好的健脑作用。

▶ 核桃

含有钙、蛋白质、脂肪酸和胡萝卜素等多种营养，宝宝常食用有健脑益智的功效。

▶ 卷心菜

含丰富的 B 族维生素，宝宝多吃能很好地缓解大脑疲劳。

▶ 海带

海带富含人体必需的矿物质，如碘、磷、镁、钠、钾、钙、铁、硅、钴等，还含有牛磺酸，对保护宝宝的视力和促进大脑发育有很好的功效。

▶ 大豆

含有卵磷脂和丰富的蛋白质，宝宝每天吃一定的大豆或大豆制品，能增强记忆力。

第 335 天

为不爱吃肉的宝宝支招

▶ **先给鸡肉再给猪肉**

宝宝吃肉的种类可以稍加调整，一般来说，鸡肉质地软嫩，味道清香，宝宝会比较喜欢，猪肉纤维较粗，肉质也会硬些，宝宝可能一时不易接受，可以先多给点鸡肉，待宝宝适应后再给猪肉和其他肉类。

▶ **让宝宝"饿起来"**

有时候宝宝不愿意吃肉是因为吃饭时不饿，爸爸妈妈不妨在吃饭前多带宝宝玩一玩，运动起来的宝宝消耗多，胃口也就开了，处于饥饿状态的宝宝上了餐桌不会嫌弃肉的，久而久之就能喜欢上吃肉。

▶ **让宝宝爱上肉的颜色**

要让宝宝喜欢吃肉，食物的颜色搭配很关键。肉类搭配蔬菜可谓是一举两得，既在外观上有所改善，又使蔬菜更鲜美，如胡萝卜肉丝、玉米肉饼、胡萝卜土豆牛肉丝、菜心鱼茸、西红柿肉末、金菇鸡丝等。切记，不要长期固定给宝宝吃一种肉类如瘦猪肉，要经常更换品种，即使宝宝偏爱某种肉类也必须调整，否则宝宝容易养成偏食的习惯。

▶ **让宝宝爱上肉的形状**

宝宝天生好奇喜欢新鲜，不要一成不变地将肉切成块状，可以适当变换花样，切成丁或丝等；还可以用肉做成肉丸子、用肉馅包成一些小动物形状的小包子或者做其他形状，以提起宝宝吃的欲望。

第 336 天

宝宝噎着了怎么办

▶ 预防宝宝噎着情况的发生

❶ 不要给宝宝吃含有硬的块状物的食物，比如整粒葡萄、坚果、没煮的花生、爆米花、硬糖块、玉米片和未经烹煮的水果和蔬菜（如胡萝卜块、芹菜条、苹果片）。

❷ 剔除果核、鱼刺。

❸ 把宝宝看好，吃东西的时候多留意。

❹ 宝宝吃东西的时候，别让他跑、玩儿、哭或者笑。确保他坐好，安静下来后再吃东西。

❺ 绝对不要强迫宝宝吃东西，那样会噎到他。

▶ 宝宝噎到后，有效的催吐方法

❶ 将宝宝面朝下放在前臂上，固定住头和脖子。对于大些的宝宝，可以将宝宝脸朝下放在大腿上使他的头比身体低，并得到稳定的支持。用手腕迅速拍宝宝肩胛骨之间的背部四下。

❷ 如果宝宝还不能呼吸，将宝宝翻过来躺在坚固的平台上，在胸骨间迅速按四下。

❸ 如果宝宝依然不能呼吸，用提颚法张开气管，尝试发现异物。看到异物之前不要试图将其取出。一旦看见了，可用手指将其弄出。

❹ 如果宝宝不能自己呼吸，试着用嘴对嘴呼吸法或者嘴对鼻呼吸法两次，以帮助宝宝开始呼吸。

❺ 继续上述步骤，同时拨打急救电话。

第 **337** 天

规律宝宝的作息时间

　　宝宝习惯何时醒来、何时睡觉、何时玩乐，与父母本身的作息相关。宝宝的时间观念与父母的工作形态有关，如果父母必须要晚睡晚起，宝宝多半也会跟着这样做。所以，如果宝宝半夜醒来，熬夜工作的爸爸没有哄宝宝睡觉，还陪他玩耍，宝宝会觉得晚上比白天还好玩，当然晚上就会容易醒，这样的日夜颠倒，不但让宝宝养成不良的生活习惯，也会影响宝宝的身体状况。

　　此时父母可考虑配合宝宝调整自己的作息，让宝宝能有足够的睡眠时间。

▶ **休息时间安排方案推荐**

6：30 ~ 7：00　起床、大小便。

7：00 ~ 7：30　洗手、洗脸。

7：30 ~ 8：00　早饭。

8：00 ~ 9：00　户内外活动、喝水、大小便。

9：00 ~ 10：30　睡眠。

11：00 ~ 11：30　午饭。

11：30 ~ 13：30　户内外活动、大小便（冬季酌情安排）。

13：30 ~ 15：00　睡眠。

15：00 ~ 15：30　起床、小便、洗手、加餐。

15：30 ~ 17：00　户内外活动。

17：30 ~ 18：00　晚饭。

18：00 ~ 17：30　户内外活动。

19：30 ~ 20：00　晚点、漱洗。

20：00 ~ 次日晨　睡眠。

第 338 天

警惕宝宝得过敏性鼻炎

▶ 过敏性鼻炎的症状表现

过敏性鼻炎是一种俗称，医学上又称变态反应性鼻炎。它与支气管哮喘一样，是一种最常见的呼吸道疾病。尤其是春季，各种花草、虫螨开始复苏，容易引起过敏性鼻炎的发作。宝宝遇到冷空气会打喷嚏、鼻塞、流鼻涕。宝宝会经常觉得鼻子痒而用手揉，眼睛也会经常感觉发痒。

▶ 过敏性鼻炎对宝宝的危害

❶ 诱发其他疾病：过敏性鼻炎有很多与感冒相似的症状，医生很容易把过敏性鼻炎当成感冒进行治疗，这样一来就很容易错过对宝宝进行治疗的最佳时机。如果不能及时治疗，过敏性鼻炎发展到严重程度后，就会产生很多并发症，如鼻窦炎、中耳炎、支气管哮喘、过敏性咽喉炎等。

❷ 扰乱宝宝生物钟：反复发作的过敏性鼻炎一年四季都有症状，都会直接影响到宝宝的睡眠，使宝宝的睡眠质量下降，导致宝宝的生物钟紊乱，引起宝宝哭闹。

❸ 影响宝宝面容：过敏性鼻炎使宝宝鼻腔堵塞，导致必须经常用口呼吸，这样宝宝的上颌骨就会发育不良，颧骨变小，影响宝宝的面容；由于宝宝鼻腔堵塞，会经常用手将鼻尖上推，时间长了就会在鼻背形成一横行皱褶，称过敏性鼻皱褶。鼻腔和鼻窦黏膜长期肿胀或水肿，会压迫静脉，导致静脉回流受阻，还会造成下睑下方可见蓝色斑，或呈"黑眼圈"，称"过敏性着色"。

▶ 过敏性鼻炎的预防

通常状况下，宝宝患过敏性鼻炎都不能达到完全治愈，最好的办法就是预防。

❶ 杜绝尘土、螨虫、真菌等致敏原：少用窗帘、地毯，不用羽绒枕头、羽绒被和席梦思床垫；不要让宝宝亲近猫、狗、鸟等宠物；在花粉播散的季节，不带宝宝去花草树木茂盛的地方。

❷ 给宝宝创造整洁的居住环境：居室里经常加湿除尘，开窗通风，保持空气新鲜。

❸ 注意饮食：不要给宝宝吃辛辣食物、烹炸食物及海鲜，多给宝宝吃新鲜蔬果，多给宝宝喝白开水。

❹ 增强宝宝体质：常带宝宝到户外活动，养成用冷水洗脸洗手的好习惯，提高身体对外界气候变化的适应能力和抵抗力。

❺ 冷热变化也容易使宝宝发病：天气突然变冷或变热的时候，要及时为宝宝增减衣物。

❻ 密切关注宝宝身体状况：一旦宝宝出现类似过敏性鼻炎的症状时，要及时就医诊治。

▶ 过敏性鼻炎的护理

宝宝生病后，及时就医是很重要的，这样才能准确判断宝宝的过敏原因究竟是什么。

❶ 室内外的尘埃，动物的皮毛、羽毛，棉花絮，植物花粉等，都是宝宝患病的诱因，要让宝宝尽量少接触。

❷ 调整宝宝饮食。鱼虾、鸡蛋、牛奶、面粉、花生、大豆等日常饮食也可能会害宝宝生病，一定要多加注意。宝宝患病时，饮食应以清淡为主。

❸ 不要让宝宝接触妈妈使用的化妆品、刷家具的油漆、汽油、酒精等容易引起过敏的物品。

❹ 让宝宝充分休息，宝宝年龄越小，越是要休息，待症状消失后才能恢复活动。

❺ 保持居室安静，空气新鲜，常打开门窗，以利通风换气，室内要保持一定温度湿度，不要太高或太低、太湿，要常消毒，严防污染。

宝宝疾病性啼哭的判断

▶ **突发尖叫啼哭**

突发尖叫啼哭就是哭声比较直，音调比较高，单调且没有回声，哭声来得快，消失得快，即哭声突来突止。当宝宝突发尖叫啼哭时，很可能是宝宝头痛的表达，也是一种危险信号，爸爸妈妈应及时带宝宝去看医生。

▶ **连续短促的急哭**

连续短促的急哭就是哭声又低、又短、又急，连续而带有急迫感，好像快透不过气一样，同时还伴有痛苦挣扎的表情，这是缺氧的信号。当宝宝出现此种啼哭时，爸爸妈妈应马上解开宝宝的衣领、裤带及其他各种束带，将宝宝肩部垫高，使头略向后仰，使其颈部伸直，千万不要将宝宝紧紧抱着。

▶ **小鸭叫样啼哭**

小鸭叫样啼哭就是哭声好像小鸭叫一样，若同时伴有颈部强直的表现，父母则应考虑是否有咽后壁脓肿，若脓肿溃破脓汁可堵塞呼吸道危及生命。因此当宝宝出现小鸭叫样啼哭时，父母应及时带宝宝去看医生。

▶ **夜间闭眼啼哭**

宝宝夜间睡眠不安，好像受到惊吓一般，时哭时睡，睡得很不安宁，稍有动静就可引起宝宝哭闹，而且宝宝经常呈现睡状，闭着眼睛哭，同时出现肢体抖动，这都是缺钙的表现。

▶ **阵发性啼哭伴满床打滚**

当宝宝出现阵发性剧哭的同时，满床打滚，面色发白，若欲上前触摸时，宝宝惊恐万状，很可能是胆道蛔虫，肠套叠；若哭闹并不很剧烈，忽缓忽急，时发时止，无节奏感，亦喜欢揉揉肚子，则可能是肠蛔虫症，消化不良。

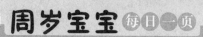

第340天

培养宝宝的视听觉能力

▶ **玩过家家游戏前准备**

爸爸妈妈先准备一个玩具娃娃，玩具娃娃的头发可梳，眼睛要会动，玩具娃娃的衣服可以脱下、穿上，最好娃娃有袜子、鞋子等，玩过家家游戏时会很方便。另外，爸爸妈妈可以再准备一套玩具餐具。

▶ **游戏中积极和宝宝互动**

在玩游戏时，爸爸妈妈要一边说话一边玩过家家，让宝宝在旁边看着。爸爸妈妈要很细致、很缓慢地做每一个动作，比如给娃娃穿袜子、穿鞋子、穿衣服、系扣子、给娃娃扎头发等。然后，爸爸妈妈要用玩具餐具给娃娃喂饭。

喂完饭，妈妈对宝宝说："宝宝，爸爸妈妈给娃娃喂完了饭，现在娃娃要出去玩了，请宝宝给娃娃换衣服，我们带娃娃出去玩好吗？"

说完，爸爸妈妈把娃娃的衣服脱掉，拿出一身衣服给宝宝，让宝宝根据自己的观察将爸爸妈妈的动作重复再做一遍。

此外，玩这个游戏的内容可以是多方面的。比如，给娃娃穿衣、梳头、喂饭、哄娃娃睡觉等。

在玩这个游戏时，可以只让宝宝做一部分动作，具体内容的多少根据宝宝的发展情况来决定。通过这个游戏，可以培养宝宝的视听觉能力；培养宝宝对自己感兴趣的事物进行较长时间的观察，并且能用趣味性、形象性等的事物吸引宝宝的注意力，提高宝宝的注意时间。

第341天

宝宝安全十大准则

▷ **不要让宝宝独自在家**

不要让 6 岁以下的宝宝单独在家，以免发生意外。

▷ **注意家中摆设**

不要让宝宝轻易接触未固定好的电视机、花盆等任何危险物品。

▷ **远离"热"区**

刚煮好热汤或浴室放热水时，应特别注意宝宝是否接近。

▷ **注意家中电器**

应随时关好家中的电器与煤气的开关，避免宝宝触及玩耍。

▷ **勿用饮料瓶装东西**

勿用饮料瓶装清洁剂、农药或碱水等有害物质。

▷ **注意宝宝的食物**

避免鱼刺、骨头、果核或大块有弹性的食物，如布丁或果冻等，以免堵塞呼吸道或卡在食道。

▷ **灌输安全卫生观念**

从小给宝宝灌输相关安全卫生教育，教导宝宝如何避开危险。

▷ **不摇晃宝宝**

不要经常摇晃宝宝，更不要做抛接宝宝的危险动作。

▷ **汽车安全座椅必备**

坐车时，让宝宝坐在后座，并用安全座椅固定。

▷ **危险物品请放高处**

家中备有的医药箱，注意，不要放在宝宝可以轻易接触到的地方。

第342天

赶走宝宝的"小呼噜"

▶ 宝宝的"小呼噜"给爸爸妈妈带来什么信号

宝宝睡眠时呼吸不通畅，有阻碍，甚至呼吸有暂停，严重者可能造成窒息。

宝宝可能缺氧，如果长期缺氧，会影响宝宝大脑和智力的发育，还会增加心脏负担。

呼噜的频繁发生会导致宝宝呼吸节律和睡眠周期发生紊乱，易造成注意力不集中、易怒易躁、攻击性和多动等。

可能造成宝宝鼻咽喉的反复感染，引发中耳炎，造成宝宝听力损失。

▶ 宝宝打鼾的原因

宝宝的鼻道狭窄，鼻腔容易堵塞，咽喉部狭小且较垂直，也易肿大闭塞，从而导致打鼾。当宝宝感冒或患其他上呼吸道急性感染时特别容易造成鼻咽部充血肿胀，堵塞鼻咽道而引起打鼾，若鼻咽腺样体肥大、感冒反复发作，会导致长期打鼾。

此外，宝宝肥胖或睡姿不当也会引起打鼾，仰面朝天睡是引起打呼噜的主要姿势。

▶ 怎样赶走宝宝的"小呼噜"

均衡膳食，给宝宝及时添加辅食，增加食物的多样性，合理喂养。

帮助宝宝增强体质，减少上呼吸道感染的几率，多到户外晒晒太阳，呼吸新鲜空气，多做做爬行游戏，让身体健壮起来。

及时帮助宝宝清理鼻腔里的鼻涕或其他污物，保持鼻子通畅。

若宝宝仰面睡觉打呼噜，可尝试给宝宝换个睡姿，将宝宝的头部用枕头适当垫高。

第 343 天

学做宝宝营养餐

豌豆肉丁饭

> **材 料**

大米 50 克，猪瘦肉 20 克，新鲜豌豆 20 克，植物油 5 克。

> **做 法**

①大米淘洗干净，用清水泡 2 个小时左右。

②猪瘦肉洗净，切成小丁；豌豆洗净，剁碎备用。

③锅内加植物油，下瘦肉煸炒出香味，盛起。

④电饭锅内加水 150 毫升，放入大米、瘦肉、豌豆，按下"煮饭"键，煮好后保温状态下再焖 10 分钟即可。

> **功 效**

有补中益气、健脾养胃、助消化的功效。

豆腐软饭

> **材 料**

大米 100 克，豆腐 100 克，青菜 50 克，清淡肉汤（鱼汤、鸡汤、排骨汤均可）适量。

> **做 法**

①将大米淘洗干净，加适量清水上笼蒸成软饭待用。

②青菜择洗干净，切碎；豆腐用清水冲一下，入沸水煮片刻，取出切丁。

③米饭放入锅内，加入适量清淡肉汤，一起煮软，加豆腐丁、碎青菜稍煮即成。

> **功 效**

可保护肝脏，促进机体代谢，增强免疫力，并且有解毒作用。

第 344～345 天

宝宝有攻击性行为怎么办

▶ 给予宝宝正确引导

快 1 岁的宝宝偶尔会用拳头和牙齿去攻击爸爸妈妈或其他小宝宝，这是正常行为，并非宝宝有暴力倾向的标志，爸爸妈妈不必过于忧心，但不能放任这种行为，而应当给予正确的引导。

宝宝的攻击性行为是宝宝发育到这个阶段的标志，每个宝宝都会经历这个时期，但攻击性行为本身是不值得提倡的，如果爸爸妈妈不给予正确指引，宝宝以后可能会养成打人的坏习惯。

宝宝出现攻击性行为其实是有原因的，爸爸妈妈应当首先分析原因，然后针对原因进行正确的处理。比较小的宝宝出现攻击性行为多是为了获得关注，爸爸妈妈可以采取冷处理的方式，假装对宝宝的行为视而不见，以淡化宝宝的这种行为，如果爸爸妈妈表现出很关注的样子，宝宝会不断采用这种方式来达到自己的目的，甚至形成习惯。宝宝大一点后可以给宝宝讲道理，并教他正确的处理方法。

▶ 禁止对宝宝进行训斥或打骂

要注意的是，爸爸妈妈千万不能对宝宝加以训斥或打骂，这不会让宝宝认识到自己是错的，只会激起他的愤怒甚至怀恨在心；更不要鼓励受攻击的宝宝去报复攻击宝宝，这样的结果只会越来越糟。

▶ 专家提醒

"体罚"不仅会使宝宝形成不良的个性，而且有一定的危险性，一旦爸爸妈妈失手，后果不堪设想。因此，父母应耐心教导。

第346天

养成基本的生活习惯

▶ **培养正确的吃饭、睡觉习惯**

从这个时期开始，应该重视培养宝宝吃东西和睡觉等基本的生活习惯。这时，即使宝宝还不能自己吃饭，也要让宝宝洗干净手，坐在一张高椅子上，围在桌边高兴地与家人一起吃饭；饭前不要让宝宝吃零食；吃饭时，家人要情绪愉快，表现出旺盛的食欲，带动并引导宝宝吃为他准备的各种食品，逐步培养宝宝良好的吃饭习惯。

对于那些需要抱着睡觉或含着妈妈乳头睡觉的宝宝，更需要加强培养；睡觉之前给宝宝讲故事、唱歌或听音乐，是培养宝宝养成独自睡觉习惯的好方法。

▶ **开始大小便的训练**

宝宝到了1岁左右已经能够表达大小便的意思，这时就可以开始培养大小便的习惯了。留心观察宝宝大小便的时间和当时的样子，以便在发现宝宝有想大小便的迹象时予以帮助。

便后立即换上干净的尿布，能使宝宝产生轻松的感觉。在相同的时间和场所由相同的人帮助宝宝大小便，也是培养宝宝良好的大小便习惯的方法之一。大小便时，如果给宝宝过分的压力，容易使宝宝产生压迫感，造成多尿或夜尿等现象。因此，要让宝宝在大小便时保持心情放松。

▶ **专家提醒**

宝宝喜欢学榜样，模仿性极强，所以在饮食、睡眠等生活习惯上，同其他行为一样，成人应做出良好的榜样，并鼓励宝宝向别的宝宝学习，养成良好习惯，改掉缺点。

第347天

周岁宝宝的玩具

▶ **有针对性地为宝宝挑选玩具**

1岁是宝宝吸收性思维和各种感知觉发展的敏感期，是器官协调、肌肉发展和对物品发生兴趣的敏感期。这时期被称为"学步期"，因为宝宝开始尝试运动自己的身体，喜欢到处探险，开始学站立、走路。可以为宝宝挑选以下几种类型的玩具：

❶ 简单的游戏拼图、简单的建筑模型、篮子、带盖的容器、橡皮泥、活动玩具，如小火车、小卡车、各种角色的木偶、适合搂抱的动物玩具或玩具娃娃。

❷ 球。玩球可锻炼全身。1岁起可以玩球，先是玩小皮球，用手拍，接着就是玩小排球、小足球、羽毛球。

▶ **通过整理玩具，培养宝宝的好习惯**

当宝宝一旦可以自己走路移动身体的时候，每次玩完一种玩具再玩另外一种的时候，妈妈首先要做榜样，把一种玩具收拾完再给宝宝玩另外一种，当宝宝大一点儿的时候，妈妈要带着宝宝一起收拾。

如果妈妈习惯于把东西扔得到处都是，或者这一堆那一堆的话，很难培养宝宝好的品格和好习惯。爱不爱收拾屋子其实和大人很有关系，关键看大人的行为和要求。

▶ **专家提醒**

由于玩具的设计不当而造成宝宝受伤的意外层出不穷，因此，家长在为宝宝挑选玩具时，不仅要考虑玩具的趣味性，同时也应高度关注玩具的安全性。

第348天
和宝宝一起做动作

▶ 踩影子

在风和日丽的日子，带着宝宝到户外散步。在宽敞的马路或儿童娱乐场里，妈妈指着爸爸的影子向宝宝惊喜地喊道："哇，大影子!"然后用脚去踩，爸爸慢慢走动，妈妈跟着边走边踩，并一边告诉宝宝："宝宝，过来和妈妈一起踩爸爸的大影子。"

宝宝这时已经能独自走路了，他会摇摇晃晃地去踩爸爸的影子，踩到了影子爸爸和妈妈要惊喜地夸奖宝宝："哇，宝宝好厉害，影子踩哭了，呜呜呜。"宝宝会更加兴奋地去踩，这时爸爸可走得稍微快一点点，但要保证能让宝宝跟上。

这个游戏可训练宝宝独自行走的能力和身体平衡能力，有利于宝宝的大动作能力发展。如果是夏天阳光很炙热的话，一定要给宝宝防晒，戴个遮阳帽或选择在清晨或晌午阳光温和的时候去做游戏。

▶ 投球

用旧报纸捏几个直径4~5厘米的纸球；准备一个鞋盒，去掉盖子，构成一个开口盒子。

将纸盒子放在地板上，让宝宝站在离纸盒子70厘米左右处，妈妈先拿起一个纸球投进盒子里面，然后给宝宝一个纸球，告诉宝宝："宝宝，投进去。"宝宝会模仿着妈妈的动作往纸盒子里投球。

妈妈可拿一个球给宝宝做示范，让宝宝学着妈妈的样子拿球、扔球。在宝宝投进去后妈妈要给予鼓励，"哇，宝宝好棒哦!"如果宝宝准确率很低的话，可将盒子适当移近10~20厘米，以免宝宝总投不进去而失去兴趣。这个游戏可锻炼宝宝的臂部肌肉，提高宝宝的大动作能力。

第 349 天

练习站立和蹲下

▶ **独自站立训练**

独立站立，是学走的基础。一般到 11～12 个月的宝宝就能够独自站立，不必扶持物体也能够基本保持平衡。但要注意不宜让宝宝站得时间太久，且一定要在成年人监护下站立。这个阶段的宝宝脊柱开始出现腰部前凸，有利于宝宝直立行走和保持身体平衡。有个别发育较早的宝宝已经能够扶着栏杆或妈妈的手迈步行走。

▶ **拾物练习**

主要是练习婴儿弯曲及直立身体，还可以促进孩子的手眼协调能力。让宝宝独自站立，大人在旁边注意保护，把宝宝喜欢的玩具放在他面前的地上，用语言逗引他弯腰去捡玩具，捡到玩具后再直起身，反复多次训练。刚开始练习时可将宝宝扶站在有栏杆的小床边，在宝宝脚边放一玩具，让宝宝一只手扶栏杆，引导宝宝弯下腰用另一只手捡脚边的玩具。拾到玩具后，大人可用语言或行动给宝宝一点奖励，如："宝宝真能干"，或亲吻一下宝宝，宝宝就会很高兴地再次去捡。

▶ **锻炼宝宝腿部力量**

经常让婴儿蹲着或半跪着，拉住婴儿双手，使其起立，这样重复多次，以锻炼其下肢肌肉。

妈妈盘腿坐在床上，让宝宝在妈妈面前站立。妈妈拉着宝宝的手臂，让宝宝慢慢蹲下。再让宝宝挺身站起来，妈妈一边说："蹲蹲站站，多多吃饭。"

第350天

为宝宝注射乙脑疫苗

▶ **什么是乙脑**

乙脑是流行性乙型脑炎的简称，是一种由蚊类传播的人畜共患传染病，人和许多动物（家畜、家禽和鸟类）感染乙脑病毒后都可成为乙脑的传染源。乙脑病毒，可致使患儿产生高热、头痛、呕吐、抽风甚至昏迷等症状，并容易留下后遗症，如瘫痪、智力低下等。

▶ **注射乙脑疫苗的年龄**

预防乙脑的一个重要措施是注射乙脑疫苗，以保护易感人群免受乙脑病毒的感染。

宝宝在满 1 周岁时要连续注射 2 针乙脑疫苗，两针之间应间隔 7～10 天，以后宝宝 2 岁、3 岁、6 岁、7 岁、13 岁时仍要各加强一针，才能维持身体最佳的免疫力，预防乙脑的发生。

▶ **注射乙脑疫苗的时间**

乙脑流行的时间在我国不同地区存在差异，而乙脑疫苗诱导体内产生抗体需 1 个月，所以宝宝具体注射乙脑疫苗的时间，可根据各地区乙脑开始流行时间提早 1 个月。

一般来说，我国华北地区最佳注射时间为 5 月份，东北地区为 6 月份，南方各省为 4 月份。

▶ **注射乙脑疫苗后的反应**

乙脑疫苗比较安全，注射后可出现局部轻度红肿，若宝宝体质过敏，在注射后第 3 天，局部的红肿瘙痒会达到最重，之后就会逐渐消除，不必过于担心，个别的宝宝会有 38℃以上的发热反应，根据情况应去医院诊治。

第351天
让宝宝感受艺术带来的快乐

宝宝是个天生的艺术家，他们会随着音乐摇摆舞蹈，还会用自己的方式和色彩玩游戏……艺术是宝宝认识和接触大千世界的方式之一，也是让自己和外部世界联系的一种方式。1岁宝宝的艺术性培养，不过是让他们感知世界、启发思维的一种体验，重要的是让宝宝感受艺术带来的快乐。

▶ **艺术感受对宝宝的益处**

宝宝随着音乐有节奏地晃动身体，发展了宝宝的节奏感、肢体的协调与灵活性；色彩的感知对于宝宝视觉以及空间能力的发展具有重要作用；语言理解、视听感受也在宝宝艺术能力的发展中得到了提高，艺术性与感知觉能力的发展相辅相成、相互促进。

艺术感受的过程使宝宝心情愉悦、情绪轻松，美妙的音乐、美丽的色彩，无不带给他快乐与兴奋，利于宝宝建立良好的情绪，利于个性的良性发展。

▶ **神奇魔法**

目的：感知色彩的魅力，培养宝宝对美术的兴趣；培养注意力及观察力。

方法：妈妈准备一张宣纸，再准备好滴管和颜料。用滴管吸满颜色，挤在宣纸上，让宝宝观察颜色在宣纸上慢慢晕开的神奇效果；再把蓝色和黄色滴在一起，两种颜色融合后，变成了绿色，让宝宝观察色彩融合过程中的变化。当颜色出现后，妈妈用清晰的语言告诉宝宝颜色的名称。还可以把宣纸剪成衣服、裙子等形状。让宝宝自己试着把颜色挤在宣纸上，妈妈帮助宝宝剪出色彩斑斓的衣服，通过神秘变色的游戏，增加宝宝的学习兴趣。

注意事项：宣纸要选择生宣，便于颜色的晕染。

颜料要选择清晰、漂亮的水彩笔的补充色水，便于宝宝对颜色的正确识别。

第352天

睡前故事促进宝宝头脑发育

▶ **睡前故事可增强逻辑思维**

宝宝第一次听故事几乎什么都没记住,但反复地听上几遍就会注意到故事中情节和次序,有时他们还会根据自己所学到的知识来预测接下来将要发生的事情。这些关于次序性、直觉性的知识在宝宝今后数学、科学、写作等学习中会发挥巨大的潜力。父母讲故事时可以多提出一些问题,如"你猜后来会怎样"等。

▶ **选择内容优美的故事**

为了让宝宝安静入梦,最好挑选有安定感、情节变化平静的故事,宝宝才不会越听越兴奋,如《会飞的小蚂蚁》《彩虹尾巴下面的青蛙》《小白兔的种子》等;家长讲故事时,要把故事讲得有安宁的气氛,并不时针对宝宝的年龄和心智发育,稍微调整故事内容。

▶ **语言生动形象、感情丰富**

父母在给宝宝讲故事时可适当夸张自己的语言,让声音更加生动形象,多用一些宝宝喜欢的、容易理解的词语,如拟声词、重叠词等,如果家长能够充分表现愉快、愤怒、失望、难过等情绪,睡前故事就会更精彩。为宝宝讲床边故事,要用感情来表现气氛,而且要轻柔甜美。讲故事之前,最好先了解故事的主题和内容,那么讲起来一定自然生动。

▶ **专家提醒**

婴儿期的最后2个月,是宝宝出生后模仿能力、头脑发育最强的时期,爸爸妈妈要充分利用好这段时间,从语言、动作、习惯等方面训练宝宝,否则宝贵的时间将一闪而过。

第 353 天

教宝宝学数数

▶ **在吃饭时教宝宝学数学**

❶ 学习"一"。吃饭时，让宝宝帮妈妈从塑料盒里拿出一个小勺子，也许开始宝宝会抓一大把勺子给妈妈，但是妈妈得纠正他，在妈妈说完"一个"时，坚持让宝宝给妈妈拿一个勺子，通过大人的反复训练，宝宝是可以学会"一"的。

❷ 学习"二"。吃饭时，让宝宝给每个人发筷子，同样是按学习"一"的方法来训练宝宝，坚持让他拿对以后，再接受。其他的数字，也可以这样进行训练，从而通过大人一些有目的的训练来发展宝宝对数的认识，并且锻炼其手的技巧、注意力以及记忆力，形成简单的数的概念。

▶ **小猫咪钓鱼**

准备些硬纸片、细线、细木棍、剪刀和彩笔等，用彩笔在纸片上画 5 条大人手掌大小的鱼，裁剪下来，从 1 到 5 分别标上数字，数字要明显。

用细线分别将小鱼儿拴在 5 根细木棍上面，木棍大概 30 厘米左右长即可，做成 5 只吊着小鱼儿的渔竿，分别按标号排列在茶几上。爸爸告诉宝宝："小猫咪要钓鱼了！"然后拿起"1"号渔竿，指着渔竿上的小鱼儿高兴地说："哇，钓到了，1 号鱼啊！"这时宝宝可能已经自己动手抓渔竿了，如果他抓起的是"3"号渔竿，爸爸可指着鱼儿喊："哇，小猫钓到了鱼，是 3 号鱼啊！"宝宝每钓一条鱼，告诉宝宝鱼的编号，并夸奖宝宝。

不能让宝宝单独接触器具，注意别让宝宝将丝线和杆子含进嘴里。

第 354 天

手眼协调下的探索

▶ **哪些活动可以促进手眼协调下的探索**

1 岁左右的宝宝，已经不再满足仅仅用手抓住物体，他开始尝试着用自己的方式操控和掌握它。那么宝宝喜欢手眼协调下的哪些探索学习活动呢？

投掷物体；开关抽屉；开关门；扔东西；把东西放在嘴里；把物品放入开口的容器中；把开口容器中的东西倒出来、再放回去；往箱子里放东西、再拿出来；将物体立起来，再推倒它；把玩具放在一起、再分开；反复触碰开关，观察行为带来的后果。

▶ **塞球**

目的：培养宝宝"塞"的手部精细动作，促进手眼协调能力的提高。

准备：彩色铃铛（直径为 2 厘米左右）、开口容器（直径为 2.5～3 厘米）。

玩法：❶ 妈妈先示范将彩色铃铛塞入开口容器内，引导宝宝自己拿铃铛尝试练习。

❷ 宝宝开始可能找不准瓶口，铃铛在瓶口左右摇摆，怎么也不容易进去，妈妈可以拿着瓶子帮助宝宝塞进去一个，让宝宝体会成功感，使宝宝有信心再尝试。

❸ 宝宝塞进一个，妈妈可以帮助宝宝数数："一个、两个、三个……宝宝真棒！宝宝加油！"既让宝宝潜在感知了数量与数字，同时对宝宝也是一种良好的激励。

❹ 宝宝将铃铛塞进去后，鼓励宝宝倒出来，再塞、再倒，反复练习。

第355天
建立是非意识

▶ **统一是非标准**

在宝宝的饮食、排便、睡眠、卫生、礼貌等方面建立良好的规律。严格执行并取得全家人的共识和行动的一致。如果宝宝睡醒之后会躺着自己玩，就做得好。如果没缘由地大哭大闹，就是表现不好。此时，无论谁都不要理会他，慢慢地宝宝就知道了自己做得不对。宝宝还不会说话，不能用语言表达自己的需要，只会用哭表达自己的感觉。所以，家人要学会判断宝宝哭的真正原因，以便及时对症处理。

▶ **客观评价行为**

利用表情动作、简单的语言，对宝宝的行为加以肯定或否定。半岁以后的宝宝，逐渐对家长用表情和语言表示称赞和责备能有所反应。

如果小便，知道坐便盆了，可以非常高兴地拥抱亲吻宝宝，充满喜悦地夸孩子："宝宝真的长大了，真能干！"还可以很温柔地抚摸宝宝，奖励最喜爱吃的或玩的东西，以此不断强化宝宝正确简单的是非观。宝宝表现差时，可以置之不理，或佯装怒容以训斥生气的口气说"不是好宝宝，不喜欢了。"但家长一定要客观评价宝宝的行为，不能根据自己的心情判别宝宝的是与非。

▶ **丰富宝宝生活**

只有丰富多彩的活动，才能给宝宝更多的锻炼机会。可以带宝宝多外出活动，与外人及小伙伴交往，教宝宝正确的礼貌行为。如用动作表示"你好"、"再见"等。教小伙伴不抢玩具，到公园不攀折花木等。在宝宝养成良好的行为习惯的同时，也明白了一点是非。

第 **356** 天

音乐使宝宝更聪明

▶ 音乐对宝宝的影响

加州大学的教授通过实验调查发现，听音乐对形成解决数学问题的空间想象力及推理能力有影响。他们给一组孩子每天听莫扎特音乐，另一组孩子什么也不听，结果发现，经常听音乐的孩子在空间想象力测试中成绩上升62%，没有任何音乐教育的孩子成绩仅上升了11%。在接下来的两年里，他们又让这两组孩子分别进行钢琴、唱歌等方面的训练，或什么也不训练，结果同样令人惊异：经常受音乐训练的孩子运算能力、推理能力提高了34%。这是由于进行数学运算的神经纤维通路与处理音乐的神经纤维相协调，故而一旦音乐相关能力提高，运算、推理及空间想象力就会相应提高。

事实证明，经常给宝宝听旋律优美、活泼生动、情趣高雅的音乐，可以陶冶宝宝的性情，调节宝宝的情绪，丰富感情；音乐同时可以影响和锻炼宝宝的听觉发展，提高宝宝的心智，使宝宝变得更灵敏、更聪慧。

▶ 音乐时间

妈妈每天最好选择固定的时间段带宝宝欣赏音乐，如早晨精神状态好的时候，或晚上洗完澡之后，妈妈在固定的时间放上一段固定的音乐，把宝宝放到腿上，随着音乐的高低强弱做不同的弹动动作，也可以和宝宝一起躺或坐在床上，随音乐或快或轻柔地挥动双手，引导宝宝进行音乐欣赏。准备一根宽一些的皮筋，在上面缝上会响的铃铛。把做好的手铃、脚铃套在宝宝的手腕、脚腕上，妈妈为自己也准备一对。放上一段欢快的新疆地域风格的音乐，为宝宝即兴表演一番，调动宝宝的情绪，接着扶着宝宝站起来，跺脚、拍手、摇摆，最后再抱着宝宝共同跳一段新疆舞。

第357天

迈出人生第一步

▶ **陪宝宝迈出独立行走的步伐**

检查宝宝练习行走时周围的环境、地面、家具摆设等，以免宝宝练习时摔倒发生危险。

开始可以让宝宝扶物、扶墙、扶栏杆行走。

如果宝宝有意识地自己走路，妈妈可稍微退后一步，既给宝宝留出独立练习的空间和机会，又能在宝宝发生危险时及时保护。

宝宝每迈出一步，妈妈都可稍后退一步，鼓励宝宝一步接着一步地走下去，循环反复。这不但锻炼了宝宝的胆量及平衡能力，更在每一步的移动中，帮助宝宝调整重心，应对全身肢体的协调和平衡。

不要急于让宝宝独立行走，根据宝宝的发展情况而定。如果强行让宝宝在没有准备好的情况下独立行走，使宝宝产生行走恐惧，更不利于行走的发展。

妈妈爸爸互相配合，各站在一端，让宝宝练习着从妈妈的一端走向爸爸的一端，再从爸爸的一端走回到妈妈这里。

开始时，爸爸妈妈的手可以碰到一起，将宝宝环在手臂中间的距离练习，随着宝宝行走能力的增强，逐渐拉长爸爸妈妈两端的距离，鼓励宝宝迈出勇敢并逐渐独立、稳定的脚步。

▶ **经验分享**

每次带宝宝练习走路的时间应控制在半个小时以内，虽然行走敏感期的宝宝对行走动作乐此不疲，但妈妈要注意引导宝宝适当的休息。放手让宝宝自己走，多次的摔倒会让宝宝找到适合自己的行走方法，这是每一个准备好走路的宝宝都能做到的。

第358天

宝宝周岁检查很重要

▶ 周岁检查很必要

即使宝宝看起来很健康，但正规的医疗体检仍是必要的，因为有些情况爸爸妈妈是不容易轻易发现的。如果宝宝有什么疾病，早诊断可以早治疗。何况宝宝在这个时期的喂养和生长很特殊，因此必须进行定期体检，周岁体检是必不可少的一项。

体检的目的主要是为了让爸爸妈妈和医生都能充分了解宝宝的健康状况，同时帮爸爸妈妈消除一些不必要的担心。

▶ 周岁检查的项目

❶ 体重。健康宝宝的体重无论增长或减少均不应超过正常体重的10%，超过20%就是肥胖症，低于平均指标15%以上，应考虑营养不良或其他原因，须尽早在医生指导下纠正。

❷ 身长。宝宝在1岁内生长最快，如喂养不当，耽误了生长，就不容易赶上同龄儿了。

❸ 头围。1岁以内是一生中头颅发育最快的时期。头围的增长，标志着脑和颅骨的发育程度。

❹ 动作发育。这时候的宝宝能自己站起来，能扶着东西行走，能用蜡笔在纸上戳出点或道道。

❺ 视力。可拿着父母的手指指鼻、头发或眼睛，大多会抚弄玩具或注视近物。

❻ 听力。喊宝宝时，他能转身或抬头。

❼ 牙齿。一般应长出6～8颗牙齿。

第 359 ~ 360 天
本月宝宝的生长发育

▶ **动作发育**

满周岁的宝宝已经能直立行走了。这一项巨大的变化，使孩子的眼界豁然开朗。满周岁的宝宝开始厌烦妈妈喂饭了，虽然自己拿着食物能吃得很好，但还用不好勺子。这时候的宝宝，对别人的帮助很不满意，有时还会大哭大闹以示反抗。宝宝会试着自己穿衣服，拿起袜子知道往脚上套，拿起手表往自己手上戴，给一只香蕉，要拿着自己剥皮。这些都充分说明了孩子的独立意识在增强。

▶ **语言发育**

满周岁的宝宝不但会说妈妈、爸爸、奶奶、娃娃等，还会使用一些单音节动词，如拿、给、掉、打、抱等。发音还不太准确，常常说一些让人莫名其妙的语言，或打一些手势和姿态来表示自己的意思。

▶ **睡眠**

每天需要睡 14 ~ 15 小时，白天睡 1 ~ 2 次。

▶ **心理发育**

12 个月的孩子，虽然刚刚能独自走几步，但是总想蹒跚地往外跑。喜欢户外活动，观察外边的世界，对人群、车辆、动物都会产生极大兴趣。喜欢模仿大人做一些家务事。如果父母让宝宝帮助拿一些东西，会很高兴地尽力拿过来，并想得到父母的夸奖。